인류학자처럼
여행하기

Going Abroad : How to Travel Like an Anthropologist by Robert Gordon

First published by Paradigm Publishers, Boulder, Colorado, USA

Copyright © 2010 by Paradigm Publishers

All rights reserved

Korean Copyright © 2014 by Pentagram Publishing Co.

Published by arrangement with Paradigm Publishers, Boulder, Colorado, USA

Through by Bestun Korea Agency, Seoul, Korea

All rights reserved

국립중앙도서관 출판시도서목록(CIP)

인류학자처럼 여행하기 / 지은이: 로버트 고든 ; 옮긴이: 유
지연. -- 서울 : 펜타그램, 2014
    p. ;   cm

원표제: Going abroad : traveling like an anthropologist
원저자명: Robert Gordon
영어 원작을 한국어로 번역
ISBN 978-89-97975-05-1 13980 : ₩16000

해외 여행 안내[海外旅行案內]

980.24-KDC5
910.202-DDC21   CIP2014020066

인류학자처럼 여행하기

로버트 고든 지음 유지연 옮김

도서출판
펜타그램

목차

1부 / # 방향 감각 상실 DISORIENTATION

인류학적 관점이 어떻게 해외여행의 질을 높이는 데 도움이 될 수 있는가

인류학자와 여행자의 공통점과 차이점

즉각적으로 정보를 주고받는 게 가능해진 인터넷 시대에, 해외로 나간다는 것은 예전보다 훨씬 중요해졌다. 최근 일어난 국제적 사건들은 비교 문화적 이해의 중요성을 거듭 강조한다. 다른 무엇보다 9·11 참사는 다음과 같은 질문을 표면화했다. '왜 그들은 미국인을 그렇게 미워하는가?' 그러다 일부 민감한 미국인들은 깨달았다. 자신들이 왜 미움을 받는지조차 모르기 때문에 그들이 자신들을 미워한다는 사실을 말이다. 근엄한 미국 상원이 2006년을 "해외 유학의 해(The Year of Study Abroad)"로 선포했다. 그러면서 외국어 능력과 문화적 이해, 국제적 소양 습득의 중요성을 강조했다. 세계 여행을 장려하는 정부나 재단들과는 별도로, 이를테면 중산층이 주도하는 대중적 움직임도 눈에 띈다. 즉 세계화는 해외여행 욕구를 자극하고 한번 해 볼 만한 것으로 만들었다.

세계화라는 전 세계적 추세 속에 수많은 종류의 여행과 여행자들이 존재한다. 이 책은 그중에서도 짧은 체류 기간 동안 "문화적 이해"라는 분야를 더 깊이 파고들려는 사람들이나, 해외에서 비교적 장기간 살면서 현지인의 관습과 문화에 대해 배우고자 하는 사람들을 위한 것이다. 일반적으로 그런 여행자들은 스스로를 청년 배낭여행자 또는 요새 늘어나고 있는 플래시패커(flash-packers)로 정의한다. 플래시패커란 연령대가 조금 높은, 경제적 여유가 있는 30대 배낭여행객을 가리킨다. 이런 사람들은 보통 자원봉사나 일이나 유학이나 어학연수 등 구체적 목적이 있는 여행을 하는 것으로 알려져 있다. 이들은 타 문화에 대한 존중과 관용을 배우고 돌아온다. 이런 유형의 해외 체류에는 시간이 필요하다. 2~3주로는 어림도 없다. 그렇기 때문에 이런 방식의 여행을 하는 사람들 대부분이 학생이거나 신입 사원이거나 구직 중인 사람들이다. 또 이런 여행자 중에 조기 퇴직자 비율이 점점 늘어나는 것도 위와 같은 이유 때문이다. 그러나 대부분의 사람들에게는 아이들, 은행 융자, 직장 등에 발목이 잡히는 경우와 같이 책임질 게 늘어날수록 장기간 해외 체류가 어렵다. 이들에게 장기간 여행할 기회가 다시 찾아오는 것은 은퇴했을 때뿐이다.

그렇기는 하지만 1~2주 정도 해외여행을 하는 사람에게도 이 책이 제시하는 비판적 시각이 얼마든지 도움이 될 수 있다. 다른 종류의 단기 및 장기 여행자들, 즉 부정기적 여행자나 레저 여행자, 유학생, 평화 봉사단을 비롯한 자원봉사자, 풀브라이트 장학생, 그리고 여행에서 뭔가 배우기를 원하는 사람들 누구나 마찬가지이다.

나는 외국 유학 경험이 있고, 많은 이주자와 관광객을 관찰해 왔고, 해외 유학생들을 수없이 상담해 본, 자칭 베테랑 여행자이다. 내가 보기에 해외여행은 나를 포함한 여행자들에게 감동적이라 할 정도로 많은 영향을 끼친다. 이런 영향은 기존의 고정 관념을 단순히 강화하는 것에서부터 무언가를 배웠다는 착각을 일으키거나 세계관을 송두리째 뒤바꿔 놓는 변화에 이르기까지 참으로 다양하다. 보통 해외로 나가려면 자금 지출을 비롯해 그 밖에 여러 가지 수고가 필요하고, 윤리적 문제에 시달리게 되기도 한다. 나는 이 짧은 책을 통해 단순히 해외여행의 경험을 즐기는 것에 그치지 않고, 그보다 더 큰 소득을 얻을 수 있는 여러 가지 방법을 제안하려고 한다.

이 책의 목적은 여행 특히 이른바 제삼세계나 남반구 여행을 더 생산적이고 계획적인 것으로 만들려는 데 있다. 이런 소비중심주의 시대에 흔하디흔한, 비서구권 국가를 식민주의적 고정 관념으로 정형화하고 폄하하는 경향을 부추기는 대신 말이다. 그래서 이 책은 상품화된 패키지여행 형식에서 벗어나 해외에 있는 동안 스스로 주도해서 배우고 성장하기를 원하는 사람들, 그래서 자신이 만날 사람들에 대해 올바로 아는 것뿐 아니라, 해외에서 자기가 겪는 변화를 제대로 인식하고 이해하고 싶은 사람들을 위한 것이다. 여행의 목적이 레저 여행이든 엄격하게 통제되는 연구 여행이든 마찬가지이다. 이 책은 독자를 인류학자로 만들려는 것은 아니다. 사실 나를 열 받게 하는 건 "열혈 아마추어 인류학자"라 자처하는 작가들이다. 아마추어 경제학자나 아마추어 의사라 자칭하는 사람은 없지 않은가. 게다가 그런 태도는 인류학자들이 제기하는 중대한 질문과 작업을 하찮은 것으로 만든다. 이 책은 인류학적 관점이 해외여행의 질을 높이는 데 어떻게 도움이 될 수 있을지에 대해 이야기한다.

외국으로 나가는 것을 업으로 삼은 집단이 바로 인류학자들이다. 아마도 인류학(人類學, anthropology. 인류와 그 문화의 기원, 특질 같은 것을 연구하는 학문 – 역자)의 가장 큰 특색은 "현지 조사(fieldwork)"일 것이다. "인류학자는 그 짓을 필드에서 한다(Anthropologists do it in the field. 현지 조사의 영어 표현인 '필드워크'에서 현장을 뜻하는 '필드'가 들판이나 밭이라는 뜻도 가진 것을 이용한 말장난 – 역자)"라고 우리 학교 인류학 클럽 티셔츠는 자랑스럽게 선언한다. 점점 더 많은 사람들이 휴가를 위해서나 배움을 위해서 외국으로 나가고 있다. 인류학적 경험은 이들에게 해외여행에서 최대한의 것을 얻을 수 있도록 여러 가지 조언을 해 줄 수 있다.

확실히 인류학자와 관광객은 비슷한 점이 많다. 인류학은 그저 수준 높은 관광이라 주장해도 과언이 아닐 정도로 말이다. 둘 다 해외로 나가는 것이니만큼 공통 관심사가 많은 것도 당연하다. 이들 모두 대체로 이국적인 것에 매료되고, 모험을 사랑하며, 새로운 발견을 위해 손해를 기꺼이 감수한다. 인류학자와 관광객 모두 고국에서 생겨난 이해관계와 의제에서 일시적으로 벗어나서 자신이 머무는 지역 사회에서 주변인 역할을 하게 된다. 또한 이들은 흔히 문화적 소통을 하기 위한 능력 부족으로 고생을 하면서 어쩔 수 없이 문화적 중개인을 이용한다. 이런 문화적 중개인을 관광객은 여행 안내원이라 부르고, 인류학자는 통역사나 연구 보조원이라 부른다. 공예품, 기억, 사진 등의 형태로 기념품을 가지고 돌아온다는 점도 양자가 비슷하다.

그러나 차이도 있다. 관광객은 쉬고 놀기 위해 해외로 나가는 반면, 인류학자는 일을 하러 간다. 둘은 마음가짐이 다르다. 그렇다고 해서 인류학자가 외국에 있는 동안 전혀 휴양을 즐기지 않고, 관광객이 인류학적 현지 조사 방식으로 배우는 경우가 없다는 말은 아니다. 해외에 나가는 현지 조사자가 반드시 영웅적 인물인 것도 아니다. 이들도, 해외여행을 준비하고 있거나 앞두고 있는 일반 사람들과 마찬가지로 겁이 나고 걱정될 때가 많다. 인류학자에게 현지 조사는 극도의 좌절감을 안기는 우울한 일이 될 수도 있다. 노련한 인류학자들이 이런 두려움과 불안감을 완화해 주는 역할을 한다. 인류학자는 논문 심사 위원이나 연구 계획서 검토자와 같은 경험 많은 인류학자들과 상담을 하면서 현지 조사 장소를 고르기 때문이다.

인류학자는 일단 현지에 들어가면 마땅한 이유 없이는 철수하기 어렵다. 그랬다가는 갓 싹트기 시작한 자신에 대한 평판에 부정적인 영향을 줄 수 있기 때문이다. 대체로 그런 압박감이 무척 커서 현지 조사자는 괴로운 상황이 줄줄이 이어지는 처음 몇 달을 하는 수 없이 버텨 내게 마련이다. 인류학자는 장기간 체류를 하는 경향이 있다. 데

이터를 모으기 위해서는 설문지를 돌리는 게 아니라 집중적인 참여 관찰이 필요하기 때문이다. 또 그러려면 현지 당국과 주민들의 허가와 협조가 필수적이다. 만약 그가 관광객이라면 아무리 참을성 없는 성격이더라도 어떻게든 견딜 수 있다. 오늘 왔다 내일 떠나면 되니까. 반면 인류학 현지 조사자는 오랫동안 머문다. 그들은 일시적 거류민이다. 인류학자는 현지 조사자와 현지 사회 간 권력 차도 예민하게 인식하고 있어야 한다. 유감스럽게도 항상 그러는 것은 아니지만 말이다. 인류학자는 그 지역의 "뒷면"을 들여다보게 되어 있다. 이는 관광과는 대조적인, 인류학의 매력 중의 하나이다. 인류학적 기술과 기법 덕분에, 말하자면 이면(裏面)에 대한 지식 덕분에 인류학자는 실제 무슨 일이 벌어지고 있는지를 더 잘 이해한다고 여겨진다. 인류학자는 잘하면 서구 문화의 자민족중심주의를 자각해서 정치적으로 올바른 결정을 내릴 수도 있다. 마지막이자 중요한 차이점을 들자면, 직업윤리 강령의 구속을 받는 인류학자는 방문국과 그 나라 사람들에 대해 관광객보다 도덕적 정치적으로 훨씬 더 큰 책임을 진다.[1]

직접 듣고 보고 냄새 맡고 맛본 것은 오래 기억한다

왜 인류학자가 굳이 이런 책을 써야 했을까? 가장 위대한 인류학자 중 한 명인 클로드 레비스트로스(Claude Lévi-Strauss)는 고전 《슬픈 열대(Tristes Tropiques)》를 다음과 같은 선언으로 시작했다. "나는 여행과 탐험가를 싫어한다. 인류학계에선 모험이 설 자리는 없다."² 물론 그는 이런 부인(否認)으로 여행의 중요성을 역설하면서, 인류학계가 자기들을 선교사, 탐험가, 무역업자, 행정가, 관광객 등 다른 여행자 및 일시 체류자와 차별화하려고 할 때 생기는 모순을 보여 준다. 서로 다른 여행 방식들 간의 상호 관계에서, 특히 여행자와 관광객을 구별하려 할 때 보통 명쾌하게 답하기 어려운 복잡한 관계가 드러난다.

인류학자들은 다른 사람들이 여행하는 방식을 깔보며 트집을 잡을 때가 있다. 그렇지만 알고 보면 그들 자신도 현지 조사 경험을 통해 변화를 겪었다. 사실 현지 조사는 인류학자들이 서로를 직업적으로 평가하는 데 중요한 역할을 한다. 현지 조사가 힘들면 힘들수록 명성은 높아진다. 해외여행이 한 사람을 변화시키는 힘은 무시할 수 없는 것이다.

학생들이 외국 여행 경험을 쓴 일지를 읽다 보면, 방문했던 지역과 그곳 사람들에 대해 배운 것에 초점을 맞추는 것이 아니라 자기 자신에 대해 배운 것에 초점을 맞추고 있는 경우가 얼마나 많은지 모른다. 즉 학생들은 자기가 얼마나 영웅적이었는지, 자기가 어떻게 살아남았는지에 대해 주로 이야기한다. 물론 그들이 그 속에서 배우고 있는 것은 맞다. 그러나 다른 사람에 대해서 배우기는커녕 자기 자신에 대해 배우고 있는 것이 문제다. 처음에는 이런 것이 걱정이 되었지만, 곧 내가 "나 세대(Generation Me)" 또는 "날 봐 줘 세대(Generation Look at Me)"라 불리는 더 광범위한 현상을 마주하고 있는 중이라는 사실을 깨달았다. 이들 대부분은 자식에게 자부심을 심어 주는 게 옳다고 믿는 베이비 붐 세대 부모 아래서 자랐다. 내가 보는 것은 더 폭넓은 사회적 현상의 일부인 것이다. 뉴스 매체들이 보도에서 어떤 식으로 "우리" "인류" 같은 단어를 "나" "나 자신"처럼 자기 자신을 지칭하는 단어들로 대체했는지 유심히 관찰해 보라.

왜 배우기 위해 해외로 나가야 할까? 요새는 대부분의 정보를 웹에서 찾을 수 있다. 학생들과 비교적 젊은 연령대에 속하고 유행의 첨단을 걷는 전문가들은, 거의 어디서나 접속 가능한 메모리 스틱으로 대표되는 인공적 기억에 점점 더 의존하고 있다. 그런데 최근 연구에 따르면 사람들은 일반적으로 자기가 "읽은" 것의 10퍼센트, "들은" 것의 20퍼센트, "본" 것의 30퍼센트, "보고 들은" 것의 50퍼센트, "말한" 것의 70퍼센트, "하면서 말한" 것의 90퍼센트를 기억한다고 한다. 다른 연구자들에 따르면 사람들은 "듣고, 보고, 행하고, 냄새 맡고, 느끼고, 맛보고, 들이마시고, 집어넣고, 신용 카드로 산" 것은 100퍼센트 생각해 낸다고 한다. 그렇다. 해외여행은, 비록 비판할 만한 면도 있기는 하지만, 예외 없이 실속 있는 학습 경험이다. 특히 여행자가 비판적 자의식을 갖고 '맥락'을 인식하기까지 하면 더욱 그렇다. 이런 감수성은 계발하기 어렵기로 악명이 높다. 현재 대부분의 학습은 수동적으로 단순히 지식을 습득하는 것에 불과하다. 즉 참여와 활동이라고 오인하곤 하는 정보 접근과 정보 검색인 것이다. 이런 학습으로는 인류학자 클리퍼드 기어츠(Clifford Geertz)가 "심층 지식(deep knowledge)"이라고 부른 것을 얻지 못한다. 배운 것을 가지고 핵심 개념들과 복합적인 연관 관계를 만드는 능력 말이다. 기억과 지식을 내면화하지 못하면 보통 너무 피상적이 되고 지적인 허세로 이어지고 만다. 이 책의 의도는 여행자가 건설적 대화에 참여하도록 함으로써 심층 지식 개발을 촉진해서 그런 상황을 타파하려는 데 있다.

만사를 맥락 안에서 보고 경험하는 능력이 가장 중요하다. 웹이나 책에서 배우는 것은, 비록 그걸 쓴 사람이 아무리 시적이고 민감하다 할지라도 직접적인 시간적 공간적 맥락을 담아낼 수 없다. 그렇게 맥락과 유리된 지식 덩어리는 말 그대로 어디든 잘라서 붙여 넣기가 가능하다. 가령 크리스마스 장식을 생각해 보자. 크리스마스 장식을 떼어 내서 7월에 붙여 놓는다면 전혀 어울리지 않을 것이다. 아니면 마음이 따뜻해지고 기분 좋아지는 갓 구운 빵 냄새를 떠올려 보라. 그런 냄새는 내가 아는 한 어떤 향수나 방취제로도 만들어진 적이 없다. 이런 특징들에 대한 감상은 어디까지나 특정 맥락에 국한된 것이다. 여행은 시각적 감각뿐 아니라 맥락에 대한 감각도 제공하는 역할을 한다. 이때 중요한 것은 총체적인 감각이다. 냄새, 색깔, 촉감, 소리가 모두 중요하다.

냄새라는 감각의 중요성에 대해 한번 생각해 보자. 냄새는 분명 인류의 가장 오래되고 민감한 감각일 뿐 아니라, 적절한 향기나 냄새는 기억은 물론이고 전신의 감각을 일깨울 수도 있다. 이런 점은 생리학적으로 설명이 가능하다. 후각 피질은 대뇌변연계와 편도체 내에 있다. 여기는 감정이 발생하고 기억이 저장되는 곳이기 때문에 기억과 감정은 냄새와 쉽게 연결된다. 냄새에 대한 기억은 놀라울 만큼 오래가며 회복력이 커서, 기억을 자극해서 불러내는 가장 중요한 수단이 된다. 간접적으로 하는 여행에서는 절대로 냄새를 느낄 수 없다. 직접 여행을 하면 관찰과 경험 간에 기억해 내기 쉬운 연결 관계가 생기기도 한다.

이런 면을 설명하기 위해 내가 즐겨 사용하는 비유가 있다. 방음이 되고 에어컨이 나오는 버스를 타고 슬럼가를 여행하는 경우와, 개똥을 밟지 않으려 조심하고 소음과 냄새에 시달리며 직접 걸어서 슬럼가를 여행하는 경우를 비교해 보자. 이 둘은 전혀 다른 경험이다. 전자는 경험을 흐릿하게 만드는 경향이 있는 반면, 후자는 모든 감각을 깨워 어느새 몸으로 스며든 경험에 영향을 받게 된다. 시각은 의심할 여지 없이 인간에게 가장 중요한 감각 중 하나다. 그러나 시각 하나만으로는 모든 감각이 동원됐을 때 알 수 있는 것보다 드러나는 세계가 좀 더 추상적이다. 가시적인 것은 본질적으로 제삼자의 시각이라서 외양에 의해 판단이 이루어진다.

여행자가 현지 주민들의 삶과 가치에 공감하려면 특별한 노력이 필요하다. 육체적으로 그곳에 있게 되면 사회성과 공존이라는 문제가 표면화된다. 어떤 사람들은 통신 기술의 확산에도 불구하고 사회성과 공존 등이 가진 중요성은 더 커지고 있다고 생각한다.

공존적 상호 작용은 단체와 가족, 친구끼리 하는 사회적 상호 작용에서 신뢰를 낳고 친밀감과 즐거운 모임을 유지하는 데 필수적이다. 가상 소통(virtual communication)은 아직까지는 실제로 하는 여행을 대신하기보다는, 물리적 여행을 조직하고 방문과 만남 사이 어디쯤에서 대화하는 것을 가능하게 해 주는 역할을 한다. 물리적 여행은 다른 인간들과 육체적으로 공존할 수 있는 기회다. 사회

적 자본을 창출하는 건 이런 사교 활동이다. [3]

여행은 관계망을 만들어 내고, 비금융적 자산을 계발해서 귀중한 사회적 자본과 문화적 자본을 창출할 수 있게 한다. 얄궂게도 많은 경우에 사회적 자본은 문화적 자본을 구축할 수 있을지도 모르는 현지인들보다 동료 여행자들과의 인맥 형성으로 계발되긴 하지만 말이다.

적어도 나에게는, 뜻하지 않게 재미있는 일이 생기는 것도 해외여행에서 겪는 흥미진진한 경험이다. 가령 외국에 나가면 평소 고국에서라면 엮이지 않았을 낯선 사람들과 대화하고 토론하고 심지어 친해지는 것을 덜 주저하게 된다. 그래서 종종 재미있는 결과가 나오곤 한다.

고정 관념을 버리고 새로운 눈으로 세계를 보라

이 책은 "낯섦"이 부리는 마법에 대해 다룬다. 평소에 당연하다고 여기던 것에서 벗어나는 것이 가지는 매력에 대해 말이다. 이런 마법은 우리가 이른바 안전지대를 떠나 모든 것을 문제시할 때 발휘된다. 일반적으로 외국에 나간다고 하면 물리적으로 여행하는 것을 연상하지만, 반드시 이국의 어느 지방에 가서 장기 체류를 해야 하는 것은 아니다. 그저 자기가 사는 동네를 걷는 것만으로도 "외국에 나가는 것"이 될 수 있다. 마르셀 프루스트(Marcel Proust)의 유명한 말처럼 "진정한 발견에 이르는 여정은 새로운 풍경을 보는 게 아니라 새로운 눈으로 볼 때 이루어진다." 그러니까 꼭 자신이 살던 곳에서 육체적으로 이동해야 할 필요는 없다. 아주 다른 문화적 환경 속으로 육체적 이동을 하면 더욱 쉽게 자극을 받기는 하지만, 이런 발견의 여정이란 모든 것이 "낯선" 심리적 여행을 떠나는 것을 뜻하니까 말이다. 여행하는 동안 경험과 지식을 축적하는 것도 중요하지만, 보고 행동하는 방식을 바꾸기 위해서는 "새로운 시각"이 더욱 중요하다. 찰스 디킨스(Charles Dickens)가 〈크리스마스 캐럴(A Christmas Carol)〉에서 주장한 것이 바로 이것이다. 이 이야기의 절정은 스크루지가 깨달음을 얻고 개과천선하는 부분이다. 이런 변화가 새로 얻은 지식에 의해서가 아니라, 과거와 현재와 미래의 크리스마스 유령들 덕분에 관점이 바뀌면서 일어났다는 데 주목해야 한다. 인류학적 관점으로 여행을 하면 바로 이런 변화가 가능해진다. 이런 관점이 여행할 때 우리가 세상을 해석하는 방식을 결정할 것이다.

이런 관점을 계발하는 건 여러모로 힘든 도전이다. 미국인들은 흔히 다른 사람들의 행동은 천성 탓이라고 보면서, 자신들의 행동은 외부 조건에 의해 결정된 것이라고 여긴다. 미국인들은 문화적 패턴을 보지 못할 때가 많다. 미국 문화가 개인주의를 지나치게 강조한 나머지 미국인들은 모든 행위를 개인적 자기표현으로 보기 때문이다. 그래서 미국인들은 빤히 보이는데도 못 볼 때가 자주 있다. 또 어떤 미국인들은 "우리가 세계"라는 식의 순진한 보편주의에 물들어서 일반화와 고정 관념을 당당히 혼동하고 만다. 학교에서 문화적 다양성을 아무리 많이 강조해도, 해외로 나가는 많은 학생들과 여행자들은 그에 대해 충분한 이해가 없는 상태다. 부분적으로는 현대 소비문화가 개인주의에 기반하고 있기 때문이기도 하고, 또 글로벌 브랜드화로 인해 미국인들 스스로가 다른 문화에 대해 익숙하다고 착각하기 때문이다. 많은 사람들이 개인주의와 자기표현 문화를 얼마나 반복적으로 주입받는지, 자신들이 흔히 멍청한 실수를 저지른 후에 그 실수를 합리화하기를 좋아한다는 사실을 잊어버린다. 자기가 가진 관점이 원래부터 정당하며 절대적으로 확실하다고 믿은 나머지, 스스로가 편견의 노예라는 걸 알아차리지 못한다. 게다가 다른 모든 사람들이 그렇듯이 편견을 반박하는 정보보다 편견을 공고히 뒷받침하는 정보를 선호한다. 이러한 방식은 때로 소박실재론(naive realism. 외부 세계를 지각되는 대로 받아들이는 상식주의 - 역자)에 속하기도 한다. 즉 다른 사람들이 하는 나쁜 행동은 그들이 본질적으로 어떤 종류의 사람인지를 그대로 반영하는 것이라고 본다. 그들은 이기적이며 문화적 배경이 그들을 그렇게 만들어 놓은 것이라는 식이다. 반면에 자기들이 하는 나쁜 행동은 자기 힘으로는 도저히 어쩔 수 없는 상황이 낳은 불가피한 결과로 본다. 다른 사람들의 맹점을 알아보기는 쉽지만 자신의 맹점을 알아보기는 어렵다. 낯선 곳으로 가는 여행은 긍정적인 방식으로 사람을 흔들어 놓을 수 있기 때문에, 해외여행은 이런 면에 도움이 될 수 있다. 알랭 드 보통(Alain de Botton)이 말했듯이, 여행을 통해 집에서는 쉽게 접하지 못한 감정과 아이디어가 되살아난다. "가구는 자기들이 바뀌지 않으니 우리도 바뀔 수 없다고 주장한다. 가정 환경은 진정한 내가 아닐 수도 있는 평소의 자신에게서 벗어나지 못하게 만든다."[4]

그런 이유에서 이 책은 여행자에게 인류학적 관점을 제공하고자한다. 이건 "여행에 대한" 인류학인 동시에 "여행에서의" 인류학이다. 이 두 가지는 성찰하는 여행자가 되고자 한다면, 즉 끊임없이 배우고 경험하는 과정에서 자기 역할을 자각하려 한다면 서로 밀접한 연관이 있다. 특히 인류학자는 여행에서 귀중한 교훈을 얻고 식견을 넓힐 수 있다. 내 경우를 보면, 외국에서 지내다 보면 대개 겸허해지는 경험을 하게 된다. 해외에 나가면 자신이 얼마나 보잘것없고 무의미한 존재인지 깨닫는다. 사회 질서라는 거대한 기계 장치 속에서 자기가 얼마나 작은 톱니바퀴에 불과한지를 말이다. 이런 겸허함은 맥락에 대한 인식, 즉 자기 자신을 뛰어넘어 스스로를 더 넓은 사건, 공간, 시간의 흐름 속에서 바라볼 수 있는 능력이 커지면서 생긴다. 바람직한 인류학 현지 조사는 다른 사람들과 그들의 삶에 대한 통찰력과 정보를 주는 것 외에도, 과도한 자신감과 자만심이라는 자기도취에서 깨어나게 한다. 우리는 자기가 어떤 착각을 하고 있는지 인식해야 한다. 그러려면, 자기가 내린 판단이 자민족중심주의에 불과할지도 모른다는 이유만으로도, 적어도 현지에 있는 동안만큼은 다른 사람들이 하는 행동에 대한 판단을 유보하는 능력을 익혀야 한다. 어쩌면 영원히 그래야 할지도 모른다. 물론 말이 쉽지 실천하기 아주 어려운 일이긴 하다.

여행이 마냥 좋은 것일 수만은 없다. 부정적인 결과가 나올 수도 있다. 이런 문제에 대해서는 이 책 후반부에서 설명할 것이다. 서구에서 비서구권 또는 산업화된 국가에서 저개발국으로 가는 여행은 문화적 각성의 계기가 될 수 있다. 비록 정치적 경제적으로 힘이 약하기는 하지만, 비서구권 세계는 여전히 근대성에 대한 건강한 성찰의 기회를 제공하고, 때로는 인생과 사회에 대한 대안적 관점을 보여 주기도 한다. 내 생각에 외국에 가는 것은 바로 이런 점에서 가치가 있다.

이 책은 안내서라기보다는 실용적 조언을 약간 겸비한, 짓궂으면서 독특한 철학적 입문서다. 원칙적으로는 이 책은 집에서 읽고 집에 두는 게 맞다. 그렇지만 외국으로 떠나기 전날 밤에 이 책을 접했다면 가지고 가도록 하라. 이 책의 목적은 여행자가 경험을 수동적으로 소비하는 사람이 아니라, 낯선 사람이나 동료나 멘토를 비롯해서 해외에 있는 동안 자기 삶에 의미를 가질 수 있는 사람들과 상호 작용을 통해 자기 안에서 경험을 창조해 내는 장인(匠人)이 되도록 장려하는 데 있다.

이론이나 철학은 실천 속에서 구체화된다. 따라서 이 책은 두려움, 지루함, 배변, 섹스, 윤리처럼 해외여행에서 필수적일 뿐 아니라 대부분의 여행 안내원과 조언자들이 도외시하는 실용적인 문제들에 대해서도 살펴본다.

여행에서 매개 역할은 대단히 중요하다. 여행자를 머물게 해 주는 사람을 만나기까지는 그 사이에 수많은 사람들이 존재한다. 대부분의 여행안내서와 여행담에는 이런 중개자들이 거의 나오지 않는다. 하지만 인류학적 관점에서 보면 가장 중요한 것은 이런 사람들이다. 그들이 우리가 보는 것을 결정할 뿐 아니라, 우리의 편견을 만들어 내는 역할도 하기 때문이다. 그래서 인류학자들은 사람들의 결정과 호오

(好惡)를 만들어 내는 더 광범위한 힘들에도 관심을 가진다.

해외로 가는 것은 여러모로 박물관에 가는 것과 비슷하다. 많은 사람들이 박물관을 좋아해서라거나 위대한 예술 작품에 매료되어서가 아니라, 박물관에 가야 할 것 같으니까 간다. 여행에서도 박물관에 갈 때처럼 자기에게 맞는 리듬을 찾는 것이 중요하다. 감동을 받는 게 예술가의 명성 때문인가 아니면 작품 때문인가? 모르는 예술가들은 무시하는 편인가? 해외여행은 모든 페이지를 빠짐없이 읽어야 하는 독서와는 다르다. 신중히 선택하라. 그리고 명심하라. 박물관에서 그렇듯이 처음에 보는 것일수록 깊은 인상을 남기며, 지워지지 않는 인상을 남기는 작품은 드물다는 점을.

아무리 꼼꼼하게 여행 계획을 세운다 하더라도 놀랄 만한 일이나 어려운 문제는 늘 생기게 마련이다. 만사가 예상대로 흘러가지는 않는다는 것을 알아야 한다. 계획도 모험의 일부이다. 이 책에는 실용적인 조언은 그리 많이 나오지 않는다. 현지인과 교류하는 방법과 같은, 여행 에티켓 안내서도 아니다. 수 세대에 걸쳐 현지 조사자들의 필독서였던 《인류학에 대한 고찰 및 질문(Notes and Queries on Anthropology)》에서 인정한 것처럼, "믿을 만한 정보를 입수하려면 그 전에 반드시 공감 어린 이해에 도달해야 한다는 것 외"[5] 에는 명확한 규칙을 정할 수 없다. 이 책은 그런 "공감 어린 이해"를 만들어 내는 법과 임시변통 능력의 중요성을 다룬다.

심층 지식을 얻기 위한 최고의 방법 중 하나는 배운 것을 끊임없이 기록하는 것이며, 해외에서 배움을 얻는 비결은 겸손함을 보여 주고 자기 약점을 솔직하게 드러내는 것이라는 말로 이 글을 마치려 한다. 그러려면 용기를 내서 스스로를 낯선 타인의 친절에 좀 더 맡겨야 할 뿐 아니라, 동시대를 살아가는 사람들을 제대로 이해하기도 해야 한다. 운이 좋으면 그렇게 해서 겸손함을 배우게 될 것이다. 대지진이 일어나기 전 아이티에 있던 미국 국제개발처(United States Agency for International Development) 사무소에는 이런 문구가 쓰인 간판이 눈길을 끌었다. "한 나라에 대해서 당신이 그곳에 있는 첫 두 주일 동안 알게 된 것보다 더 많은 것은 결코 알 수 없다."

이 책의 개요

첫 몇 장은 오만불손하고 과도한 자신감을 흔들어 놓으려는 목적을 갖고 있다. 이런 자신감 과잉은 때로는 자기가 "세계 시민"이라는 생각에서 생긴다. 이와 같은 신자유주의적 사고는 판단 착오를 일으켜 얄궂게도 전 세계적 불평등을 유지하는 역할을 한다. 그 대신에 나는 해외여행을 더 넓은 범주의 여행에 넣는다. 그래서 사람들이 여행에 나서는 이유로 드는 동기를 살펴보고, 이 동기가 사회적으로 용인받는 것이어야 한다는 이유로 때로는 어떻게 실제보다 허구에 가까워지는지를 알아본다.

전통적으로 해외여행은 확고한 이원적 구도를 가진 것으로 여겨졌다. 이방인 대 친구, 진짜 대 진짜가 아닌 것, 주인 대 객으로 말이다. 그러나 기술의 발달로 인해 즉각적인 소통이 가능해지면서 이런 경계는 희미해졌고, 해외여행을 집을 떠나 잠시 한숨 돌리는 것이나 휴가를 보내는 것으로 보는 데에는 문제가 생겼다. 그럼에도 불구하고 여행을 문화 충격보다는 통과 의례나 이방인이 하는 모험으로 해석하면 여행자가 여행이라는 경험을 통해 어떻게 변화하는지를 꿰뚫어 볼 수 있다.

첫 번째 장에서는 인류학적 관점과 인류학자들이 현지 조사를 하는 이유를 살펴본다. 인류학자는 여행을 업으로 하는 사람이다. 현지 조사는 문화적 뉘앙스에 대한 감수성과 더불어 인류학자를 규정하는 특징이다. 따라서 뭔가를 배우는 여행을 하고 싶다면 채택해 볼 만한 유용한 관점이다. 인류학은 모든 사회 과학 중 가장 비판적이고 자기 성찰적인 학문일 것이다. 1장은 여행안내서들의 간략한 역사를 제시하는 걸로 끝맺는다. 그렇게 안내서의 역사와 인류학이 어떻게 서로 관련이 있는지 보여 준다.

2장은 자기 성찰적 관점에서 쓰였다. 2장에서는 해외여행에 대해 사회적으로 용인받는 동기, 그리고 사람들이 입 밖에 내지 않거나 축소해서 말하는 동기를 간단하게 살펴본다. 사실 해외여행의 정확한 동기는 십중팔구 불분명할 테고, 심지어는 자기 자신도 확실히 알지 못할 게 분명하다. 기껏해야 자기 발견을 비롯한 여러 요소들이 뒤섞여 있다고 말하는 게 전부다. 2장에서는 다양한 형태의 계몽적 여행에 대해 논한다. 예를 들면 개발 전문가들의 해외여행이 그런 것이다.

2장에서는 또 전 세계적으로 여행과 관광의 역사가 갖는 몇 가지 변수에 대해서도 살펴본다. 이런 분석은 부유층과 빈민층 간 단층선을 여행 방식을 가지고도 규정해 볼 수 있다는 지그문트 바우만(Zygmunt Bauman)의 견해에 바탕을 두고 있다. 즉 부자는 관광객이고, 가난한 자는 선택권 없이 복잡한 법적 규제들로 고통받는 떠돌이이다. 나는 어떤 경우에는 해외로 나가는 것이 실제로 전 세계적 불평등을 강화한다고 주장한다.

현지인들은 여행자, 이방인, 외국인을 어떻게 볼까? 이 문제는 예리한 여행자와 인류학자라면 누구에게나 중요한 주제다. 그들은 노리개, 즉 잘 속아 넘어가는 얼간이, 그러니까 착취 대상으로 보일지도 모른다. 전 세계적으로 커지고 있는 권력의 차이는 여행자들의 "허위의식"을 조장하는 데 중요한 역할을 한다. 3장에서는 현지 사회가 특권층 여행객을 어떻게 인식하는지를 살펴본다. 우선 단편적 관찰들을 제시한 후, "숨은 사본(hidden transcript)"이라는 개념이 여행자가 이런 문제에 민감해지는 데 유용한 방법이 된다는 것을 말한다.

인류학은 우리가 해외에 있을 때 어떤 일이 일어나는지를 잘 이해하도록 해 준다. 4장에서는 그중에서도 특히 다음과 같은 두 가지 문제를 고찰한다. 불안감과 불확실성에 어떻게 대처할 것이며, 해외에 있을 때 어떻게 "소름 끼치는 짜릿한" 흥분을 느끼게 되는가? 인류학자들은 문화 충격과 관련한 개념들을 만들었다. 이런 개념들은 유학

업계에서 광범위하게 쓰이지만 내가 보기에는 그렇게 유용하지 않다. 나는 게오르크 지멜(Georg Simmel)이 말한 "이방인", "모험", "시시덕 거림(flirting)"과 관련한 관념들을 선호한다. 지멜은 그런 관념들을 발판으로 삼아, 이방인이라는 상태가 모험과 결합해서 해외 생활을 어떻게 흥미진진하게 만드는지 알아보고, 의례와 여행이 통과 의례로서 하는 중요한 역할을 파악한다.

여행안내 소책자는 독자에게 여행을 하고픈 마음이 들게 하는 것을 목표로 한다. 여행안내 소책자는 기대감을 자아낸다. 5장은 이런 여행안내 소책자가 기호학과 상징적 상호 작용을 통해 어떤 식으로 흡인력을 갖는 구조로 만들어져 있는지 분석하고 보여 준다. 그런 책자와 여행안내서가 가진 구조를 알게 되면 그 이면을 들여다볼 수 있다. 그래서 그런 데서 말하는 게 해외에 있는 동안 실제 맞닥뜨리는 현실과 얼마나 차이가 있는지, 그런 현실을 얼마나 무시하고 있는지 알아차리기 시작한다.

1부가 메타 여행적 특징 몇 가지를 다뤘다면 2부는 여행의 냉엄한 현실을 다룬다. 여기에는 현지 문화 속에 들어가서 긍정적으로 생존하기 위한 실용적 조언과 논의가 나온다. 2부에서 중점적으로 다루는 것은 현지인들과 유대 관계를 설정하고 구축하고 유지하는 방법이다. 이런 조언들은 직접적인 경험이나 대화와 독서에서 얻은 간접 경험에 바탕을 두고 있다. 유감스럽게도 후자 중 다수는 여행에서 실제로

써 본 적은 없지만 말이다.

6장은 여행 준비 점검 목록을 짤 때 고려해야 하는 요소들을 담고 있다. 각별히 신경 써야 하는 안전 같은 문제라든지 해외에서 시간을 최대한 활용할 수 있는 방법에 대해서도 살펴본다. 보험에서부터 여행 동반자가 있는 것의 타당성 여부, 언어 습득까지를 총망라해서 다룬다. 예를 들면 좋은 신 한 켤레를 준비하는 것이 무엇보다 중요하다는 조언 같은 것이다. 대부분의 세계 여행은 걸어서 하므로, 많이 걸으면 사람들과의 만남이 같은 눈높이에서 이루어지게 되어 훨씬 깊이 있는 접촉이 가능하다.

대부분의 여행자는 짐을 너무 많이 가지고 간다. 7장은 꼭 갖고 가야 할 필수품에 대해 알아본다. 즉 어떤 물건을 가지고 떠나야 하고 외국에서 사야 하는 건 무엇인지를 이야기한다. 또 전자 기기에 대해서도 논한다. 이런 장비들이 유용한 것은 사실이지만, 나는 전통적인 펜과 공책의 가치에 대해서도 다룬다.

현지인들과 나누는 잡담은 민족지적(民族誌的, ethnographic) 현지 조사의 진수다. 8장은 이런 활동을 둘러싼 몇 가지 쟁점을 다룬다. 현지 문화와 사람들에 대한 존중을 표현하는 가장 쉽고 빠른 방법은 현지 언어를 배우는 것 또는 최소한 그렇게 하려는 성의 있는 노력을 보여 주는 것이다. 그러기 위해서는 당연히 여기저기 바삐 옮겨 다니기보다는 한곳에 오래 머물 필요가 있다. 한 지역에 장기간 머물수록 멘토와 관계를 발전시키거나 통역을 써야 하는 등 다양한 문제가 발생한다. 8장은 에누리 문화도 다룬다. 값을 깎는 일은 많은 서구인들이 외국에서 하고 싶어 하지 않는 일 중 하나이지만, 다른 사람의 인간성을 알아보는 데 핵심적 역할을 담당하기도 한다. 또 교환 관계를 형성하고, 선물이라는 것을 둘러싼 문제를 표면화하기도 한다. 음식을 함께 먹는 것은 분명 사회적 조직의 토대가 되고, 사회적 관습의 기초가 된다. 별미를 즐기고 우정을 나누려면 시간이 걸린다. 현지 에티켓에 대한 단기적 집중 훈련과 스스로를 웃음거리로 만들 줄 아는 능력이 필요하다. 물론 가장 친밀한 종류의 대화는 섹스다. 이 때문에 심각한 윤리와 에티켓 문제가 발생할 뿐 아니라, 권력 불평등을 예민하게 의식하게 된다.

8장은 돌아다니면서 어떻게 정보를 모으고 학습해야 하는지에 대해 이야기한다. 나는 여행자에게 공식적인 인터뷰를 지양하고, 대신에 결과를 예측할 수 없는 대화를 하려고 노력하라고 권한다. 물론 다른 방식으로 정보를 입수하는 것도 가능하다. 예를 들어 포커스 집단 인터뷰, 그림과 사진을 이용한 시각 자료를 통한 참여 유도, 참여적 시골 평가(participatory rural assessment, PRA) 등이 있다. 이런 것들은 비공식적으로 사용할 수 있으며, 부록에서 간단하게 다룬다. 그렇지만 가장 중요한 것은 현지인과의 접촉을 일방적인 정보의 추출이 아니라 쌍방향적 대화로 만드는 것이다.

요즘 사람들은 두려움의 문화 속에서 살아가고 있으며, 해외에 거주하는 동안 안전 및 건강 문제는 매우 중요하다. 9장은 바로 이런 문제를 다룬다. 가장 중요한 여행자 단일 사망 원인은 교통사고이다. 이것이 좋은 워킹화를 구입해야 하는 또 하나의 이유이기도 하다. 그리고 해외에서 가장 괴로운 경험 중 하나는 배변 문제일 수도 있다. 우리 모두는 배변을 한다. 놀랍게도 여행안내서들은 배변 문화와 배변 처리 문제를 다루지 않는다. 이런 문제는 무시하는 것보다 가치 있는 학습 경험으로 바라보는 게 좋다. 특히 미국의 공중위생에 대한 병적인 집착과 대비해서 말이다. 배변은 건강과 관련된 문제다. 의약품에 대해서는 현지인의 조언을 받지 않는 게 바람직할 수 있다. 또 다른 문제로는 여성 여행자들이 맞닥뜨릴 수 있는 특수한 잠재적 위험에 관한 것이 있다.

마지막으로, 내 경험상 심층 지식을 얻는 가장 좋은 방법은 글쓰기이다. 즉 끊임없이 기록하고 성찰적으로 기술하는 것이다. 이는 보통 하기 힘들지만 중요한 일이다. 더욱이 해외여행이 가진 매력의 상당 부분은 이야기를 할 수 있다는 것에 있기 때문에, 해외에서의 대단히 밀도 높은 경험을 묘사할 수 있는 능력을 중시할 필요가 있다. 즉 엄청난 권태와 두려움뿐 아니라, 인상, 사건, 삶을 한데 녹여 낼 수 있는 능력을 말이다. 이런 작업은 흥미진진하지만 동시에 고단하다. 마지막 장은 좋은 이야기 능력을 계발할 수 있는 몇 가지 의견과 조언을 싣고 있다. 사람들은 오직 자기 자신의 삶만을 경험할 수 있지만, 다른 사람의 표현이나 이야기를 해석함으로써 그들의 경험에 대한 단서를 찾아내어 미루어 짐작하곤 한다. 성공적인 여행자가 되려면 이야기꾼이 되어야 한다. 그런 이야기들은 복잡하며, 이야기의 성패는 청중들이 저자의 이야기를 통해 간접 경험을 할 수 있도록 잘 전달하는 능력에 달려 있다. 여행의 기술(技術)은 부분적으로 영웅적인 것을 부정하는 데 있다. 스토리텔링은 단순한 행위 재현 이상이 필요하다. 그래서 섬세한 감수성으로 "단순한" 행위에 살을 붙여야만 한다. 물론 이는 자신이 염두에 둔 청중이 누구냐에 따라 달라진다.

이 책은 어떤 여행자라도 자신의 여행 경험을 풍성하게 하는 데 이용할 수 있는 최신 "간이(quick and dirty)" 연구 방법 몇 가지에 대해 간단히 논의하는 부록으로 끝난다. 중요한 것은 그런 방법들이 인류학적 현지 조사라는 견고한 토대를 갖고 있다는 데 있다.

1부

DISORIENTATION

방향 감각 상실

1
인류학적 관점이라
불리는 괴물

"우리는 바로 우리라는
적을 만났다."

— 포고 *Pogo* —

포고(Pogo)는 미국 만화가 월트 켈리(Walt Kelly)가 그린 만화 주인공 – 역자

당연시하고 있던 가정을 의심하라

인류학의 인기가 갈수록 높아지고 있다. 식민주의가 종언을 고하면서 한물간 학문이 되고 말 거라는 1970년대의 예언과는 반대로 말이다. 인류학이 점점 더 인기를 끌게 하는 요인 중 일부는 기꺼이 환영할 만한 것이지만, 반대로 어떤 것들은 문제가 많다. 인류학이 인기를 끌게 된 이유 중 많은 부분은, 어느 면에서는 세계 여행이 발흥한 이유와도 겹친다.

인류학이 갈수록 인기를 더해 가는 이유에 대해 냉소적인 사람들은 다음과 같이 주장한다. 인류학이 손쉬워 보인다는 인식 때문에 게으른 학생들에게 매력적인 학문으로 보인다는 것이다. 역사적으로 볼 때 이런 주장은 문제가 있다. 물론 인류학은 상대적으로 어려운 전문 용어로 떡칠이 된 적이 없고 지금도 그렇다. 인류학자들이 쓰는 글은 문맹자들에 대한 글일 때가 많다. 그래서 그들은 어차피 자기들에 대해 쓴 글을 읽지 못하기 때문에 인류학자가 그렇게 쉬운 글을 써도 상관없는 거라는 농담도 있다. 아무튼 이렇게 이해하기 쉬운 용어 때문에 인류학이 "쉬워" 보일 수는 있다. 그러나 농담이 아니고 진지하게 말하자면, 인류학이 손쉬운 선택이라는 주장을 입증할 만한 실질적 증거는 없다. 이런 시각은 중요한 문제들에 대해 고민하고 있는 사람들에 대한 모욕이기도 하다.

세계화로 인해 생소하거나 각양각색의 관습을 가진 사람들을 접하고 인식할 기회가 늘어나면서, 사려 깊은 사람들은 문화적 오해가 일어날 수 있는 가능성을 의식하게 되었다. 이것이 인류학의 인기가 올라가는 이유를 설명해 주는 한 가지 요인인 것은 분명하다. 이런 식의 문화적 오해는 전혀 예상치 못한 상황에서 일어나기도 한다.

대학원 공부를 하러 남아프리카에서 미국 중서부로 가면서 나는 그곳 생활에 쉽게 적응할 것이라고 생각했다. 어쨌든 영어를 썼고 영화와 잡지를 통해 미국 문화에 익숙했던 데다 미국인 친구도 한두 명 있었으니까. 미국에서 처음 겪은 창피했던 순간은 지우개를 사러 서점에 갔을 때였다. 나는 점원에게 고무(rubber)가 어디에 있느냐고 물었다. 그런데 미국인들은 그걸 지우개(eraser)라고 불렀다. 또 내가 자란 문화권에서는 "to get pissed"라는 말은 "열 받았다(to get angry)"는 뜻이 아니라 "술에 잔뜩 취했다(to get drunk)"는 뜻이었다. "take the piss out of someone"도 비뇨기과적 검사가 아니라(앞 문장을 직역하면 "누군가에게서 오줌을 뽑다"라는 뜻이 된다.-역자) 가볍게 놀린다는 의미이다. 친구들을 가리켜 "good buggers"라고 하면 그들이 얼마나 비열한 놈들인지를 말하는 게 아니라 좋은 친구들이라는 뜻이다.

세계가 점차 지구촌으로 하나가 되어 가면서 문화적 오해가 발생할 기회도 그만큼 늘어나고 있다. 어떤 여학생이 여름 방학에 미국 원주민 보호 구역에 자원봉사를 갔다. 유치원에 배정을 받은 그 학생은 친근하게 다가가려는 마음으로 아이들에게 웃으며 사탕을 건넸지만, 그럴 때마다 아이들은 잔뜩 겁먹은 표정을 지었다. 사실 이들은 마녀인 이방인들만이 아이들에게 웃으면서 사탕을 준다고 믿고 있었다. 이런 이야기들은 수도 없이 찾아낼 수 있다.

사람들은 전 세계 곳곳에서 벌어지는 여러 가지 사건과 비극적 참상에 대해서도 잘 알고 있다. 24시간 쉼 없이 방송하는 뉴스 매체들이 가뭄, 기아, 집단 학살, 개발 활동의 "실패"를 우리에게 전해 주고 있기 때문이다. 점점 더 많은 사람들과 세계은행이나 미군처럼 영향력 있는 기관들이 이런 불행한 사건들을 이해하는 데 "문화"가 결정적인 요소라는 걸 인식하고 있다. 동시에 사람들은 커피를 홀짝이며 자기 옷에 붙은 상표를 보면 자기 삶이 지구상의 다른 지역에 사는 사람들과 서로 연결되어 있다는 사실을 깨닫게 된다.

인류학의 관점은 광범위하고 포괄적이고 비교 연구적인 현지 조사에 기반을 두고 있어서, 점점 더 분화되어 가고 있는 이 시대와 대조를 이룬다. 이와 같은 대비는 반가운 일이다. 다른 사회 과학이 꽃 한 송이 한 송이가 가진 아름다움을 탐구한다면 인류학은 산꼭대기에서 넓은 전망을 즐기는 쪽이다. 그보다 더 중요한 사실이 있다. 인류학이 다른 사람들과 문화가 인간사에서 벌어지는 일상적인 문제들을 어떻게 해결하는지에 초점을 맞추고 대안적 생활 방식과 문화를 연구하는 것이라면, 이 주제에 관심이 늘어나고 있다는 말은 곧 현재 세상 돌아가는 꼴이 영 마음에 들지 않는 사람들이 대안을 찾기 시작했고, 인류학은 그런 사람들에게 가능한 선택지를 제공하고 있다는 뜻이라고 주장해도 무방하다는 것이다. 소외당하고 불만에 찬 사람들이 쉽게 인류학에 끌린다. 인류학이 어떤 사회 과학보다도 여성과 소수 집단에게 상대적으로 호감을 사는 것은 우연이 아니다. 이쪽 전문가 조직들의 수장(首長)만 훑어봐도 쉽게 알 수 있다. 지난 50년 내내 전미 인류학회(the American Anthropological Association)는 어떤 사회 과학 전문가 조직보다도 여성과 소수 집단 출신 수장이 많았다. 누군가 재치 있게 표현한 대로 인류학자들은 사회가 자기들을 거부하기 전에 자기들이 먼저 사회를 거부한다고나 할까!

인류학이 처한 난제는 비논리적인 것이 가진 논리를 알아내는 것, 즉 언뜻 말도 안 되는 것처럼 보이는 기이한 것을 "말이 되게" 만드는 것이다. 이런 임무를 수행하기 위해서는 "문화"라는 개념이 결정적으로 중요하다. 문화란 무엇인가를 정의하기 위해 그간 많은 글이 쏟아져 나왔다. 우리가 이루고자 하는 목적에 따르면 일관성이나 양식 및 예측 가능성을 제공함으로써 행동에 의미를 부여하는 게 문화라고 간단히 정의할 수 있다. 문화는 사건과 상황, 행동을 들여다볼 수 있는 렌즈가 된다.

하지만 무엇이 문화인지, 즉 무엇이 의미 있는 것인지 어떻게 알아낼까? 이런 점에서 "이야기"가 중요하다. 관습은 누군가가 그걸 관습이라고 볼 때 관습으로서 받아들여진다. 전통, 신화, 관습을 지속시키는 것은 강제적 순응성이다. 이 말은 이런 전통, 신화, 관습을, 관점이 서로 다른 구성원들이 모여 구성되는 더 큰 단위의 집단에서도 공유할 수 있으며, 대대로 전승하는 것도 가능하다는 뜻이다. 웬디 도니거(Wendy Doniger)는 다음과 같이 말한다. 신화에 대해 쓴 글이지만 전통과 관습에 대해서도 똑같이 적용 가능하다.

신화는 용병(傭兵)과 같다. 즉 누구하고나 싸우게 할 수 있다. 모든 이야기와 견해가 여기에 다른 해석을 가해서, 말하는 사람이나 듣는 사람, 즉 청중이나 해설자가 은연중에 교훈을 얻도록 유도한다. 요새 와서는 신화라는 단어를 어떤 한 가지 사상 특히 잘못된 사상을 가리키는 데 쓰지만 신화 또는 관습은 절대 어떤 한 가지 사상이 아니다. 신화는 '얼마든지 많은 사상을 가능케 하면서도 스스로는 어떤 한 가지 사상적 입장에도 서지 않는 이야기이다.' 신화는 묘사하는 사건들에 대해 여러 가지 다른 잠재적 태도를 가질 수 있기 때문에 각기 다른 화법으로 청자에게서 공감 어린 태도를 이끌어 낼 수 있다. [1]

전통이 전통인 이유는 누군가가 그것을 전통이라 인식하고 전통이라 말하기 때문이다. 이야기와 서술에 나타나는 미묘한 차이를 제대로 알아차리려면 관찰력이 날카로워야 할 뿐 아니라, 언어에 능숙해야 한다. 동시에 몸짓이나 어조, 표정 같은 것이 전달하는 준(準)언어에 대해서도 섬세한 감수성을 갖춰야 하는 건 물론이다. 이런 것은 오직 최고의 현지 조사자만이 습득할 수 있는 기술이다.

현지 조사는 서로 어지럽게 뒤섞여 있는 수많은 경험, 소음, 색깔을 파악해야 하기 때문에 어렵다. 어떤 행동을 해석하기 위해 맥락을 감지하고 이해해야 하는 것은 물론이다. 인류학 개론 수업 시간에 이 문제를 실례를 들어 확실히 가르치기 위해서, 나는 몇 년 동안 학생들에게 대학교 상점에서 가격 흥정을 벌이게 했다. 가격 흥정은 세계 대부분 지역에서 뭔가를 사고 팔 때 흔히 나타나는 시장 행동이다. 이 실습은 상점 지배인이 화를 내고 다른 학생들이 불만을 제기하는 바람에 결국 그만두었다. 같은 입문 수업들에서 나는 북아메리카 지역이 가장자리로 치우쳐 있는 지구 사진을 오버헤드 프로젝터로 보여 준다. 그러면 영상을 바로잡아 달라고 하는 학생이 한 명은 반드시 나온다. 내가 노린 게 바로 이거다. 북아메리카 지역이 지구 북쪽 가까이 위쪽에 있어야 한다는 건 미국 사회에서 일반적으로 옳다고 받아들이는 문화적 해석일 뿐이다. 현지 조사와 인류학이 무너뜨리고자 하는 게 바로 이렇게 무심결에 당연시하는 태도다.

본인이 속한 문화에 바탕을 두고 있는, 세상을 어떤 관점에서 봐야 하는가 하는 가정에서 벗어나는 것은 말도 못하게 어려운 일이다. 맥락에 대한 감각을 키우기 위해 인류학자들은 어떤 행동에 대해 자신이 당연시하고 있는 가정에 의문을 제기하게 만드는 장소나 맥락 속으로 현지 조사를 떠나는 게 일반적이다. 현지 조사는 직접적 경험을 통해 하나의 문화를 연구하는 것으로서, 사람들이 가진 문화적 지식을 설명하기 위한 다양한 활동을 수반한다. 가설을 검증하기보다는 문화적이고 사회적인 현상들의 본질을 탐구하는 데 중점을 둔다. 이런 게 정식 민족지학(民族誌學. ethnography. 민족학 연구와 관련된 자료를 수집·기록하는 학문 – 역자)이기는 하지만 나는 이런 방식으로 연구하지는 않는다.

현지 조사가 주는 즐거움

현지 조사는 인류학에서 필수불가결한 요소다. 장기간에 걸친 현지 조사를 중시하는 것에 비판적인 사람들도 물론 있다. 재미있는 사실은 이런 비판을 하는 사람들은 대체로 그런 현지 조사를 해

본 적이 없는 인류학자나 연구자라는 것이다. 일반적으로 현지 조사란 인류학자에게 통과 의례라고 볼 수 있다. 때로는 그 중요성을 너무 과장한 나머지 현지 조사의 규모와 난이도를 가지고 인류학자의 위상을 판단하는 경우도 있기는 하지만, 현지 조사야말로 실질적으로 인류학 조사 활동의 핵심이 된다.

펜실베이니아 대학교의 인류학자 레이 버드위슬(Ray Birdwhistle)은 다음과 같은 유명한 실험을 했다. 그는 행복한 결혼 생활을 하는 배우자들 사이에 어떤 소통이 이루어지는지 연구하기 위해서 사람들에게 테이프 녹음기를 달아 놓고 그들이 하는 말을 모두 녹음했다. 결과를 보니 이들이 말로 하는 소통은 하루 24시간 중 총 15분 미만에 불과했다. 이 사실은 사람들이 입으로 하는 말뿐만 아니라 몸짓 언어나 어조 등 다른 신호들도 이용해서 소통한다는 것을 알려 준다. 소통은 몸짓 언어 말고도 끙끙거림, 손짓, 말투, 맥락을 이용해서도 할 수 있다. 그러므로 현지 언어에 유창하지 않은 사람이라도 어떤 문화적 뉘앙스를 어느 결에 터득한다.

현지 조사자들이 소문과 정보를 구별할 수 있게 하는 것은 장기적 몰입 훈련이다. 냉전 시대에 맹활약한 악명 높은 스파이 킴 필비(Kim Philby)는 임무 수행에서 가장 중요한 부분은 기밀 서류를 촬영하는 것보다는 칵테일파티에 참석하고 다니는 것이었다고 주장했다. 기밀문서를 해석하는 데 필요한 정보를 수집할 수 있는 곳이 바로 그런 파티였기 때문이다. 그런데 미국은 이런 교훈을 잘 배우지 못했던 것 같다. 이라크 전쟁에서 미국의 첩보 수집이 크게 실패한 것은, 첨단

기기를 이용한 데이터 수집에 과도하게 의존하고 그런 정보를 맥락에 따라 해석하는 데 필요한 현지 정보는 부족한 탓이었다.

현지 조사는 맥락에 대한 올바른 이해를 전면에 내세운다. 사람들은 갈수록 서로 관련은 없으면서 무수히 쏟아지는 단편적 정보들에 파묻혀 가고 있기 때문에, 이런 이해가 더욱 중요해진다. 《뉴욕 타임스》 일요판 한 부에는 18세기의 교양인이 평생 입수한 양보다 많은 정보가 들어 있다고도 한다. 현지 조사는 이런 현기증 나는 정보의 홍수 속에서 안정적인 여정을 가능하게 하는 맥락과 버팀목을 제공한다.

사람들은 항상 비교를 통해 판단이나 평가를 내린다. 문화인류학(文化人類學, cultural anthropology, 인류학의 한 분야로서 문화의 측면에서 인류 공통의 법칙성을 파악하려는 학문 – 역자)이 가진 강점 중 하나가 "비교 연구"이다. 보통 비교 연구에는 서로 다른 집단들이 똑같은 일단의 문제들을 각자 어떻게 처리하는지 비교하는 과정이 반드시 들어간다. 요컨대 주요 관심사는 "차이"이다. 집이라는 안전한 고치에서 벗어나 해외로 나가면 인류학자들은 차이를 제대로 식별해 낼 수 있다. 왜 그리고 어떻게 이런 일이 일어나는가? 이 행동에 담긴 의미는 무엇인가? 문화가 어떻게 세상의 차이를 보는 방식을 결정하는가?

차이는 관용이냐 불관용이냐 하는 문제를 야기한다. 차이를 무시하고 모든 사람을 똑같이 대해야 할 것인가? 파푸아 뉴기니에서 일어난 두 가지 간단한 사례가 이런 문제의 심각성을 잘 보여 준다. 어느 지방 정부 관리가 마을 주민들에게 고위 관리들이 방문할 테니 광장을 깔끔하게 단장하라는 지시를 내렸다. 주민들은 지시에 따라 순순히 개똥과 돼지 똥을 깨끗이 치웠지만 사탕 포장과 탄산음료 캔은 그대로 놔두었다. 그들 사고방식으로는 이런 쓰레기는 버려야 하는 더러운 게 아니었다. 고가품을 살 여유가 있다는 것, 즉 부유하다는 것을 보여 주기 때문에 오히려 높은 사회적 신분을 나타내는 상징이었다. 이보다 더 효과적인 사례도 있다. 샌프란시스코 출신에 진보주의자라 자처하는 사람이 파푸아 뉴기니에서 자원봉사를 하고 있었다. 그는 몸에 심하게 달라붙는 짧은 수영복을 입고 현지 해변에 나타나 현지인들로부터 심한 반감을 샀다. 좀 더 점잖은 수영복을 입는 게 좋겠다고 그에게 넌지시 권했지만 그는 즉각 거부했다. 만약 파푸아 뉴기니 사람들이 샌프란시스코에 와서 아스그라스(asgras. 풀로 만든 직물을 벨트에 달아 엉덩이를 가리는 옷 - 역자)를 입거나 윗도리를 입지 않고 돌아다닌다 해도 자기는 항의하지 않을 거라면서 말이다.

많은 사람들이 "문화적 상대주의" 개념을 인류학이 성취한 가장 위대한 업적으로 여긴다. 문화적 상대주의는 자기 문화의 가치관을 기준으로 다른 문화의 행동을 판단해서는 안 된다는 것으로, "자민족중심주의"와 반대 개념이다. 자민족중심주의가 극에 달하면 차별과 편견과 인권에 대한 부정으로 이어질 수 있다. 사실 문화는 절대적인 게 아니라 임의적으로 구성된 산물이라는 사실을 이해하면 문화적 상대주의라는 개념을 받아들이기가 더 쉬워진다. 문화적 상대주의는 다른 사람들의 행동을 자기 전통과 경험을 기준으로 해석하려고 해서는 안 된다고 말한다. 즉 특정한 문화적 상황에 참여하고 있는 동안 판단을 유보해야 한다는 뜻이다.

한 문화의 경계가 정확히 어디까지냐를 규정하는 것에는 물론 문제가 있다. 그래서 실제로 가난한 나라 출신 일부 지식인들은 문화적 상대주의를 세계적 불평등이라는 엄중한 현 상황을 합리화하는 역할을 하는 속물적인 자유주의 사상으로 치부하기도 한다. 이들은 문화적 상대주의가 특권층이 고안한 개념이라는 점과 가난한 사람들은 특권층의 소비지상주의적 생활 방식을 비판해서는 안 된다고 공공연히 암시하고 있다는 점을 지적한다. 그런 생활 방식이 아무리 전 세계적으로 영향을 미치고 있는, 약자를 등쳐 먹는 착취적 생산 방식에 기반을 두고 있더라도 말이다. 이런 비판은 타당하지만, 그럼에도 불구하고 문화적 상대주의는 해외로 나가는 사람들에게 중요한 깨달음을 준다.

통계적 의미보다 실질적 의미가 중요하다

민족지학적 현지 조사는 보통 한 공동체에 장기적으로 동참할 것을 요구한다. 이런 활동을 가리켜 "참여 관찰(Participant Observation)"이라고 한다. 이 용어는 전면적인 참여자에서부터 철저한 관찰자에 이르는 입장 전반을 나타낼 수 있다. 또 공개적인 활동이나 비밀스러운 활동 중 하나를 가리킬 수도 있다. 참여 관찰에서 중요한 것은 현지 관찰자가 사람들이 말하는 것과 행동하는 것을 비교할 수 있고, 보통 이 두 가지는 상당히 다르다는 것이다. 현지 조사에서는 구체적 내용이 명확히 드러나지 않는 암묵적 지식을 밝혀내는 일을 많이 한다. 인류학은 데이터 수집이 무계획적으로 이뤄진다. 잘 제어되는 연구실 환경 대신 현장에서 데이터를 수집하기 때문이다. 현장에서 중요한 정보는 우연히 등장할 때가 많다. 윙크를 하거나 팔꿈치로 쿡 찌르는 것처럼 말이다. 정보 습득은 대단히 개인적 차원에서 이루어진다. 물론 인류학자들도 설문 조사와 계획적 관찰을 하기는 하지만 그것에 맹목적으로 의존하지는 않는다. 그들이 하는 일은 대부분이 마구잡이식 관찰이다. 이렇게 관찰한 사건들은 다른 특징들과 연관 지어 귀납적 결론을 이끌어 내야만 한다. 현지 조사는 낭만적으로 보일지도 모르지만 대체로 고된 노동이다. 하루 열여덟 시간이나 일하는 날이 많은 노동 집약적인 작업이다.

현지 조사에서 중요한 것은 많은 사람들로 이루어진 표본 집단이 아니라 한 공동체의 일상에 집중적으로 참여하는 것이다. 그러려면 특별한 기술이 필요하다. 현지 언어를 할 줄 알아야 할 뿐 아니라, 스스로를 웃음거리로 만들 줄 아는 능력도 필요하다. 딱딱한 추상적 개념이나 평가보다 의미 쪽에 관심을 더 보이는 민족지학적 현지 조사자들은, 대단히 인간적인 활동에 종사하는 셈이다. 통계적 의미보다는 실질적 의미를 중시하기 때문이다. 인류학자는 힘을 가진 풍요로운 사회를 대표하는 인물이지만, 브로니슬라브 말리노프스키(Bronislaw Malinowski)가 사용한 유명한 용어인 "현지인이 가진 관점"을 보고 표현하려고 애쓰기 때문에 이방인들의 협력과 친절에 기대야만 하며 시간이 흐르면서 그들과 친구가 되거나 심지어는 유사 친족 관계가 되기를 바란다. 이런 임무를 수행하려면 상당한 공감 능력이 필요하다.

이런 공감은 자연스럽게 보통 사람들의 공동체나 그들의 문제에 대한 관심으로 이어진다. 인류학자들은 그런 상황을 일반 대중적 차원에서부터 살펴보는 경향이 있다. 탁월한 소수에게 초점을 맞추는 휘그주의적 사관(개인의 자유 및 민권 실현을 역사의 목적으로 보며 의회주의를 옹호하는 자유주의 사관 - 역자)은 인류학에는 해당 사항이 없다.

민족지학적 현지 조사에서 고려해야 할 또 다른 중요한 사항은 외부인의 시각이 갖는 효과에 대한 것이다. 외부자로서 인류학자들은 더 큰 그림을 보려고 애쓰기 때문에, 숲과 나무를 동시에 보려고 한다. 물론 내부자들은 외부인이 펴낸 출판물을 비판할 때가 많다. 외부인들이 요점을 빠뜨렸다고 주장하면서 말이다. 이런 비판은 생산적 대화를 시작할 수 있는 계기가 된다. 이와 동시에 외부인의 시각은 많은 이점도 갖고 있다. 이 시대의 가장 위대한 역사가였다고 할 수 있는 에릭 홉스봄(Eric Hobsbawm)은 약간 다른 맥락에서 이런 이점을 잘 표현했다. 어떤 철도 애호가도 훌륭한 철도의 역사를 쓴 적이 없듯이 어떤 민족주의자도 믿을 만한 민족주의의 역사를 기술한 적이 없다고 말이다. 외부인의 시각은 아주 중요하므로 4장에서 보다 심도 있게 다뤄 보고자 한다.

인류학적 관점이 낳은 중요한 결과는 현재까지 모든 사회 과학 중에서도 인류학이 가장 자기 성찰적인 학문이라는 것이다. 인류학자는 "그들"을 들여다보기 위해서 "우리"도 들여다봐야 했다. 인류학이 세계적 불평등과 신식민주의를 부추기는 역할을 한다는 격렬한 논쟁이 있었을 뿐 아니라, 이런 비판은 인류학자들이 연구하는 방식에도 영향을 미쳤다. 바람직한 인류학은 저자와 청중을 언제나 조금은 당혹스럽게 만들어야 한다. 우리가 세상을 보는 방식을 뒤흔들거나 적어도 문제시하게 해야 한다. 바로 이런 점 때문에 인류학이 현재 후기 자본주의 시대에 트릭스터(Trickster. 신화와 민담에서 교활한 책략이나 사기술로 기존 질서와 규칙을 위반하거나 무너뜨리는 반사회적 존재로서, 의도했든 의도하지 않았든 불이나 문명처럼 궁극적으로는 긍정적 결과를 낳거나 세상에 선과 악의 균형을 가져온다. 영리하거나 어리석거나 둘 다일 수도 있으며 보통 장난기가 많은 성격이다. - 역자) 역할을 한다고 보는 사람들이 존재한다. 즉 힘 있는 사람들에게나 해외로 나가는 많은 사람들에게 익숙한 가정에 반기를 들고, 권력자들에게 진실을 말하는 것이라고 말이다. 인류학과 해외여행은 어딘가에서 기적처럼 홀연히 나타난 게 아니라 서로 밀접한 관련이 있는 기나긴 역사를 갖고 있다. 둘은 떼려야 뗄 수 없는 관계다. 사실 어떤 면에서 이 책은 여행안내서의 전통을 계승하고 있다.

해외여행과 여행안내서의 변천사

역사적으로 여행은 도전적이고 용감한 사람들, 즉 모험가들의 세계였다. 서구 문헌을 살펴보면 율리시스(Ulysses)에까지 유래를 거슬러 올라갈 수 있지만 여기서는 그런 고전까지 가는 대신 좀 더 최근 사람인 프랜시스 골턴(Francis Galton) 경에서 시작하고자 한다. 골턴 경은 오늘날 우리가 호기심을 가진 개인으로서 하는 것과 같은 여행 방식을 대부분 확립했다.

골턴은 총기 제작자인 퀘이커 교도의 외아들이자 찰스 다윈 (Charles Darwin)의 사촌이다. 그는 여러 가지로 유명했는데, 일부는 좋은 쪽이었고 일부는 악명이었다. "우생학"이라는 용어를 만들어 낸 장본인인 그는 지문 채취법을 발명했고, 확률 통계를 창안했으며, 왕립인류학회 제2대 회장이기도 했다. 상대적으로 덜 알려져 있지만 어쩌면 훨씬 더 중요한 것은, 그가 25세 때 데이비드 리빙스턴(David Livingstone)의 응가미 호(Lake Ngami) 발견에 용기를 얻어 유럽인 최초로 서구에서 출발해 응가미 호에 도착하려는 시도를 했다는 사실이다. 비록 실패하기는 했지만, 그는 돌아온 지 1년도 안 돼 왕립과학학술원과 과학진흥클럽 두 곳에 동시에 회원으로 뽑혔다. 그는 《열대 남아프리카(Tropical South Africa)》라는 책을 펴내 왕립지리학회 금메달과 프랑스지리학회 은메달을 수상했다. 이 책은 최소한 4판을 찍었고 독일어와 프랑스어 번역판이 나왔다. 이 책은 나중에 《어느 열대 남아프리카 탐험가 이야기(Narrative of and Explorer in Tropical South Africa)》라는 이름으로 제목을 바꿔서 나왔다.

이러한 성공에 고무된 그는 역시 자신의 여행 경험을 바탕으로 한 두 번째 책 집필에 착수했다. 그렇게 해서 대대적 성공을 거둔 베스트셀러 《여행의 기술, 오지에서 가능한 변화와 발견(The Art of Travel, or Shifts and Contrivances Available in Wild Countries)》이 1855년에 첫선을 보였다. 이 책은 마침내 8판까지 찍고 수없이 간행되었다. 이런 판매고는 이 책이 공상에 가깝다고 봤던 직업적 탐험가들보다는 안락의자형 여행자들 덕분에 가능했던 게 틀림없다. 이 책은 빅토리아 시대 사람들이 아프리카를 비롯한 이국적 장소에 대해 가졌던 이미지를 만들어 냈고, 그 이미지가 이후로도 쭉 이어지게 했다. 그리고 해외여행이란 어떤 것인가에 대한 기준을 문자 그대로, 그리고 비유적으로도 확립했다. 이런 점은 첫 문장부터 분명하게 드러난다. "건강과 모험에 대한 크나큰 열망과 최소한 보통 정도는 되는 재산을 갖고 있고 뚜렷한 목표를 이루겠다는 결심을 할 수만 있다면 무슨 수를 써서라도 여행을 떠나라." 골턴에 따르면 모험은 젊은이들이 "두각을 나타낼 기회"로서, "더 현명한 사람들이 시샘할지 모르는 명성을 얻게 될" 것이고, "여행이 가져올 가장 기분 좋은 결과들" 중 한 가지는 젊은 여행자가 "오랫동안 고명을 익히 들어 왔고 스스로도 영웅으로 숭앙해 마지않았던 유명 인사들의 클럽"에 가입을 허락받는 것이었다. 성공적인 여행자는 허둥대지 않고, 자기 일에 열렬한 흥미를 보이고, 성격이 온화하고, 말을 잘 듣지 않는 하인들을 다루는 법을 잘 알고, 대영 제국의 확장을 장려하는 이들 눈에 호감을 살 만할 자질들을 갖춘 사람이었다.[2]

《여행의 기술》은 이런 탐험가, 선교사, 무역업자들이 자기 일에 투신하게 된 이유라고 들었던 동기의 본질을 알려준다. 모험가인 여행자들은 그런 역할에 딱 어울리게 보여야 했을 뿐 아니라, 실제로 그런 역할을 연기하기도 해야 했다. 그들은 모험을 할 때 선배 모험가들을 롤 모델로 삼았다. 그러다 보니 자연히 18세기 유럽의 광대극을 교본으로 삼아 실천에 옮기게 되었다. 여행은 뛰어난 연기 감각을 필요로

했다. 골턴은 연극용 장신구와 의상을 사기 위해 극장가 가게들을 샅샅이 뒤지고 다녔을 뿐 아니라, 화려한 왕관을 구입해서 "아프리카에서 만나게 될 가장 위대한 또는 범접할 수 없이 고귀한 군주의 머리에 씌우리라" 맹세했다. 이런 연극적 감수성은 다루기 힘들 수도 있는 원주민들을 달래는 데도 중요했다. 그는 우를람(메티)[Oorlam(Meti)]족장을 대할 때, "이런 지역에서는 듣도 보도 못한 의상"인 가장 훌륭한 사냥용 코트와 무릎까지 올라오는 장화와 코듀로이 바지와 사냥모자 차림으로 "처음 방문한 곳에서 갖춰야 하는 이 지역의 중요한 예법"을 무시하고 황소를 탄 채로 족장의 집 안으로 밀고 들어갔다. 그는 책에서 깜짝 놀란 족장을 영어로 호되게 꾸짖는 바람에 자신이 어떻게 비난을 받았는지 묘사한다. 골턴의 세계에서는 지팡이인 "키리에(kierie)"는 왕이 드는 홀이 되었고, 춤은 선택받은 최상류층 인사들만이 자유롭게 드나들 수 있는 무도회가 되었다. 주디스 애들러(Judith Adler)가 지적하듯이, "특정한 방식을 따르는 여행은 현실관을 반영할 뿐 아니라, 현실관을 만들어 내고 정립하기도 한다." [3]

안락의자형 여행자들 취향에 부응했던 사람이 골턴만은 아니었다. 왕립지리학회, 영국과학진흥협회, 런던민속학회, 왕립인류학회 같은 많은 학술 단체가 야심 찬 "학자 여행자(scholar-traveler)"를 위한 입문서를 펴냈다. 실제로 왕립인류학회에서 내놓은 베스트셀러 중 하나가 《인류학에 대한 고찰 및 질문(Notes and Queries on Anthropology)》으로, 주로 아마추어 민족지학자들을 대상으로 쓴 비망록이었다. 비슷한 상황이 유럽 대륙 특히 독일, 이탈리아, 프랑스에서도 벌어졌다.

이렇게 보다 학술적 경향을 띤 아마추어 안내서들이 보편적인 추세가 되었다. 베데커(Baedeker)와 머리(Murray) 여행안내서가 점점 더 인기를 모은 것에서 알 수 있듯이 말이다. 이런 추세는 산업 시대가 유럽에서 세력을 확장해 나가는 것에 발맞춰 나타나기 시작했다. 일반 대중을 상대로 한 이런 안내서들은 오늘날까지도 여전히 통용되는 주제와 주장을 따르고 있는, 그보다 앞서 나온 안내서들을 기초로 하고 있다. 1757년에 나온 미국 최초의 여행안내서 저자인 조사이어 터커(Josiah Tucker)는 여행이 "옹졸한 '편견'을 벗겨 내고 … '인간'과 '사물'에 대한 보다 폭넓고 공명정대한 '시각'(을 제공하는 것)"이라 보았다. 그러나 그는 여행하는 자세에 대해 경고하기도 했다. 단순히 지루함을 덜기 위해 여행을 해서는 안 된다고 말이다. 그렇게 했다가는 "'지혜'는 떠날 때와 그대로인데 '재산'과 '순수함'은 줄어든 채 '집'으로 돌아올 게 분명"하기 때문이었다. 겸손에 대해 되풀이해 가르치는 것도 중요했다. 조지 퍼트넘(George Putnam)은 1838년에 나온 여행안내서 서문에서 조국의 우월성을 떠벌려서는 안 된다고 미국 여행객들에게 경고했다. 해외를 다녀 본 경험을 통해 퍼트넘은 미국인들이 틀림없이 세계에서 가장 행복한 사람들이라는 확신을 갖게 되었다.[4]

근대 여행안내서는 두 가지 전통과 밀접한 관련을 맺으며 발전한다. 첫 번째는 17세기 후반에 유행했던 유럽 대륙 순회 여행이었다. 이는 상류층 자제들이 가정 교사를 대동하고 하는 여행으로서, 경로나 일정은 정해져 있지 않았고 몇 년씩 걸리는 게 일반적이었다. 영국 엘리트층은 그런 경험이 자녀 교육을 완성하는 데 필수적이라 믿었다. 무지렁이를 감식안을 갖춘 전문가로 만들겠다는 의도를 가졌던 유럽 대륙 순회 여행은 공인된 귀족적 삶의 특징으로 빠르게 자리 잡았다.

두 번째는 "도보 여행 전통"이었다.[5] 이 전통은 노동자 계급 젊은 이들이 하는 일상적 여행 방식에서 출발했다. 말하자면 젊은 노동자들의 유럽 대륙 순회 여행 역할을 한 셈인데, 신분 상승으로 이어질 수 있는 매력적인 경로가 되었다. 19세기 말에 이르러 도보 여행이 노동자들이나 따르는 관습으로 하락세를 그리면서 여행은 중산층 젊은이들이 낭만적인 생각에서 오로지 관광 목적으로만 하는 게 되었다. 산업화로 인해 그런 여행이 더욱 쉬워지면서 점점 더 많은 사람들이 존경할 만한 사회적 지위를 갖고 있다는 징표로 여행에 동참하게 되었다. 19세기 중반에 해외여행이 확고한 신분 상승 수단으로 인정받으면서, 보다 다양한 사회적 계급과 경제적 배경을 가진 사람들이 유럽 대륙 순회 여행에 나섰다. 사람들의 배경이 다양해질수록 사람들은 여행안내서에 더욱 더 면밀한 관심을 기울이게 되었다. 이런 안내서들은 생생한 묘사를 강조했는데 이 문제에 대해서는 5장에서 본격적으로 다루었다.

이 밖에 단체 여행이 탄생했다. 철도 건설 후 등장한 유명한 쿡스 투어(Cook's Tour)여행사가 설립되어, 지식과 교양을 추구하는 여행자의 저변이 신분 상승을 지향하는 노동자 계급으로까지 확대되었다. 이런 안내서들과 단체 여행이 여행자와 관광객이 자기가 여행하는 세계를 바라보고 묘사하는 기본적인 방식을 결정한 것은 분명했다. 1840년대에 쿡스 투어 즉 단체 여행이 등장하면서 여행과 관광의 구분이 중요해졌다. 일반적으로 재미나 문화를 목적으로 하는 여행이라고 정의하는 관광은, 보통 여행 일정 같은 규칙, 여행안내서, 여행안내원, 선입관을 매개로 해서 새로운 곳을 경험하는 행위를 가리켰다. 관광은 휴가에 방점이 찍힌 경우가 많았다. 한편 여행자는 혼자 또는 소수의 인원으로 여행하면서 예기치 못한 발견을 하고 싶어 하는 사람을 가리켰다. 관광객과 달리 여행자는 수동적이지 않고 경험 속에서 뭔가 배우기를 원했다. 그들에게 여행안내서는 필수적이었다.

나폴레옹 전쟁의 여파로 유럽에는 여행의 필수 조건인 평화로운 시대가 찾아왔고, 산업 혁명과 부를 창출한 새로운 방식들 덕분에 여행하기가 더욱 쉬워졌다. 1차 세계 대전 이후에는 해외여행에서 비약적 발전이 일어났다. 비교 문화적 이해의 필요성에 관심을 가진 미국의 일부 교수들이 최초의 유학 프로그램을 짜서 학생들을 유럽으로 데려갔다. 이번에도 대량 생산에 의한 원가 절감과 달러 강세가 이런 국면을 촉진해서 "대학생 해외 연수"는 곧 높은 사회적 지위를 상징하게 되었고, 특히 소수 정예 대학들에서 그랬다. 실제로 1년짜리 해외 연수는 급속히 유망한 사업 기회가 되어, 유학 중개업체들이 미국 대학생 수천 명을 여름 방학 동안 해외로 실어 날랐고, 가끔은 특별 전세 원양 여객선까지 띄우기도 했다.

그러니 역사적으로 서구권 여행자들은 일종의 학생으로, 여행을 배움의 기회로 이용했던 셈이다. 여행은 지적인 성장과 영적인 성장을 모두 이루게 하는 것으로 여겨졌다. 그러나 이런 목표는 지난 수십 년간 세계화와 중산층의 기동성 증가에 힘입어 극적인 변화를 겪었다. 여행 산업은 현재 세계적으로 가장 규모가 큰 산업이라고 한다. 오늘날 부유한 나라에서 해외로 나가는 사람들 대다수는 당연히 여행자도 아니고 심지어 관광객도 아닌, 휴양객이다. 이들이 여행하는 이유는 다양하지만 휴식에 역점을 두고 있는 게 보통이다. 이들은 빈둥거릴 수 있는 따뜻한 곳이나 좋은 요리나 어떤 자극을 찾는다. 이들은 주로 소비자다. 그러니 해외여행은 이런 더 넓은 정세 안에서 바라볼 필요가 있다.

외국 유학은 거대 산업이 되어 이 일을 전담하는 전문 단체들까지 갖추고 빠르게 성장할 것으로 보인다. 그러나 해외여행 관련 업무가 전문화되고 있음에도 불구하고, 해외에 나가 본 경험이 학생들에게 점점 더 귀중한 경력으로 평가를 받으면서 문제도 발생하고 있다. 어떤 캠퍼스들은 해외 유학 프로그램을 민영화해서 기업이나 비영리 단체에 운영을 맡기기도 한다. 그러다 보면 학생들을 유치해 주는 교수나 학교 관계자들에게 무료 여행이나 여행 보조금 지원, 심지어는 현금 보너스나 커미션 같은 특전을 제공할지도 모른다. 원래 행정은 어떤 부정행위든 가능하게 할 때가 많다. 예를 들어 어떤 프로그램들은 보다 쉽게 학점 인정을 해 줄 수도 있다. 물론 그런 조치는 간접적으로 학생들의 선택권을 제한한다.

2

우리는 왜 해외로
나가는가

"삶의 의미를 찾으려고 한다면
절대 살아가지 못하리라."

— 알베르 카뮈 *Albert Camus* —

해외여행의 공인된 이유와 숨겨진 이유

어떤 과학자들은 여행에 대한 욕구가 인간을 동물계에서 유일무이한 존재로 만든다고 말했다. 이런 여행 욕구가 "탐구하기"라고 알려진 방대하고 복합적인 행동 체계의 일부이기 때문이다. 최근 연구에 따르면 위험을 감수하는 일이 사람들에게 마약 같은 효과를 낳는다고 한다. 중변연계에서 관장하는 보상 체계에서 만족감에 해당하는 신경의 레버를 눌러 화학적 전달 물질인 도파민이 분비되기 때문이다. 그 밖에 평범한 진화 노선을 따랐던 인간이 유전적으로 유사한 동물들과 명백히 다른 점은 세 가지다. 첫째는 다른 손가락들과 마주 보게 해서 도구를 움켜쥘 수 있는 엄지손가락의 발달, 둘째는 성대에서 일어난 약간의 해부학적 구조 변화로 인해 광범위한 음역의 소리를 내는 것이 가능해진 것, 셋째는 대뇌 피질에서 일어난 뉴런의 빠른 증식이다. 이 세 가지 모두가 탐색, 분석, 연구라는, 요컨대 탐구를 즐기는 "취향"을 발달시켰다. 실제로 많은 진화 심리학자들은 불필요한 위험을 감수하는 성향이 육체적으로도 문화적으로도 탐색과 성장을 촉진한다는 면에서 진화적 이점을 가진다고 본다. 그러나 모험을 순전히 생화학적이고 진화적인 현상으로만 단순화해 버리면 사람들이 특정 행동과 이미지를 모험적인 것으로 보는 방식과 이유를 결정짓는 풍부한 사회적·문화적·정치적·경제적 맥락을 놓쳐 버리고 만다.

여가 생활을 위해서든, 해외 유학을 위해서든, 직업적 목적 때문이든, 모험을 합리화하는 방식은 몇 가지 점에서 놀라운 유사성을 보여 준다. 사람들이 자기 행동에 부여하는 이유는 주로 청중이나 사회적 맥락이 결정한다. 예를 들어 어떤 학생이 수강을 취소하고 싶어 하는데 교수가 왜냐고 이유를 묻는 경우, 대답은 예외 없이 다음과 같이 나오게 마련이다. "수업이 정말 마음에 들긴 하지만 이번 학기에 할 일이 너무 많아서요." 이렇게 말하는 학생은 아주 드물다. "선생님처럼 가르치는 게 지루하고 산만한 분은 본 적이 없으니까요." 사람들은 언제나 선의의 거짓말을 한다. 실제로 사람들이 언제나 진실만을 말한다면 사회가 얼마나 혼란에 빠질지 상상해 보라. 이건 유념해 둬야 할 중요한 통찰이다. 해외로 나가는 동기를 검토할 때는 물론이요, 해외에 있는 동안 대화하고 관찰한 것을 기록할 때에도 그렇다. 사람들이 아무리 원한다 하더라도 그걸 자제하게끔 해 주는 예절 규범들이야말로 현지 조사 활동에서 가장 중요한 요소다.

해외로 나가는 걸 합리화하는 기준이나 널리 인정받는 이유들은 많다. 이런 것들은 두 가지 범주 중 어느 한쪽에 속하기 마련이다. 즉 "○○ 때문에"와 "△△하기 위해서"이다.[1] 전자는 이미 시작한 여행을 앞서 일어난 사건을 이유로 들어 정당화하는 역할을 한다. 후자는 앞으로 일어날 무언가에 대한 이유를 제공하는 역할을 한다. 두 종류의 동기 모두 받아들여질 가능성은 맥락에 따라, 그리고 더 중요하게는 그 이야기를 듣는 사람이 교수냐, 부모냐, 연인이냐, 편한 친구냐에 따라 달라진다. 위장하거나 숨겨진 동기도 있을 수 있다. 한 가지 예를 들면, 최근 연구는 유럽 순회 여행 중 매음굴에서 이루어진 '성

교육'이 아주 중요한 부분을 차지했다는 것을 암시한다. 이런 목적은 여행을 계획할 때는 절대 공공연하게 언급하지 않는다.

사람들에게 해외로 왜 나가는지 질문을 하면 놀기 위해서라는 이유 말고도 으레 동기로 들곤 하는 기본적인 레퍼토리가 있다. 먼저 사람들은 교육적이라는 이유를 댄다. 여행을 하면 다른 나라나 지역에 대해 알게 되기 때문이라고 말이다. 더구나 어떤 사람들은 그런 낯선 곳에 가는 것만으로도 그곳에 대한 지식이 어느새 몸에 스며들 거라는 순진한 믿음을 갖고 있다. 여행자들이 다른 지역들에 대해서 배울 뿐 아니라, 일단 스스로 의문을 제기하기 시작하기만 한다면 자기 나라에 대해서도 새롭게 알 수 있을 것이라는 기대도 있다. 그러나 이 역시 다시 생각해 봐야 할지 모른다. 외국에 나가는 사람들은 보통 자기 나라를 옹호하지 않고는 못 배긴다. 말로써뿐 아니라, 상징적 표현이나 국기 또는 티셔츠나 야구 모자처럼 정체성을 나타내는 표지가 들어간 뭔가를 걸쳐서 애국심을 과시하는 방법으로도 말이다.

두 번째로, 해외여행은 자아 발견을 촉진한다는 이유도 있다. 이는 미국에서는 마크 트웨인의 《세상 물정 모르는 철부지 해외여행기 (Innocents Aborad)》(우리나라에서는 《마크 트웨인 여행기》라는 제목으로 범우사에서 출간함 – 역자)까지 거슬러 올라가는 중요한 주제로, 자아 탐색의 장점을 찬양하고, 현지인이나 "타인들"을 발견하는 일은 대수롭지 않게 무시하고 넘어간다. 이런 합리화는 〈서바이버(Surviver)〉와 〈어메이징 레이스(The Amazing Race)〉 같은 인기 텔레비전 쇼를 보는 순진한 시청자들에게서도 확연히 드러난다. 내 경우엔 자아에 초점을 맞추면 어떻게 맥락이 사라져 버릴 수 있는지를 아이맥스 영화 〈에베레스트(Everest)〉와, 그 제작 과정을 다룬 다큐멘터리를 비교해 보고 나서 절감했다. 영화 속에는 장엄하게 아름다운 거대한 풍경과 함께 두려움을 모르는 등반가들이 등장한다. 하지만 다큐멘터리는 영화에 등장하는 용감한 등산가들의 수발을 들며 장비를 가지고 산에 오르는 현지인 포터들과 보조 인력들을 다 보여 주었다.

해외 유학 프로그램 애호가들은 흔히 일련의 통상적인 이유들을 댄다. 해외 유학이 자민족중심주의를 저지하는 한편, 서로 다른 문화 간 소통에 대한 불안감을 완화해서 세계에 대한 이해와 비교 문화적 감수성을 증진한다는 게 그 하나다. 그들이 요란하게 선전하는 다른 이점들로는 언어 능력을 향상시키고, 외국인에 대한 고정 관념을 덜 갖게 하고, 대인 관계 능력을 전반적으로 높여 준다는 것이 있다. 이런 이점들은 모두 개인적 성장과 자신감을 북돋는 것이다. 해외 경험은 취업 시장에서 좀 더 경쟁력을 갖게 하는 요소로 여겨지기도 한다.

특정한 청자에게 좀 더 특화된, 즉 일반 대중에게는 그다지 잘 먹히지 않는 이유들도 많다. 예를 들어 "재미"를 볼 수 있어서라거나, 마약을 구할 수 있어서라거나, 섹스를 할 수 있는 좋은 기회를 잡을 수 있어서, 심지어 도저히 감당할 수 없는 가족 관계에서 도망칠 수 있어서라는 등의 이유가 있다. 국제 사회가 본질적으로 점점 소비지상주의화하고 있다는 점을 감안하면, 그저 해외여행이 관례이기 때문이라거나, 자기 자신이나 부모의 높은 사회적 지위를 보여주는 데 필수적인 상징이기 때문이라는 이유가 갈수록 중요해지고 있다. 박물관 견학이나 마찬가지로, 많은 사람들에게 해외여행은 하기 싫은데도 불구하고 그게 고상한 일이기 때문에 하는 것일 수도 있다. 때로는 여행 동기가 텔레비전이나 잡지에 나오는 나이키나 마모트(Marmot. 아웃도어 브랜드 – 역자)나 노스페이스 같은 회사 광고와 그 밖에 텔레비전에서 하는 모험에 대한 찬양처럼 미처 의식하지 못한 것에 있을 수도 있다. 유럽에는 중산층들이 어떤 이국적 지역을 무대로 "현지인"처럼 살려는 노력을 담은 인기 리얼리티 텔레비전 쇼가 많은데, 여기에서 얻을 수 있는 교훈은 분명하다. 여행 동기를 표현하는 어휘를 해석할 때 소비문화를 간과해서는 안 된다는 것이다. 그렇다고 이런 동기가 20세기의 가장 위대한 인류학자들과 일부 여행자들에게 여행 욕구를 불러일으킨 동기와 그렇게 다른 것이라는 뜻은 아니지만 말이다. 예를 들어 미국 인류학의 창시자 프란츠 보아스(Franz Boas)의 경우는 칼 메이(Karl May)의 소설들을 읽고 여행을 떠나고 싶다는 마음이 생겼다. 〈아라비아의 로렌스〉 같은 영화들은 많은 내 동료 학자들을 인류학으로 이끈 원동력이었다.

여행 동기는 가고자 하는 목적지에 따라서도 달라지는 것 같다. 유럽이나 오스트랄라시아(오세아니아 서남부, 즉 오스트레일리아, 태즈메이니아, 뉴질랜드 및 그 근방에 위치한 남태평양 제도를 가리킴 – 역자)로 떠나는 학생이나 여행자는 소비 지향적인 편이라고 보는 게 일반적이다. 그쪽에서는 "재미"를 볼 가능성이 훨씬 높다는 인식이 있기 때문이다. 반면 가난한 남쪽 나라들로 여행을 가서 외국어를 반드시 써야 하는 상황에 처하는 사람들은 확실히 뭔가 다른 걸 추구하는 게 분명하며 더 만족스럽고 깊이 있는 경험을 하는 것처럼 보인다. 학생들이 고르는 프로그램 유형을 가지고 동기를 추정해 볼 수도 있다. 장기간 홈스테이를 하면서 반드시 외국어를 써야 하는 프로그램과, 교수나 다른 보호자 지도 아래 유럽의 대성당들을 잠깐씩 둘러보고 다니는 안내원 딸린 관광 프로그램이 유치하는 고객이 서로 다른 것은 당연하다.

어떤 여행은 좋고 어느 것은 나쁘다는 말을 하려는 건 아니다. 내가 어느 쪽이 더 낫다는 편견을 갖고 있을지는 대번에 눈치 챌 테지만 말이다. 아무튼 그렇게 간단히 판단하기에는 문제가 너무 복잡하므로 획일적이고 일률적인 결론에 혹해서는 안 된다. 여기에는 인지적이고 지각적인 과정들이 작용한다. 감정과 밀접한 관련이 있는 이런 과정들은 내 직업적 엄밀성의 범위를 훨씬 넘어선다. 인류학자로서 내게 어떤 여행이 좋은지 나쁜지 결정하는 중요한 요인은, 맥락과 구체적으로는 장소에 대한 올바른 이해 여부다. 공간과 권력은 우리가 깨닫지 못하는 사이에 영향을 미쳐서, 뻔히 보면서도 깨닫지 못하게 한다. 이 문제에 대해서는 5장에서 더 깊이 알아본다.

사람들이 해외에 나가는 이유라고 말하는 것 중 다수는 물론이고, 심지어 실제 해외에서 하는 경험조차 "키치"할 수도 있다. 키치(kitsch)는 진부하고 뻔하고 흔해 빠졌고 보통 싸구려이면서 대체로 악취미적인 무언가를 묘사하는 데 쓰는 용어다. 사실 이런 키치함은 주로 처음에는 물건을, 그러다가 현재는 경험을 대량 생산한 결과로 생겨났다. 도처에 존재하는 키치성은 현대 소비 자본주의 문화에서 가장 두드러진 특성 중 하나다. 키치는 행복이나 지식조차 돈으로 살

수 있다는 믿음 아래 번성한다. 키치에는 지적인 수고가 거의 들어가지 않으며, 키치는 지식과 이해를 추구하는 풍토보다는 안락한 소비 지상주의에서 번창한다. 아마 키치가 가진 가장 위험한 측면이라면 모든 인간이 공유하는 보편적 정서와 이해가 존재한다는 착각을 광범위하게 퍼뜨린다는 것일지도 모르겠다. 키치의 일부가 생활 방식의 정치화다. 엘리트주의자와 나스카 아빠들(NASCAR dads. 백인 노동자 계급 아버지들을 일컫는 신조어. 주로 북미 남부 노동자 계급 중년 남성들인 이들이 개조 자동차 경주인 나스카 경주로 대표되는 격렬한 스포츠를 즐겨 시청하는 데서 나온 별명이다. - 역자) 같은 용어가 현대 미국 정치에서 어떤 식으로 사람들 입에 오르내리며 퍼져나갔는지 떠올려 보라. 마찬가지로 이런 정치화가 여행에까지 이어지고 있다. 대학들이 여행을 장려하고 있는 상황에서, 해외 유학 프로그램의 성장은 단과대학과 종합대학교에서 외국어 프로그램에 등록하는 학생 수가 상대적으로 줄어드는 현상과 동시에 일어나고 있다. 이는 어떻게 여행 키치가 조장되고 있는지를 보여 주는 한 가지 지표이다. 해외여행이 키치화하고 있다는 또 다른 지표는, 적어도 내가 있는 미국 대학교에서는, 유학 중인 일부 외국인 학생들이 하는 말에서 찾아볼 수 있다. 이들은 미국인 학생들과 때로는 대학 당국까지도 피상적 수준 외에는 그들 조국에 대해 아는 데 그다지 관심이 없다고 불평한다.

사실 정확한 여행 동기는 스스로도 확실하지 않을 게 분명하며, 확실해지는 날도 절대 오지 않을 것이다. 기껏해야 자아 발견과 다른 요인들이 섞여 있다는 게 다일 것이다. 처음에 나는 키치화한 여행이 가지는 위험성에 대해 불안해하는 게 내 개인적 문제라고만 생각했다. 그런 피상적 동기에 맞서는 게 우리가 "당연시하는" 가정들을 무너뜨리는 방법으로 가치 있는 행위라고 생각하기는 했지만 말이다. 그러나 이 문제를 더 철저하게 파고들수록 깨닫게 된 사실이 있다. 그런 가정들이 더 큰 구조적 문제의 일부라는 것, 또 인류학자들은 학생들이 해외로 나가는 게 지적으로 정말 도움이 되는지, 그리고 해외여행이 학생들을 변화시키는 힘이 있는 게 사실인지에 때때로 의문을 제기해 왔다는 것이다.[2]

사람들은 가난한 나라에서 무엇을 보는가

가난한 나라를 목적지로 삼는 학생과 여행자는 현지인들을 어떤 식으로든 돕고 싶어 하거나, 그런 나라들이 직면한 문제들에 관심이 있는 경우가 일반적이다. 이런 사람들은 아마도 여행을 통해 굉장히 감동적인 경험을 하겠지만, 우리는 이 문제를 뒤집어서 생각해 볼 필요도 있다. 즉 현지인들이 도움을 필요로 한다는 이유로 하는 여행은 그저 우월감을 강화하는 역할을 하는 것은 아닐까? 현지에 외국인 자원봉사자가 하는 일을 할 만한 기술을 가진 사람이 없다면 모를까, 그게 아니라면 자원봉사 프로그램에 쓸 돈을 그냥 그 나라에 직접 보내서 그곳에서 정말로 일자리가 필요한 사람들을 고용하는 데 쓰게 하는 편이 더 도움이 되지는 않을까? 어쨌든 자원봉사라는 건 엄청난 문제를 덮는 미봉책에 불과한 게 아닐까? 맞다. 이런 모든 주장은 일리가 있다. 그러나 나는 이런 종류의 여행 경험에서 깊은 충격과 영향을 받은 후에 본인의 삶이 바뀌고 사회를 더 나은 방향으로 바꿔 놓은 사람들을 많이 알고 있다.

가난한 나라 사람들을 돕겠다는 마음으로 직업을 택한 전문가들도 있다. 그들이 했던 경험을 살펴보면 도움이 된다. 1980년대에 세계은행은 고민에 빠졌다. 가난한 나라를 위한 개발 프로젝트에 아무리 돈과 전문 지식을 쏟아 부어도 성공률은 참담한 수준이라는 사실 때문이었다. 그 많은 수의 똑똑하고 노련한 전문가들이 상황을 오판했던 것일까? 로버트 체임버스(Robert Chambers)에 따르면 개발 전문가들은 기대했던 것보다 효과적이지 못했고, 그 이유는 그들이 체임버스가 "개발 관광(development tourism)"이라고 말한 관행에 치우쳐 있었기 때문이었다.[3] 체임버스의 견해는 위와 같은 편향이 해외에 있는 사람의 현지 이해에 어떤 영향을 미치는지 다시금 생각해 보게 한다. 이런 문제는 해외로 나가는 사람이라면 누구에게나 해당된다.

체임버스는 다음과 같은 여섯 가지 주요 편향성을 밝혔다.

1) 공간적 편향성

정보 수집을 위한 현지답사는 예외 없이 도로 상태나 교통편이 좋은 지역에 집중되었다.

2) 프로젝트 편향성

진행 중인 프로젝트 중 성공적이라고 인정받고 있는 현장을 가장 자주 방문했다. 그런 프로젝트들은 대대적인 소개와 특별한 주목을 받는 경향이 있었다. 반대로 실패한 프로젝트는 무시당하는 경우가 많았다.

3) 개인적 편향성

방문객들은 소통이 가능한 사람들을 만나는 경향을 보였다. 이렇게 교류하는 대상은 부유한 편이고, 거의 예외 없이 서비스와 혜택을 이미 누리고 사는 사람들이었다. 현지의 가부장제와 교육을 포함한 다양한 이유들 때문에 이런 교류 대상은 장년기 남성들일 때가 많았다.

4) 뚜렷한 건기 편향성

사람들은 여행하기 쉬운 때, 비교적 견딜 만한 날씨이거나 질병과 기아가 만연하지 않을 때, 해당 전문가가 선진국에서 자신이 평소 하던 가르치는 업무에서 벗어날 수 있을 때, 공교롭게도 건기와 일치하는 좋은 시기에 외국을 방문하는 경우가 많았다.

5) 예의범절 편향성

에티켓이란 난처할 가능성이 있는 특정 질문은 하지 않는 것, 또는 인터뷰에서 유용하다고 할 수 있는 부분은 결국 현지인의 심기를 상하게 하는 질문에서 나온다는 뜻이다. 그렇지만 보통은 모든 사람이 체류 기간 동안 정중하게 군다. 민망한 질문은 하지 않다 보니 대체로 예측 가능하고 예의 바른 대답이 나온다. 안 좋은 소식을 주고받는 경우는 좀처럼 없다.

6) 직업적 편향성

방문자들은 현지 조건에 아무리 무지할지라도 거의 언제나 전문가로 간주되고 전문가 대우를 받는다. 따라서 전문가 쪽에서 현지인에게 해결책을 제시할 것이라는 기대가 늘 존재한다. 그 반대가 아니라 말이다.

이런 편향성 때문에 결국 개발 활동가들은 구조적 가난 같은 큰 문제를 보지 못할 때가 많았다. 가지고 있는 정보는 불완전하고 잘못된 경우가 많았고, 현지 주민들과 유대 관계 구축도 부족했다. 체류 기간이 짧다는 점을 감안해서 이들은 관계보다는 대상이나 사물에 초점을 맞추는 경향이 있었다. 체임버스가 내린 결론에 따르면 이런 방문은 전문가들에게 정보를 제공하는 게 아니라 오히려 선입견을 강화하는 역할을 했다. 해외에 머물면서 무언가 배우기를 원하는 초보 여행자들은 이런 소견과 비난에 관심을 가질 필요가 있다.

체임버스는 초보 여행자들이 이런 편향을 극복하는 데 도움이 될 만한 실용적인 조언을 한다. 데이터 수집에 다각적인 접근법을 이용하고, 큰길을 벗어나 걸어서 다녀 보고, 틈틈이 여기저기 들러 보고, 소탈해지려 노력하고, 비수기에 가 보고, 관광객들이 흔히 찾는 구역을 벗어나서 시간을 보내 보라. 답이 정해져 있지 않은 질문을 하고, 귀 기울여 들으라. 늘 똑같은 사람들과 판에 박힌 교류를 하는 데서 벗어나라. 다양한 집단 특히 보통은 의견을 묻지 않는 종류의 사람들과 이야기를 나누고, 다른 관점을 가진 사람들을 찾아내라.

하지만 체임버스는 서로 밀접히 관련되어 있는 두 가지 요인을 무시하고 넘어간다. 해외로 나갈 때 반드시 고려해야 하는 사항들인데도 다른 연구 문헌에서도 대체로 빠뜨리고 넘어가는 것들이다. 바로 권력과 인종의 역할인데, 여기에 대해서는 나중 장들에서 논의할 예정이다.

"관광객"과 "유랑자"의 세계화 – 오, 이토록 크고 멋진 세상이여

해외여행과 해외 유학을 하는 방식은 거시 경제학에서부터 개인적으로 어떤 안내인이나 안내서를 선택했는가에 이르기까지 굉장히 많은 것의 영향을 받는다. 고치에 싸인 채로 여행을 하려는 게 아니라면, 여행 방식을 만들어 내고 결정짓는 광범위한 구조적 요인들을 고려해서 그런 요인들 간에 복잡하게 얽힌 관계를 엄밀히 분석할 필요가 있다. 또 지난 몇 년간 나타난 여행과 관광에 대한 비판에도 특별히 주목해야 한다.

경제 논리 특히 세계화는 요즘 사람들이 해외로 나가는 방식을 결정하는 데 결정적인 역할을 한다. 이와 관련해서 지그문트 바우만의 견해는 곱씹어 볼 만하다. 서문에서 이야기했듯이 바우만은 여행 방식을 보면 전 세계적으로 그 사람이 부자냐 가난한 사람이냐를 알 수 있다고 말했다. 부자는 스스로 선택해서 비행기로 여행하는 반면, 가난한 사람은 선택권이 없고 수많은 법률적 규제와 맞닥뜨린다. 기술이 이런 격차를 더 벌리고 있다.

> 시간적 공간적 거리를 무력화하는 기술은 양극화 즉 세계화를 가져오기 쉽다. 기술은 특정한 사람들을 지역적 제약에서 자유롭게 하며 특정 공동체에서 생겨난 의미가 그곳을 벗어나서도 효력을 발휘하게 만든다. 동시에 다른 사람들이 계속 붙박이로 살아가는 영토가 가진 의미와 정체성 부여 능력을 박탈해 버린다.[4]

현재 탈영토화(脫領土化. Deterritorialization. 기존의 구조나 체계를 벗어나는 것 - 역자)한 세계를 가장 잘 나타내는 특징은 유동적 근대성이라 할 수 있다. 근대성의 특징은 사람들을 생산자로 보는 것이었으나, 이제는 사람들을 소비자로 보는 쪽으로 상당한 변화를 겪었다. 현대 산업은 점점 더 "매력과 유혹 창출"에 중점을 두고 있다.[5] 더구나 소비자들은 갈수록 분주히 움직이면서 더없는 행복에 대한 약속이나 그런 행복 자체를 찾고 있다. 그들은 "사물 수집자"라기보다는 "감각 채집자"다. 세계화는 세계주의를 출현하게 했다. 즉 어떤 영역이나 지역 문화로 들어가서 현지인들과 의미 있는 관계를 맺어 그들을 자기 생활 방식으로 포섭할 수 있도록 한 사람이 가진 문화적 자본을 조직하는 능력을 말이다. 세계주의가 엘리트층에 유리한 것은 분명하다.

이런 전 세계적인 소비 사회는 계층화되어 있는데, 기동성을 기준으로 이들을 구분해 볼 수 있다. 사업가든 학생이든 심지어 군인이든 부유한 소수는 "관광객"이다. 이들이 가진 기동성은 선택 가능한 대상이다. 이들은 감각을 수집하는 이들로서, 한 관광 명소에서 강렬하지만 짧은 경험을 축적한 후 다음 관광 명소로 옮겨 간다. 그들에게 공간적 거리는 문제가 안 된다. 즉각 공간을 가로지를 수 있기 때문이다. 이런 관광객들은 시간이 끊임없이 부족하며, 삶을 일련의 짧은 사건들로서 경험한다. 지켜야 할 여행 일정이 있기 때문이다. 이들과 대조되는 계층은 "유랑자"이다. 유랑자는 권력을 덜 가지고 있고, 기동성은 선택의 문제가 아니라 불가피한 어떤 것이다. 유랑자에게는 정해진 여행 일정이 없지만 공간이 이들을 옭아매는 제약이다. 이런 사람은 보통 불법 난민이나 노동자로서 필요에 의해 어쩔 수 없이 이동한다.

관광객과 유랑자 모두 소비자이지만 유랑자가 하는 소비는 재원이 한정되어 있다 보니 제한적이다. 그래서 이들은 원하지 않더라도 너무나 손쉽게 엘리트 계층의 희생양이 된다. 한편 대중 매체, 그중에서도 특정한 텔레비전 프로그램과 영상은 유랑자들에게 엘리트 계층이 하는 감각 추구 행위를 알려준다. 이들에게 이런 행위는 자금이 부족

해서 따라 할 수 없는 것이기 때문에 엄청난 상대적 박탈감을 느낀다.

이런 해외 관광객들은 새로운 형태로 발전하고 있는 자본주의에 더욱 수월하게 적응하도록 사회화되어 가고 있다. 특히 21세기 현재 대표적인 관광 양식인 배낭여행 또는 플래시패킹(flash-packing. 노트북, 아이팟, 디지털카메라 등 전자 기기를 들고 여행을 다니면서 와이파이 등의 기술을 이용해 여행 경험을 블로그 등의 SNS나 실시간 방송 등으로 공유한다. - 역자)으로 말이다. 배낭여행 문화는 유연성과 함께 빠르게 적응하고 다음 단계로 넘어가는 능력을 중시한다. 예를 들면 공장처럼 상대적으로 안정된 위계적 명령 계통에 의한 생산에 기반을 둔 모델에서, 보다 새로운 네트워크에 기반을 둔 생산 형태로 변모해 가면서 현대 자본주의가 중시하는 게 바로 이런 재능들이다. 이런 네트워크는 근로자에게 진취성과 자율성을 고취한다. 작업은 팀이나 프로젝트를 기준으로 조직되고, 회사 안팎 모두에서 직원들이 빠른 기동력을 보이는 게 특징이다.

동시에 관광객은 유랑자가 없다면 삶이 그렇게 즐겁지 않을 것이다. 유랑자들이 착취를 당하기 때문에 그런 관광이 가능하다. 관광객은 유랑자의 생활 방식을 가끔 들여다보고, 그렇게 엿본 모습은 뇌리에서 떠나지 않고 그들을 괴롭히기도 한다. 유랑자의 유령 같은 존재감을 보면 유동적 근대성의 또 한 가지 특징을 인정하게 된다. 바로 여행 방식에 깊은 영향을 미치는 불안정성과 불확실성이다.

사람들 대부분은 순전히 관광객이거나 순전히 유랑자이기만 한게 아니라, 두 가지 면을 모두 갖고 있다. 바우만의 분석은 어쩔 수 없이 관광객 쪽으로 무게가 실리기는 하지만, 전 세계적으로 여행 방식이 양분되는 상황과 그런 상황과 깊은 관련이 있는 권력관계를 깨닫게 한다는 중요한 장점이 있다. 세상에 대한 지식과 이해 증진을 위해 여행을 할 때조차도 강력한 소비지상주의적 요소가 작용한다는 점을 인식하는 게 중요하다.

해외여행의 다양한 유형들

역사적으로 해외로 나가는 가장 중요한 방식은 이주였을지 모른다. 보통 영구적이든 일시적이든 일정한 기간 동안 다른 곳으로 옮겨 가서 사는 게 이주다. 일시적 이주인 경우에는 일시 체류자로 간주한다. 유엔의 계산에 따르면 세계 인구의 약 3퍼센트가 이주민이며, 이 수치는 계속 올라가고 있다. 범세계적 소통이 늘어나는 데 크게 힘입어 비록 이주의 성격은 달라지고 있지만 말이다.

사람들은 현재 직장을 구하거나 새로운 기술과 경험을 습득하기 위해 비교적 단기간 동안, 일시적일지라도 이주를 하고 있다. 그러나 이들이 접하는 사람들의 폭이 점점 더 좁아지는 경우도 늘어나고 있다. 이주했다가 형편이 좋아지면 모국으로 돌아오는 주기적 이주가 점차 영구 이주를 대체하고 있다. 이런 추세는 문화적 정치적 정체성에 지대한 영향을 미친다.

비자발적인 해외여행에는 다양한 종류가 있는데, 주로 난민이 많다. 이들은 정치적 탄압이나 불안, 또는 경제 파탄이나 자연재해를 피해 해외로 나간다. 현재 난민은 증가 추세에 있는데, 이런 일을 전담하는 여행 중개인이 관여하는 경우가 많다. 보통 해결사나 코요테, 즉 밀입국 안내인이나 뚜쟁이라 불리는 이들이다. 비자발적 해외여행에 속하지만 합법적으로 해외로 나가는 경우도 있다. 바로 여행사 직원, 유엔 지부나 비정부 기구(NGO) 활동가, 정부 관료들이다. 해외로 이동하는 불법 체류자가 굉장히 많다는 점을 고려하면 믿을 만한 통계를 구하기는 어렵지만, 추산에 따르면 이런 비자발적 여행자는 1년에 6700만 명에 이른다고 한다. 더욱이 자국 내에서 강제로 거주지를 떠나야만 하는 사람을 가리키는 국내 실향민(internally displace person. IDP) 수는 국제 난민 수보다 다섯 배나 많다. 비자발적 여행은 반드시 가난한 나라를 떠나 부유한 나라로 떠나는 사람들에만 한정되지 않는다. 선진국에서 점점 규모가 늘어나고 있는 노숙자 집단도 이리저리 옮겨 다니는 사람들이다. 역사적으로 미국에서 노숙자는 부랑자, 떠돌이, 야인이라 불렸다. 때로는 이중에 부랑아(浮浪兒)들도 있다.

실제로 해외로 나가면 특히 가난한 나라에서는 부랑아들을 곧잘 마주친다. 주로 도시 특유의 현상이기는 하지만 현재는 시골 지역으로도 퍼져 나가고 있다. 추산에 따르면 전 세계 부랑아 인구는 700만 명에서 1000만 명에 이르는 터라, 잘사는 나라에서 온 여행자는 예외 없이 이들에게 구걸이나 심지어 절도의 표적이 된다. 해당 국가가 노숙자 어린이들을 어떻게 대우하는지가 그들이 살아가는 방식에 결정적으로 영향을 미친다. 남미 많은 지역 특히 브라질에서는 부랑아를 사회에 도덕적 위협이 되는 존재로 보기 때문에 암살단이 이들을 죽여 없애도 방관한다. 이런 행동은 이들을 마약 사용이나 범죄 행위와 연관 짓는 과도하게 부정적인 고정 관념에 근거를 두고 있다. 그러나 보다 근본적인 무언가가 영향을 미치고 있을지도 모른다. 어째서 특정 국가들은 주거지가 정해져 있지 않은 사람들에게 위협을 느낄까? 홀로코스트에서 주된 표적이 떠돌이 생활을 하는 집시들이었다는 점과 피해 규모를 축소 기록한 수없이 많은 식민지 대량 학살에서 희생자들을 "사회적 해충"이나 "무뢰한"으로 손쉽게 치부해 버렸다는 점은 굳이 따로 상기할 필요도 없을 것이다. 오늘은 여기 있다가 내일은 다른 곳으로 떠나 버리는 것으로 여겨지는 사람들은 신뢰감을 주지 않고 권위 있는 공인된 도덕 체계가 토대로 삼고 있는 모든 필수적 가치와 약속을 노골적으로 부정하는 존재로 인식된다. 그런 부랑자들은 막스 베버(Max Weber)가 말한 자본주의와 프로테스탄트 직업윤리의 이상과 정반대되는 것을 상징한다.

2005년에 마르니 핑켈스타인(Marni Finkelstein)은 뉴욕 시 부랑아들에 대한 소규모 민족지학적 연구 결과를 발표했다. 가난 때문에 거리로 내몰린 가난한 나라 부랑아들과 달리, 핑켈스타인 연구에 등장하는 집 없는 아이들, 더 정확하게는 거리의 청소년들은 대부분 중산층이거나 심지어 상류층 출신이다. 이들은 주로 가족과의 갈등 때문에 고민하다가 노숙자가 되었다. 이런 뉴욕의 집 없는 아이들은 가정 내 갈등과 학대에서 벗어나기 위해서뿐만이 아니라, 궁극적인 자유를 찾고 국가적 정체성과 개인적인 정체성을 탐색하기 위해 집과 "주류 문화"를 떠나기로 결심했다고 말했다. 대부분 모험을 찾아 그렇게 한 것이라고 주장하는 이들의 이야기를 들어 보면 노숙자일 때 가장 행복해한다는 걸 알 수 있다. 이들이 택한 생활 방식은 전통적인 정체성과 공동체 개념에 균열을 가져왔다. 약간 다른 형태이기는 하지만 이런 아이들이 택한 전략과 이유 또는 합리화 방식은 부유한 여행자와 학생이 해외로 나갈 때 이용하는 것이기도 하다.[6]

관광에는 많은 유형이 있어서 학자들이 명실상부한 유형 분류 체계를 만들어 내기도 했다. 에릭 코언(Erik Cohen)이 개발한 첫 번째 유형 분류 체계는 관광이 가진 다양성을 보여 주는 데 지금까지도 편리하게 쓰인다. 코언은 참신한 경험을 선호하느냐 아니면 친숙한 경험을 선호하느냐에 따라 네 가지 유형을 제시한다. 첫 번째는 "단체 대중 관광객"이다. 친숙한 것을 선호하고, 투명한 거품 속에 있는 것처럼 "특별 구역" 안을 돌아다니는 유형으로, 기본적으로 최고급 호텔에서 최고급 호텔로 옮겨 다닌다. 두 번째 유형은 "독자적인 대중 관광객"으로, 역시나 친숙한 것을 고수해서 프랜차이즈 호텔에 묵고 평범한 관광 코스를 다니지만 행동을 독자적으로 한다. 그다음은 "탐험가" 유형이다. 참신함과 친숙함을 버무린 여행 방식을 택하고, 현지 문화 탐구에 과감히 나서지만 언제든 "특별 구역"으로 돌아올 출구 전략을 갖고 있다. 마지막 유형은 "방랑자"인데, 부유한 나라에서 온 떠돌이이다. 방랑자는 첫 번째 유형인 단체 대중 관광객과 정반대 부류로, 일반적인 관광 코스를 피해 가능한 한 현지인과 섞이는 걸 선호한다. 방랑자는 현재 배낭여행객과 플래시패커로 자연스럽게 맥이 이어졌다. 그러나 이런 종류의 여행조차도 거의 도처에 손길을 뻗은 론리 플래닛

(Lonely Planet)과 러프 가이드(Rough Guide) 덕에 제도화되어 있다. 이런 제도화는 현지인과 현지 음식과 관습으로부터 이들을 보호하고, 인지된 위험(perceived risk. 구매가 가져오는 결과를 예측할 수 없는 데서 오는 불안감 – 역자)을 희석하는 역할을 한다. 어떤 면에서 배낭여행객과 플래시패커는 탐험가와 방랑자를 결합한 형태이다. 남아메리카에서 이들은 "그링고 코스(grigo trail. gringo는 남아메리카에서 외국인, 특히 미국과 캐나다인을 일컫는 표현 – 역자)"를 다닌다고 알려져 있다. 이들은 인류학자처럼 해외여행에 도전하고 싶어 하는 종류의 여행자다.[7]

물론 "우리"는 여행자다. 작가 에벌린 워(Evelyn Waugh)가 주장했듯이 "관광객은 언제나 타자다."

"관광객"과 "여행자"에 대한 구별은 수 세기 전까지 거슬러 올라가며, 서양의 자기 정체성의 중요한 부분을 차지한다. 프랑스어로 "향하다(turn)"를 뜻하는 단어에서 유래한 관광객(tourist)은, 보통 토너먼트에서 서로 맞붙은 다음 집으로 돌아오듯이, 일정한 장소로 여행을 떠나는 사람들로 정의된다. 일반적으로 여행 일정에 따르는 관광 여행은 만사를 자연스럽게 받아들일 여유가 있어서 즐거움을 위해 여행할 수 있다. 반면 여행자(traveler)는 여행 일정이 좀 더 유연하고 좀 더 개인적 선택에 따라 움직인다. 때로는 이조차 제한적이기는 해도 말이다. "여행(travel)"이란 단어는 보통 오랜 기간 심하게 육체적으로 하는 "노동(work)"을 뜻하면서 때로는 "극심한 고통"이라 해석하기도 하는 프랑스어 "트라바유(travail)"와 관계가 있다. 여행에는 약간의 위험도 존재한다. "위난(危難. peril)"이라는 단어는 라틴어로 "여행을 나서면 생기는 위험"을 뜻하는 "페리쿨룸(periculum)"에서 유래한다. 여행을 떠나며 누군가에게 작별(farewell)을 고할 때면 "페어(fare)"라는 단어가 고대 영어에서는 "두려움(fear)"과 관련이 있다는 것을 떠올릴지도 모르겠다. 해외로 나가는 것은 두려움을 불러일으킨다. 그리고 여행이 특별한 매력을 갖는 게 바로 이 때문이기도 하다. 실존주의 철학자 장폴 사르트르(Jean-Paul Sartre)는 2차 세계 대전 때 프랑스 비밀 레지스탕스 운동에 참여했을 때보다 더 자유로움을 느꼈던 적도 없다는 말을 한 것으로 유명하다. 자유는 공포요, 공포는 자유를 느끼게 한다고 그는 단언했다. 두려움을 긍정적으로 보는 데는 그럴 만한 충분한 이유가 있다. 두려움은 확실히 주변 환경을 더욱 잘 의식하게 만들며 그렇게 되면 더 나은 관찰자 및 민족지학자가 될 수 있다. 여행은 모험적이어야 한다는 믿음도 있다. 그래서 여행자는 순간적인 판단을 내릴 줄 알아야 하고, 예상치 못한 것에 대처하고 위험을 감수해야 한다고 말이다.

결국 아무리 의도가 좋다 해도, 즉 높은 이상을 가지고 있고, 가능한 한 많이 배우고 되도록 생태학적 발자국(ecological footprint. 인간이 살아가기 위해 지구에서 필요로 하는 면적. 즉 자연 환경과 생태계에 미치는 부정적 영향 – 역자)을 적게 남기려는 숭고한 노력에도 불구하고 결국 따지고 보면 우리는 여전히 관광객일 뿐이라는 결론이 나온다. 달리 생각해 보면 해외여행이 가져오는 사회 문화적이고 환경적인 결과에 대해 스스로를 속이고 있는 것일 뿐이다. 해외로 나갈 때 아무리 장한 목표를 품었다 해도 우리는 귀중한 재화와 공간을 소비하는 것이다. 그렇다면 여행을 해서는 안 된다는 말일까? 그렇기도 하고 아니기도 하다. 단순히 "즐거운 시간"을 보내기 위해서나 사회적 지위를 과시하기 위한 새로운 상징을 수집하러 나가는 것이라면 답은 "그렇다"이다. 하지만 어지간해서는 실현되지 않는 자기 계몽과 해방에 이르기 위해서 여행을 한다면 답은 "아니다"이다. 이런 방식의 여행의 원형은 성지 순례이다. 이런 여행의 핵심은 영적 또는 문화적 의미에 있다.

성지 순례는 초서(Chaucer)가 쓴 〈캔터베리 이야기(Canterbury Tales)〉나 하지(hajj), 즉 메카 성지 순례처럼 종교적인 것에서부터 뉴욕 주 쿠퍼스 타운에 있는 미국 야구 명예의 전당 방문처럼 세속적인 것까지 다양한 유형이 있다. 20세기 후반에는 새로운 형태의 순례 여행이 생겨나서, 추종자들은 자기가 신성시하는 인물이 가는 곳이라면 어디나 쫓아다닌다. 마치 록밴드 그레이트풀 데드(Grateful Dead)나 피쉬(Phish) 콘서트를 따라다니는 그루피들처럼 말이다. 순례 여행은 해외로 나가는 한 가지 방식으로서 우리 문화뿐 아니라 대부분의 문화에 깊숙이 자리 잡고 있다. 이런 순례 여행은 기본적인 문화적 가치에 대한 책임을 다시 불러일으키고 되살리는 역할을 하도록 되어 있다. 순례자들은 영적 의미나 문화적 의미가 있고 영적 재생이 일어나는 곳으로 단체 여행을 떠난다.

순례 여행과 관광 또는 유람 간의 차이는 희미하다. 순례자와 유람객 모두 굉장히 많은 종류의 사람들이 섞여 있고, 일반적으로 탐구에 전념하는 사람은 그중 극소수에 불과하기 때문이다. 유사점은 여럿 있다. 둘 다 "새롭게 만들어 내는 것(creating anew)"이라는 의미에서의 "재창조적 (re-creational. 하이픈 없이 붙여서 원 단어대로 번역하면 "레크리에이션의", 즉 "기분 전환을 가져오는 오락의"란 뜻이 된다. – 역자)"이라는 중요한 특징을 똑같이 갖고 있기 때문이다. 그렇기는 하지만 순례 여행이 좀 더 현실적인 삶으로부터 벗어나는 경향이 있다. 즉 여행자가 있는 지금, 여기가 중요하게 된다. 더 실존적이기도 하다. 핵심에 초점을 맞추고 그것을 탐구하는 게 목표가 되다 보니 순례자는 시간 감각을 잃어버리는 경향이 있다. 순례자들에게 이런 탐구는 대리 체험을 위한 것으로, 이때의 "자기 발견"에서는 진정성이 중요하다. 마지막으로 순례 여행자가 얻는 보상은 고향으로 돌아왔을 때 이들에게 축적되어 있는 영예와 도덕적 리더십이다.

차이점도 있다. 순례자는 지리적으로나 상징적으로나 의무감을 느낀다. 그러나 유람객이나 관광객은 이런 의무에서 자유롭다. 순례자의 여행 일정은 좀 더 단순하고 계절을 따른다. 순례 여행은 숫자가 바로 보람이다. 즉 숫자가 클수록 더 굉장한 행사가 된다. 바글바글한 대규모 단체에 속한다고 해서 관광객이나 유람객이나 인류학자가 감동을 받지는 않는다. 순례자에게는 이런 집단의 일원이 되는 것도 순례 경험의 일부다. 관광객에게 단체는 특별한 의미가 없어서, 혼자 다니려고 하거나 다른 집단에 들어간다. 순례자와 관광객 모두 자기답지 않게 행동해도 상관없다. 즉 고향에서 하던 대로 처신할 필요가 없다. 실제로 관광객들은 자기 행동이 격식에 매여 있지 않다고 여긴다. 공공연히 강요되는 질서나 시간도 없다. 그러나 많은 관광객과 여행자들이 주변 환경, 특히 수많은 관람객을 끌어모으는 디즈니 월드 같

은 장소들은 건축 구조가 사회적 통제 역할을 하도록 되어 있다는 점을 미처 깨닫지 못한다. [8]

모험과 쾌락 뒤에 존재하는 불평등

인류학, 모험 여행, 관광은 전 세계적 자본주의 체제와 관련이 있다. 이런 자본주의 체제 덕분에 세계 인구 중 소규모 계층이 집을 떠나 놀이나 오락이나 모험을 하러 여행을 가는 데 필요한 자금을 가질 수 있기 때문이다. 해외로 가는 것은 쾌락을 가장 중시하는 풍요로움이 낳은 산물인 동시에, 거의 예외 없이 전 세계적 불평등을 조장하고 강화한다. 부유한 북반구 사람들은 원하는 곳 어디에든 여행할 권리를 당연시한다. 이들은 자아를 발견하거나 빈민과 불우한 이들을 "발전"시키기 위해 가난한 나라를 돌아다니면서, 방종과 심지어 도덕적 궤변이라는 불쾌한 악취를 풍기고 다닌다. 최근 BBC 월드 서비스의 설문 조사에 따르면, 15세에서 17세 사이의 청소년 중 약 80퍼센트가 원하는 곳이라면 전 세계 어디로든 갈 수 있어야 한다고 믿는 걸로 나타났다.

모험 여행과 관광은 보통 신화와 무지에서 꽃핀다. 이런 점에서 보자면 모험은 모험가가 가진 경제 및 문화 권력을 과시하는 역할을 한다. 많은 현지인들에게 모험은 모험가가 가진 구매력과 감식안을 뽐내는 일종의 과시적 소비이다. 실제로 모험가가 가진 경제력이 모험과 섹스를 연결하는 거미줄 한가운데에 있다. 현지인 애인을 갖는 것으로 성적 자주성을 확실히 드러내는 페미니스트 여행자조차 모국 사회의 지배적 가치들에는 저항하는 한편, 현지 사회에서는 착취자 역할을 한다. 여성이 권력을 쥐고 있고 남성은 정치적 경제적으로 여성에게 종속된 위치에 있다. 이렇게 사람들은 자기 사회를 지배하는 가치관에 반항하는 동시에 현지 사회에서는 착취자가 될 수 있다. 전 세계 엘리트 부르주아 계급은 자기 문명권으로부터 가능한 한 멀어지는 것을 당연한 권리라고 여긴다. 이런 여행 목적지는 접근이 쉬운 동시에 접근이 어렵기도 해야 한다는 점에서 역설적이다. 즉 문명과 거리가 멀면서도 안락해야 하고, 위험하면서도 안전해야 한다. 그런 여행은 좀처럼 모험일 수가 없다. "모험"을 치밀한 계획 하에 알고서도 감수하는 위험이라고 정의한다면 말이다. 이런 경우에는 돌아가는 상황이 여의치 않으면 떠나 버리면 그뿐이다.

얄궂게도 현대 서구식 모험이 가진 권위를 훼손하고 모험을 한낱 대용품 정도로 만드는 데 가장 크게 기여한 이가 바로 프랜시스 골턴일지 모른다. 그가 한 숱한 획기적 창안과 발견 중에서도 그는 빠르게 성장해 가고 있는 위기관리 산업에 가장 큰 기여를 했다. 그는 통계학에서 확률론과 회귀 분석이라고 알려진 방법을 개발했다. 이 두 가지를 기초로 보험업계에서 위험 대비 보험을 계약할 때 이용하는 보험 통계 계산표가 나왔다. 그런 보험 때문에 엄청난 용기가 필요한 위험을 감수하려는 특권층이 있기는 할까?

3

스스로를 본다는 것

"다른 사람들이 우리를 보는 것처럼
우리 자신을 보라."

– 로버트 번스 *Robert Burns* –

"머릿니에게 (To a Louse)" (1786년)

신제국주의로서의 해외여행

　　　　현지 주민들은 관광객이나 여행자나 낯선 사람이나 외국인을 어떻게 볼까? 감탄에서부터 두려움, 즐거움, 한탕을 노리는 고심 어린 눈빛까지 온갖 감정이 담긴 시선이 존재한다. 그러나 현지인이 어떤 시각을 갖고 있는지 알아내기는 쉽지 않다. 전 세계적 권력 차이 때문에 여행자들은 허위의식을 갖게 될 수 있기 때문이다. 즉 자기는 현지인들과 잘 지내며 인기가 있다는 대개 순진하기 짝이 없는 착각 말이다. 인류학자들이 "현지인이 가진 관점을 보여 주기" 위해 노력하는 것을 자랑스러워하는 반면 현지인들이 관광객과 여행자를 어떻게 보는지에 대해서는 놀랍고 걱정스러울 만큼 연구가 부족하다는 것은 커다란 모순이다. 여행자들이 방문하는 곳이 다양하기 때문에 현지인들의 범위와 유형이 굉장히 다양하다는 점을 감안하면 놀라운 일도 아니지만, 현지인별로 나타나는 미묘한 차이를 과도하게 일반화하거나 무시해서는 안 된다.

　여행자가 자기 가치관을 방문지에 강요하는 것으로 보인다면 해외여행은 신제국주의의 냄새를 풍길 수 있다. 이 점과 관련해서 조지 W. 부시(George W. Bush) 정권은 여행자들 특히 미국인들에게 부담을 덜어주기는커녕 일을 더 어렵게 만들었다. 심지어 미국의 전통적 우방인 유럽 국가들에서도 반미주의가 만연할 가능성이 있을 정도다. 사람들이 미국이라는 국가와 미국인을 구별할 때도 있긴 하지만 말이다. 이런 적대감은 미국 여행자가 미국보다 가난한 많은 나라에서 경험할지도 모르는 아부에 가까운 환대와 뚜렷한 대조를 이룬다.

제국주의가 한창일 때 사람들은 열대 지역으로 떠나 황금이나 상아나 노예로 부를 얻었다. 요즘에는 자연과 햇빛, 해변, 섹스, 모험을 찾아 여행을 떠난다. 여행은 제국주의가 했던 것과 비슷한 관계를 대부분 재현하고 있어서, 유럽 일부 지역에서는 반관광주의 노선을 취하는 자생적 운동이 있을 정도다. 이런 입장에 반대하는 주장이 많기는 하지만 이런 우려 자체는 여행이 일종의 폐를 끼치는 일이 "될 수도 있다"는 점을 상기시키는 유익한 역할을 한다.

로버트 체임버스처럼 예민하고 선의를 가진 학자들조차도 "개발관광" 비판에서 놓치고 있는 쟁점이 바로 제국주의가 남긴 중요한 유산인 인종 문제다. 한마디로 말해서, 많은 학자와 여행자가 "희다는 것(whiteness)"이 누리는 권력에 대한 논의를 빼먹는다. 내 친구의 경험에서 이런 면이 극명하게 드러난다. 이 여성은 고등학교 때 온라인으로 케냐 NGO의 인턴 모집 안내를 보고 신청을 했다. 그 친구는 케냐의 수도 나이로비에 도착해서 자기가 그 단체의 유일한 인턴이라는 것을 알게 되었다. 대중교통인 버스로 빅토리아 호까지 가는 길에 그곳에 가면 "진짜" 아프리카를 볼 수 있을 거라는 말을 들었다. 빅토리아 호에서는 자기를 안내한 NGO 간사의 누이 집에서 묵으면서 현지 병원에서 일하기로 되어 있었다. 첫날 근무가 끝난 뒤 그 친구는 흰 실험실 가운을 입으라는 말을 들었지만, 그건 의사들만 입는 것이기 때문에 안 입겠다고 했다. 하지만 사람들이 계속 고집하는 바람에 결국은 어쩔 수 없이 따르게 되었다. 그 친구는 곧 환자들에게 "약손"

을 가졌다는 말까지 듣게 되었다. 그들은 음중구(mzungu. 동아프리카에서 백인을 가리키는 표현 – 역자) 즉 백인이 붕대를 갈아 주어야 한다고 고집을 부렸고, 친구는 심지어 아기를 받기까지 했다. 병원에 머무는 짧은 기간에 청혼도 두 번이나 받았다. 처음에는 우쭐했지만 얼마 지나지 않아 현지인들이 하는 대부분의 청혼이 서양인 여행자들이 자기들에게 가진 고정 관념을 이용해서 별 뜻 없이 던지는 농담이라는 사실을 깨달았다.

파푸아 뉴기니가 독립을 쟁취한 직후에 나는 그곳 산악 지방에서 현지 조사를 하고 있었다. 키아프(kiap)라고 하는, 다양한 행정 구역을 담당하는 정부 관료의 임무 수행에 대한 조사를 했는데, 현지 산악 지방 주민들은 외국인 관료가 현지인 관료보다 낫다고들 주장했다. 그들은 외국인 관료는 공정하고 박식하며 일을 제대로 처리할 줄 안다고 믿었다. 반면 현지인 관료는 정실에 얽매이고 부패했으며 일신의 영달에만 급급하다고 보았다. 이런 믿음은 확고했고, 실제 직무 성과와 상관없이 현지인 "키아프"들에 대한 부정적 인식은 변하지 않았다. 내가 직접 만나 본 "키아프" 두 사람을 보자. 한 명은 오스트레일리아 사람으로, 현지 사정을 거의 몰랐지만 본인은 개의치 않았다. 그는 곧 일을 마무리 짓고 오스트레일리아로 돌아갈 예정이었고, 자기 연금을 늘리기 위한 온갖 뒷거래에 관여했다. 그런데도 현지 주민들은 그가 영혼을 꿰뚫어 볼 수 있기 때문에 그가 자기 눈을 들여다보면 거짓말을 할 수 없다고 믿었다. 그가 하는 모든 행동은 공정하고 올바른 것으로 해석했다. 연안 마을 출신 토착민인 또 다른 "키아프"

는 젊고 이상주의적이었지만 그런 운이 없었다. 주민들은 그가 하는 모든 행동을 정실주의와 개인적 이익 때문이라고 해석했다. 그가 그런 행동을 절대 용납하지 않을 만큼 엄격한 종파에 속해 있다는 사실에도 불구하고 말이다. 게다가 내가 직접 겪어 본 바로도 그는 모범적인 인물이었다.

물론 현지 주민들이 "백인이 가진 마력"을 덮어놓고 순진하게 믿는 것은 아니다. 다만 돈과 권력의 향방을 영리하게 간파해서 부자나 권력자를 노련하게 조종해 이득을 취할 때가 많을 뿐이다. 자기 나라에 거주하는 젊은 외국인을 "아버지"라고까지 부르는 경우도 자주 있다. 어린아이 같은 존경심에서가 아니라, 그들을 조종하려는 의도에서다. 누군가를 "아버지"라고 부르는 건 아버지가 자식에게 하듯이 상대가 자기를 잘 대해 주기를 바라기 때문이다. 게다가 잘 알다시피 아부는 출세에도 도움이 될 수 있다.

이와 비슷한 이야기들은 얼마든지 쉽게 찾을 수 있다. 수많은 일상적인 증거들이 가난한 나라들에 남아 있는 인종 차별과 권력이 가진 중요성을 분명히 보여 주고 있다. 주로 선진국들의 대중 매체는 소비 지상주의를 중시하는 태도로 이런 현상을 은근히 뒷받침하는 역할을 한다. 그런데도 학자들은 개발 관광 또는 해외여행을 논할 때 이런 중요한 역학에 좀처럼 주목하지 않는다. 개발 실패를 인종과 권력이 아닌 조직 관리 역량의 부족 탓으로 보려 한다. 어쩌면 자유주의자들처럼 우리 학자들도 그런 당혹스러운 문제에 대해서 이야기하는 것을 원하지 않고, 무시하고 넘어가면 문제가 자동으로 사라져 줄 거라고 기대하기 때문이 아닐까?

이런 권력관계에서 더욱 문제가 되는 것은 온갖 착각을 낳기 십상
이라는 것이다. 이런 여행자들은 출신 사회에서는 상대적으로 무력한
존재일지라도 해외에서는 현지인들보다 부유하기만 하면 그 이유만
으로 많은 사람들이 힘 있는 사람으로 봐 줄 때가 많다. 결국 이들을
인기 있는 것처럼 보이게 하는 건 매력적 성격보다는 이런 부유함이
다. 헨리 키신저(Henry Kissinger)는 어째서 많은 여성들이 자기를 섹시
하다고 보는지 설명하기 위해 "권력이야말로 최고의 최음제다"라고
말했다.

이런 문제들을 성(gender)과 권력이라는 두 가지 측면으로부터 출
발해 살펴볼 수 있다. 성별로 인한 격차는 사회에서 일어나는 또 다른
차원의 불평등한 권력 재분배일 뿐이라고 주장할 사람들도 있겠지만
말이다. 권력을 부여받고 장악하고 있다는 느낌 때문에, 즉 현 상태를
타고난 권리로 받아들이는 바람에 이런 측면을 간과하기 쉽다. 이와
동시에 그곳 사람들이 여행업에 어느 정도까지 관여하고 있는지도
알고 있어야 한다. 관광과 여행업에 직접 참여하고 있는 현지의 엘리
트들은 관광객 및 여행자의 행동 방식 그리고 그 사람의 국적과 그런
행동과의 관계에 대해, 관광업에 지엽적으로 관여하고 있는 사람들하
고는 다른 관점과 고정 관념을 갖고 있을 게 틀림없으니 말이다. 더욱
이 현지 엘리트 계급, 특히 여행자들을 상대하는 데 필수 요건인 언어
구사력을 갖춘 사람들은 지역 사회 내에서는 국외자일지도 모른다.
반면 가난한 지역 주민들이 모든 험한 일은 도맡아 하고 있을지 모르

므로 상황은 상당히 복잡하다. 관광이 중요 산업으로 자리 잡아 가고 있는 가난한 나라들에서 현지인들은 이런 부의 전령들을 어떻게 볼까? 그들은 부유한 나라 사람들을, 자기들은 돈이 많기 때문에 현지에서 당연히 따뜻한 환대를 받아야 한다고 믿는 순진하고 거만한 어린애처럼 취급하는 것 같다. 그렇게 보고 있다는 사실을 암시하는 증거들이 많이 있다.

《인류학에 대한 고찰 및 질문》은 제국주의 전성기에 아마추어 또는 전문 민족지학자들에게 조언을 해 주었고, 이후 다양한 판본으로 재활용되었다. 이 책은 현지인이 연구자의 비위를 맞추기 위해 뭐든지 말해 줄 때가 많을 것이라고 주장한다. 이것을 보면 현지인과 방문자 간에 존재하는 엄청난 권력 차이뿐 아니라, 문화에 따라 무엇이 진실인지에 대해서도 다른 생각을 갖고 있다는 것을 알 수 있다. 일부 사회에서는 잠재적 갈등을 자극하지 않고 체면을 잃지 않을 말만 해야 한다. 이럴 때 문제는 무엇인가 하면, 적어도 현지인들 입장에서는 관광객과 여행자에게 경제적으로 의존하고 있는 경우가 많아서 그런 경제적 혜택의 대가로 경범죄 정도는 관대히 넘기려 한다는 것이다. 그런가 하면 또 여행자들은 기동성과 부를 가졌기 때문에 출국이라는 선택권을 발휘해서 마음에 안 드는 곳은 떠나 버린다.

이런 출국 선택권을 행사할 수 있는 능력이야말로 여행자와 현지인 간에 존재하는 가장 결정적인 차이이다. 이 말은 여행자는 어떤 행위를 하더라도 그로 인한 결과 또는 다소 부담스러운 상황들을 반드시 감수하지 않아도 된다는 뜻이다. 여행이 신제국주의적 색채를

띠게 하는 게 바로 이런 권력이다. 현지인과 여행자 모두 당연히 이런 정의에 반발하겠지만 말이다. 관광이 주요 산업 중 하나인 버몬트 주에서 가장 인기 있는 우스갯소리가 있다. "평지인(Flatlanders. 산악 지대에 사는 사람들이 저지대에 사는 사람들을 칭하는 속어 - 역자)" 특히 부유한 뉴욕 시민이, "우드척[Woodchucks. 북아메리카산 마멋. 그라운드호그(groundhog)라고도 한다. - 역자]" 즉 버몬트 토박이에게 속아 넘어가 우스운 꼴을 당한다는 농담이다. 우드척과 평지인 간에는 보통 확연한 빈부 격차가 있지만 그렇다고 우드척들이 꼭 자기네가 평지인들에게 착취를 당한다고 여기는 것은 아니다. 오히려 어쩌면 이런 상황은, 비록 불공평하기는 해도, 상호 동등한 착취로 보는 게 최선일 수도 있다. 적어도 문화적 해석 차원에서 보면 이 경우에 확실한 지배자는 없다. 양쪽 모두 끊임없이 자기가 가진 정보를 나름대로 해석해서 그에 따라 상대방에 대한 행동 노선을 정하기 때문이다. 이들이 하는 이런 해석이 대중 매체와 예전 경험, 어디서 읽은 내용이 만들어 낸 선험적 이미지에서 나온 것이라는 점은 분명하다. 현지 체류 외국인에 대해 현지인들이 갖는 고정 관념은 대중 매체와 여행안내서보다는 이미 해외에 살아 본 적이 있는 현지 이주민들과의 접촉은 물론, 외국인들과의 숱한 직접적 만남을 통해 이루어진다.

현지인이 여행자에 대해 갖는 인식은 사람마다 상당한 차이를 보이며, 이는 대개 외국인 여행자들과 얼마나 접촉해 보았는지에 따라 달라진다. 여행자를 직접 만나 본 경험이 적은 사람일수록 관광업에 종사하는 사람들보다 외국인의 문화를 훨씬 경외심을 가지고 대하는 경향을 보일 수 있다. 여행자와 현지 체류 외국인에 대한 아무리 면밀한 해석에도 불구하고 고정 관념은 여전히 넘쳐 난다. 외국인 거주자와 현지인 모두가, 외국인 거주자가 하는 행동을 각자의 조국을 대표하고 대변하는 것으로 여기기 때문에 어떤 행동을 그 사람이 속한 국가의 정체성과 본질적으로 관련이 있는 것으로 볼 때가 많다. 사절(使節)이라는 뜻을 가진 "앰배서더"가 관광객이 주로 찾는 호텔 이름으로 흔하게 쓰이는 게 이런 경향을 확실히 보여 준다.

전반적으로 전 세계 국외자가 그렇듯이, 여행자도 자기가 방문한 곳의 현지인들과 반드시 동일한 도덕적 공동체에 속하지 않을 수도 있는 이방인이다. 그래서 여행자는 이용해 먹거나 바가지 씌우기에 딱 좋은 먹잇감으로 보일 수 있다. 그러나 많은 사회가 이방인에 대한 존중과 환대를 문화적 규범으로 삼고 있다. 어느 날 저녁에 서아프리카 친구들과 수다를 떨다가 미국인 학생들의 행태가 화제에 오른 적이 있다. 미국에서 공부하는 어느 아프리카 학생은, 미국인 동급생이 가나에 여행을 가게 되자 자신의 친척들 집에 머물 수 있도록 주선해 주었다고 한다. 친척들은 미국 학생을 귀빈처럼 대접했다. 자가용으로 데리고 다니면서 가나에서 가장 번화한 도시인 수도 아크라(Accra) 시내를 안내해 주었고, 주택 단지 내에서 가장 좋은 방을 내주고, 수많은 연회를 베풀어 주기도 했다. 미국 학생은 이런 환대에 감격했다. 나중에 가나 학생의 형제가 미국 학생 고향 근처의 대학교에 다니게 되자 그는 미국인 동급생에게 도와 달라고 부탁했다. 미국 학생이 부모에게 편지를 쓰자 그 학생의 부모는 가나 유학생에게 한 달 방세로 무려 300달러를 받고 자기네 집 방 하나를 빌려 주었다고 한다. 이 야기를 들은 다른 아프리카 친구들이 너도나도 비슷한 이야기를 알고 있다며 고개를 끄덕였다. 실제로 맥주를 홀짝거리고 있던 통찰력 있는 어느 아프리카인 친구는 아프리카에서 일어나는 많은 문제는 아프리 카인들이 이방인에게 지나치게 우호적인 탓이라고 말하기도 했다.

분명한 사실은 권력을 가진 사람들은 그렇지 못한 사람들에게 현 실은 이런 것이라는 자기네들의 정의(定義)를 강요할 가능성이 높다 는 것이다. 이런 현상은 예를 들면 남부 아프리카에 사는 산 족(族) 즉 부시맨들처럼 심각한 불평등 상황에 처해 있는 경우에 두드러지 게 나타난다. 세계 언론은 부시맨이 세상 모든 사람들처럼 자신들과 다른 사람들의 생활 방식 사이에 점점 커지는 격차와 불균형을 의식 하게 만들었다. 그렇게 되자 그런 차이를 극복할 수 있을 것이라는 착 각에 불과한 기대가 생기는 동시에, 불평등은 점점 더 가시화된다. 자 신과 자식들이 가진 가능성을 떠올려 볼 때 부시맨들에게 현실은 달 리 보이게 된다. 부시맨은 "풍요로운 원시 사회"와 "고결한 야만인 (noble savage. 문명의 때가 묻지 않은 순수함을 간직한 인간상을 의미함 – 역자)" 의 전형으로 칭송받은 지 오래지만 유혈로 얼룩진 남부 아프리카 역 사에서 가장 큰 피해를 입은 민족이라는 게 잔혹한 현실이다. 실제로 부시맨은 대량 학살을 당했고, 현재는 대부분이 시골에서 떠돌이 노 동자로 살아가고 있다. 극빈자로 살아가고 있는 이들에게 몇 안 되는 수입원 중 하나가 관광업이다. 물론 관광객들이 헐벗고 굶주린 앙상 하게 마른 사람들을 보려고 칼라하리 사막을 돌아다닐 리는 없다. 그들은 《내셔널 지오그래픽》 잡지와 수없이 많은 민족지학적 영화와 책에서 그려 낸, 자연과 조화를 이루며 살아가는 사람들을 보고 싶은 것이다. 그러다 보니 부시맨은 관광객들이 돈을 내고 사진을 찍을 수 있도록 억지로 "가죽옷"을 걸쳐야 하는 상황에 내몰리게 된다. 부시맨은 이게 무슨 선택의 여지가 있는 상황이라고 보지 않는다. 동시에 가죽옷을 걸치는 게 자기들이 부유한 관광객들에 비해 얼마나 가난한지를 세상에 보여 주는 것이기 때문에 관광객들이 그만큼 후한 대가를 쳐 주기를 은연중에 바란다. 어쨌든 부시맨들도 자기들이 부자였다면 그렇게 행동할 테니까 말이다. 관광객들이 돈을 준다는 사실은 이런 상황 판단이 옳다는 걸 입증해 주는 셈이다.

성과 섹슈얼리티

성(gender)도 중요한 고려 사항이다. 《인류학에 대한 고찰 및 질문》에 따르면 이번에도 마찬가지로 외국인 여성은 위협적으로 보이지 않아서 신뢰감을 불러일으키는 존재다. 많은 문화에서 비혼 여성의 위상은 아주 보잘것없지만 일부 사회에서는 유럽 여성에게 남성이 가진 지위를 부여할 때가 종종 있다. 파푸아 뉴기니에서 열린 세미나에서 젊은 스위스 여성 인류학자가 발표한 내용에 따르면 확실히 그런 일이 벌어지는 것 같다. 이 인류학자는 자신이 남성으로 분류되었기 때문에 보통 해당 사회 여성들에게는 접근이 허용되지 않는 신성한 남성 전용 정보를 들었다고 했다. 또 이런 정보를 접할 수 있었던 이유가 자신의 성별이 재정의되었기 때문이 아니라, 식민주의의 폐해인 엄청난 권력과 빈부 격차가 가져온 결과라는 것을 암시하는 말을 듣고 상당한 충격과 거부감을 느꼈다고도 했다.

앞서 말했듯이 우리는 사람들이 어떤 문제를 어떻게 해석하는가 하는 차원도 잘 살펴야 한다. 현지 조사차 남아프리카 공화국 어느 지방에 머물면서 그 당시 미국 학생들이 그 지역으로 물밀 듯이 몰려드는 현상을 목격했던 동료 학자의 이야기다. 그는 어느 날 저녁 모닥불 가에 앉아 현지 원로들과 한담을 나누고 있었다. 그곳의 노인들은 미국인 여학생들에 대해 동정심을 가지고 있었는데, 이는 그들이 유아기에 분명 아버지에게 성적 학대를 당했을 거라고 생각하기 때문이었다. 미국인들이 들으면 놀라울 테지만 그들 관점에서 보면 충분히 말이 되는 해석이다. 미국 여학생들이 어떻게 옷을 입고 행동하는지 곰곰이 생각해 보라. 남자같이 청바지를 입고, 남자들이 그러듯이 머리를 가리지 않을 때가 많다. 집안 남정네들 뒤를 조신하게 따라 걷고, 남자들과 직접 이야기를 나누지 않는 현지 여성들과는 다르게 행동한다. 대신 미국 여학생들은 적극적으로 나서고 스스럼없이 행동한다. 요컨대 이들이 남자처럼 입고 행동하는 것에 대해, 현지인들의 사고 체계로는 어릴 때 아버지로부터 성적으로 학대를 당했기 때문에 이런 행동 방식을 차용했다고밖에 해석할 수 없다.

제이슨 수미치(Jason Sumich)는 현지인들이 관광객을 어떻게 보는지에 대해 몇 가지 흥미로운 통찰을 보여 준다. 수미치는 관광지로서 공격적 마케팅을 벌이고 있는 동아프리카 섬 잔지바르(Zanzibar)에서 해안가에 사는 현지의 "파파시(papasi)"와 어울렸다. 문자 그대로 거머리 또는 흡혈 기생충이라는 뜻인 파파시는 가난한 나라들에서 점점 더 보편화되고 있는 현상이다. 어느 정도 교육을 받은 대규모 신흥 부랑 노동자 청년층인 이들은 혼자 힘으로 경제적 틈새시장을 개척하려 애쓰다 좌절한 기업가들이다. 활동 무대는 주로 지하 경제 분야로, 비공식 여행 안내원과 해결사 역할을 하면서 저가 여행자들의 요구에 부응하고 영합하려 한다. 더 부유한 관광객들의 요구는 패키지 여행이 채워 주고 있으니까. 다른 많은 문화권 특히 이슬람 문화권에서 그렇듯이 잔지바르에서 젊은 여성이 이방인과 접촉한다는 건 상상도 할 수 없는 일이기 때문에, 이들 파파시는 거의가 남성이다. 특권을 박탈당한 기업가인 이들은 배낭여행객을 방탕한 문화에 물들게 하는 오염원쯤으로 보는 현지 원로들의 권위에 도전한다. 파파시 중 다수가 가진 궁극적 목표, 더 현실적으로 말하자면 환상은 카리브 해와 서아프리카에서 그렇듯이 부자 유럽인과 결혼해서 유럽이나 북아메리카로 떠나는 것이다.

파파시는 밀려드는 관광객과 여행자를 나름대로 이해하는 일련의 정교한 사회적 범주들을 만들어 낸다. 이런 범주들은 주로 민족, 사회적 신분이나 지위, 성관계를 가질 수 있는 가능성을 기준으로 하고 있다. 백인은 남성과 여성 모두 "와중구(Wazungu)"로 알려져 있다. 표준어인 스와힐리어로 유럽인을 가리키는 말이다.

와중구는 더 나아가 여러 하위 범주들로 나뉜다. 가장 눈에 띄는 하위 범주는 "쿠쿠스(kukus)"이다. 쿠쿠스는 닭 중에서도 특히 손으로 잡기 쉬운 통통하게 살찐 닭을 가리킨다. 부유한 관광객들은 쉽게 잘 걸려든다고들 여기기 때문이다. 파파시는 관광객은 죄다 부자라고 확신하고 있다. 그게 아니면 왜 여행을 와서 한 달 치 봉급은 족히 될 만한 큰돈을 짧은 기간 안에 써 버리겠냐는 것이다. 추론은 이런 식으로 계속 이어진다. 쿠쿠스는 값을 깎으려고 실랑이를 벌이지 않고, 씀씀이가 헤프고, 대부분 값비싼 호텔에서 묵으면서 미리 예약해 둔 관광 일정을 따른다.

그다음으로는 "비고도로(vigodoro)"라 불리는 중산층 관광객이 있다. 비고도로는 "얇은 매트리스"라는 뜻을 가진 말로, 누가 봐도 분명한 성적 암시를 담은 표현이다.

마지막으로 "키슈카(kishuka)" 즉 "새똥"에 속하는 관광객들이 있다. 역시 속어로서, 사롱(sarong. 동남아시아 쪽에서 남녀 구분 없이 허리에 둘러 입는 치마같이 생긴 천 – 역자)을 입은 배낭여행객, 저가 여행객, 남아시아 사람들을 가리킨다. 유럽인 "키슈카"는 젊고 초라한 행색에 장기 여행자인 경향이 있다. 이들은 돈 문제에 아주 인색하게 군다고 여겨진다. 이들은 "워낙 구두쇠라 무임승차도 거절할 정도다." 또 이들은 온갖 것에 값을 깎으려고 혈안이 되기도 한다. 이들이 부자라는 걸 감안하면 이런 가격 흥정은 이들이 옹졸한 인간이라는 증거라고 여긴다. 그들은 가난한 게 아니라 천박한 인간이라는 것이다.

여성은 사회적 계급과 성관계 가능 여부에 따라 분류된다. 젊은 여성들은 "마도도(madodo)"라 부른다. "금방이라도 떨어질 것 같은 잘 익은 과일"이라는 뜻이다. 현지 여성들을 분류하는 방식은 이와 극명한 대조를 이룬다. 많은 마도도가 현지인 애인이 먹고 마시는 비용을 모두 댄다. 그래서 해당 파파시는 정교한 계략을 써서 다른 파파시가 자기 사냥감 근처에 얼씬도 하지 못하게 하려고 한다. 모든 여성 유형은 이득을 볼 가능성을 기준으로 하고 있으며, 따라서 관광은 일종의 화물 숭배(cargo cult. 죽은 조상이나 부족신이 배나 비행기 같은 데 특별한 화물을 싣고 돌아오면 새로운 낙원이 도래할 것이라는 신앙. 배 정박지나 착륙할 활주로를 건설해 놓고 기다리면서 제의를 올리기도 한다. - 역자)가 될 수 있다. 즉 풍족한 생활, 유토피아, 결혼, 풍요의 땅으로 가는 입장권을 제공할 수 있는 무언가 말이다.

수미치는 현지인들이 외국인 배낭여행객을 보는 관점과 자기가 만나 본 외국인 배낭여행객들이 스스로를 보는 관점을 비교한다. 배낭여행객들은 자기가 다른 관광객들보다 현지인들을 더 잘 이해했다고 믿었다. 이들은 주로 어디서 읽은 것과 내셔널 지오그래픽 채널의 〈익스플로러(Explorer)〉 프로그램 같은 데서 봤던 것에서 얻은 이미지인 "진정성"을 찾아 잔지바르에 왔다. 이들은 아름다움, 섹슈얼리티, 이국정취에 초점을 맞추고, 차이나 생소함을 중시했다. 이런 배낭여행객들에게 아프리카는 "오염되지 않은" 아프리카 즉 어떤 환상에 불과한 에덴동산과, "오염된" 아프리카 즉 무분별한 도시 확산에 의해 더럽혀진 곳으로 나뉘었다. 이들에겐 자기들끼리 원주민의 물질만능주의를 공공연히 비난하는 게 유행이었다. 그들이 보기에 돈만 밝히고 즉물적 만족만을 추구하는 사람들을 말이다. 그러면서 스스로 배낭여행의 장점 중 하나가 정확히 자기가 원할 때, 자기가 바라는 대로, 되도록 싼 값에 여행할 수 있는 자유라고 주장하는 것은 모순이라는 사실을 무시한다. 이들은 원주민들은 아프리카인으로 남아 있어야지, 서구인을 따라 해서는 안 된다는 확신을 갖고 있었다. 이들의 관점에서 "진정한" 아프리카는 시골 지방에서 찾을 수 있는 것이다. 그렇기 때문에 배낭여행자들은 현지어를 하나도 못 하면서도 자기가 어떤 환대를 받았는지에 대한 이야기 하나쯤은 누구든 갖고 있었다. 이들에게 "진정한 교류"란 현지에서 베푸는 환대를 받고도 숙박료를 내지 않는 걸 의미했다. 물론 배낭여행자들은 "대중 관광객"들이 자주 찾는 지역을 벗어나 움직이기 때문에 관광 영역을 넓혀 가고 있기도 했다.[1]

물론 더 넓은 관점에서 보면 배낭여행객 쪽에 아주 유리한 주장을 펼칠 수도 있다. 보통 계획된 단체 관광의 경우 모국에서 선불로 여행비를 다 내는 경우가 많기 때문에 이런 단체 관광으로는 현지 지역 사회가 큰 이득을 보지는 못한다. 하지만 그에 비해 배낭여행객들은 머무는 지역 사회 및 근교에서 많은 시간을 보내기 때문에 현지 사회에 직접적으로 더 많은 돈을 쓴다. 이 돈은 대부분 현지인들이 소유하고 운영하는 회사로 간다. 배낭여행객들은 사치스러운 것을 요구하지 않는다. 그래서 현지에서 생산한 제품과 서비스에 돈을 더 많이 쓴다. 배낭여행객을 응대하는 데는 정규 자격증이 필요 없다. 따라서 현지 기업 활성화를 장려해서 지역 사회들에 경제적 혜택을 더 공평하게 나눠 줄 수 있다. 경제학자들의 주장에 따르면 현지 기술 및 자원을 활용하는 것은 상당한 경제적 상승효과가 있다. 물론 수미치가 한 묘사가 어느 정도는 희화화에 가깝다고 느끼는 사람들도 있을지 모른다. 그러나 내 경험으로 보면 좋은 여행 이야기들은 다 그렇듯이 이 이야기도 여행자로서 우리가 진지하게 고려해 봐야 하는 중요한 문제들을 많이 포함하고 있다.

파파시만이 관광객의 섹슈얼리티와 관련된 이야기에 해당되는 것은 아니다. 글렌 보먼(Glenn Bowman)은 예루살렘에 있는 팔레스타인 노점상들이 "관광객과의 성관계"에 대한 이야기를 무궁무진하게 갖고 있다고 썼다.[2] 이런 성관계 경험담들은 단지 환상에 불과한 게 아니라 그들이 처한 무력한 상황을 타개하려는 전략이다. 팔레스타인 노점상들은 들쭉날쭉한 수입과 사회적으로 우위에 있는 관광객들에게 휘둘리는 불안한 상황에 직면해서, 이런 상대적 무기력함에 대처하는 방법으로 섹슈얼리티에 대한 공격적 화법을 전개한다. 다른 가난한 나라들처럼 팔레스타인에서도 부유한 나라의 여성 관광객들은 성적으로 자유분방하다고 생각한다. 이런 여성 정복담은 아주 상세하고 생생한 묘사로 윤색되어 있다. 실제로 일어난 성행위야 누가 본 것도 아니니까 세부 사항에 이의를 제기할 사람도 없다. 보먼은 이런 이야기들은 상인들이 자기가 갖지 못한 힘을 행사하는 수단으로서, 그들을 사회적이고 경제적으로 억압하는 사람들에 맞서 복수 시나리오를 실행에 옮길 수 있게 하는 도구라는 것을 보여 준다. 이런 이야기들을 통해 자기의 지배자를 지배할 수 있는 것이다. 현지인과 여행자의 관계는 돈과 섹스를 노리고 벌이는 단순한 이전투구 그 이상이다.

내 경험으로 입증할 수도 있는, 이런 연구 문헌이 밝혀낸 경험칙이 하나 있다면 바로 상대방은 언제나 나와 다르다고 생각하는 신념이다. 즉 우리가 정숙하면 다른 사람들은 문란하다. 내가 미국에 오기 전 《타임》지에서 히피에 대한 기사를 읽은 남아프리카 공화국 학생들에게 미국인은 난잡하다는 건 신조와도 같았다. 그러다 미국에 와 보니 이번에는 또 미국인이 아프리카인을 음탕하다고 여긴다는 것을 알게 되었다. 상대편은 언제나 우리와 다르기 때문에 행동에 우리와 똑같은 제약을 받지 않는다고 믿는 것이다. 인정할 수 없을지 모르겠지만 우리 자신의 지적 전통에도 기나긴 성매매 관광의 역사가 있다.

공식 사본과 비공식 사본, 그리고 숨은 사본

현지인들이 관광객과 여행자를 어떻게 보는가 하는 시각과 관련해서는 제임스 C. 스콧(James C. Scott)의 통찰력 있는 접근이 유용하지 않을까 싶다. 그는 "숨은(hidden) 사본(寫本. transcripts)"이라는 개념을 만들어 냈다. 말레이시아 농민들이 권력자를 어떻게 다루는지를 평생에 걸쳐 연구한 스콧은 불평등의 역학을 이해하기 위해 연극을 비유로 드는 방법을 개발했다. 연극에서 연기자가 그렇듯이 행위자도 실제 행동으로 옮겨서 표현해야 하는 정해진 각본을 갖고 있다. 이때 각본은 권력을 쥐고 있는 엘리트 계급이 완성하며 따라서 지배 이데올로기로 구성되어 있다. 스콧은 이를 "공식 사본(public transcript)"이라 부른다. 그는 공식 사본을 자화상에 비유한다. 즉 지배 엘리트 계급이 나머지 인구에게 자신들이 이렇게 보였으면 하는 모습을 묘사해 놓은 그림이라고 말이다. 엘리트 계급은 자기네가 가진 우월적 지위가 정당하다는 주장을 끊임없이 복창하게 해서 그런 공식 문서가 신뢰성 있고 강력하다는 인상을 유지해야만 한다. 스콧에 따르면 "눈에 보이는 모든 표면적인 권력 행사, 각각의 명령, 각각의 순종 행위, 각각의 명단 및 위계, 각각의 예식 절차, 각각의 공적 처벌, 각각의 존칭이나 비하 용어 사용은 패권을 드러내는 상징적 표현으로, 어떤 위계질서를 명백히 드러내고 강화하는 역할을 한다."[3]

공식 사본이 지배자와 피지배자 간에 공공연한 공식적 상호 작용을 묘사하고 있는 반면, 숨은 사본은 막후에서, 즉 권력자가 보거나 들을 위험이 없는 곳에서 어떤 일이 벌어지고 있는지를 보여 준다. 이는 자율과 존엄을 되찾으려는 시도다. 피억압 계층이 살아남을 수 있으려면 겉으로는 공식 사본에 순응하는 듯해서 절대 불온해 보이지 않아야 한다. 숨은 사본은 보통 권력자나 압제자를 강력하게 비판한다. 지배 체제를 연구할 때는 반드시 겉으로 드러난 것 이면에 숨어 있는 게 뭔지 유심히 들여다봐야 한다. 권력을 덜 가진 쪽은 공식적으로는 지배를 당연하게 받아들이는 것처럼 보일지라도 비공식적으로는 감정을 겉으로 드러낼 때가 많다.

동시에 엘리트 계급도 "비공식 사본(private transcript)"을 갖고 있다는 점을 아는 것도 중요하다. 가난한 사람들이 가진 비공식 사본보다 제한적이기는 하지만 말이다. 일반적으로 이런 비공식 사본 덕분에 엘리트층은 우월한 공적 지위를 잃지 않은 채로 긴장을 풀고 지낼 수 있다. 내밀한 사치와 특권을 마음껏 누리는 것도 여기에 들어갈지 모른다. 가난한 사람의 숨은 사본은 범위가 훨씬 광범위해서, 좀도둑질과 야비한 짓, 사보타주 등이 여기에 속한다. 발각될 가능성은 언제나 존재한다. 하위 계급이 엘리트층보다 훨씬 엄청난 위험을 감수해야 하는 건 분명하다. 하급자가 숨은 사본을 발각당하면 가벼운 징벌에서부터 노동량 증가에 심지어는 사형에까지 이를 수도 있는 처벌을 받게 되니까 말이다. 엘리트 계급은 이런 위험 부담이 덜하다. 지배 계급의 숨은 사본이 폭로되면 그들의 힘이나 결속력이나 권력의 정당성의 모순과 약점이 드러날 수도 있다. 그러면 하위 계급 사람들은 저항 운동에 뛰어드는 데 필요한 자신감을 얻을 수 있다. 아마도 상대편이 숨은 사본을 갖고 있다는 믿음을 뒷받침하는 가장 좋은 증거는 다양한 음모론에서 찾아볼 수 있을 것이다. 예를 들어 현지인들은 여행자가 장기 밀매 조직과 관계가 있다고 믿을지 모르는 한편, 외국인들은 현지인들이 자기를 독살하려는 음모를 꾸미고 있다고 믿을 수도 있다.

물론 보통은 현지 주민들이 외국인들의 숨은 사본을 간파해 낼 가능성이 훨씬 높다. 특히 외국인들이 고립된 장소에 몰려 있을 때 그렇다. 현지인들이 외국인의 모국어를 알아들을 가능성이 반대의 경우보다 높다는 것과, 여행자들이 현지인을 인간으로 취급하는 게 아니라 풍경의 일부쯤으로 여기는 경향 때문만으로도 그렇다. 많은 여행자들이 빈정거리는 것도 아니고 정말 진심으로 현지인들에게 이렇게 묻는다. "여기 누구 없어요?"

때로는 권력을 덜 가진 사람들이 스스로를 보호하려는 노력의 일환으로 일부러 모호한 태도를 취함으로써 공공연하게 가장을 하거나 익명성을 지킬 수도 있다. 중의적 어구와 모호함이 이들이 하는 공연 (公演, public performance)의 핵심이다. 지나친 아부 및 입에 발린 말부터 토끼 군[Br'er Rabbit. 조엘 챈들러 해리스(Joel Chandler Harris)가 집대성해서 1881년에 출간한 미국 흑인 민담 모음집인《레무스 아저씨(Uncle Remus)》에 등장하는 동물 이야기 주인공 중 하나 – 역자] 같은 이야기와 민간 설화에다 팬터마임과 의례적 공연에 이르는 모든 것이 이런 것이 될 수 있다. 이런 연기(演技)는 불쾌감을 불러일으킬 만큼 불편하기는 하지만, 충분히 모호해서 즉 농담이었다는 말로 문제없이 넘어갈 수는 있을 만큼 상대가 위협적으로 받아들이지 않으면 성공이다. 하위 권력자가 전통적 어법 뒤에 숨어 수동적인 저자세로 은근한 저항을 하는 경우도 흔하다. 뒷소문, 방해, 희화화, 부루퉁하게 굴기, 모욕 주기 등이 이런 것이 될 수 있다. 또 어느 때는 이런 저항에 대중적인 식당 표어인 "존중을 하면 존중을 받습니다" 같은 단순한 방법이 동원되기도 한다. 외국인 소집단의 규모도 여기에 영향을 미칠 거라는 데는 의심할 여지가 없다. 내 경험으로 보면 규모가 클수록 방문자들이 보이는 행동은 더 야단스럽고 밉살맞은 경향이 있다.

관광객은 집으로 돌아가라?

여행을 하다 보면 여행자가 피해자가 되는 경우도 흔히 있게 마련이다. 비록 교훈이 뒤따르기는 하지만, 보통 이런 일은 일종의 탁월한 재밋거리로 여길 수도 있다. 여행자가 피해자가 되는 경우는 생명에 위협이 될 만큼 심각한 수준부터 단순히 창피한 수준에 이르기까지 다양하다. 후자의 경우는 예를 들면 어린애들 무리가 사막으로 용변을 보러 가는 운 나쁜 여행자를 졸졸 따라갈 때다. 아이들은 조금 거리를 두고 여행자 주위에 둘러앉아 여행자가 웅크리고 앉는 걸 지켜보다가 여행자가 볼일을 보는 동안 그에게 가끔씩 돌을 던진다. 이런 건 일종의 "입장이 뒤바뀐 빌어먹을 관광객" 이야기라 할 수 있다.

같은 곳에 장기간 머무는 여행자는 예외 없이 못된 장난을 당한다. 이런 장기 여행자가 현지에 머물다 보면 결국엔 폐를 끼치게 되는 경우가 많기 때문이다. 여행자들은 이야기를 할 때 부인하기 일쑤이지만, 봉이 되는 느낌은 뼈저리게 아프다. 이런 경험은 분노와 자괴감, 쓰라림을 불러일으키지만 동시에 교훈적이기도 해서, 공정함과 정의에 대해 자각하고 인식하게 하는 역할을 한다. 사기당하는 것에 대한 공포는 상당히 가지각색이다. 그런 공포를 참고 넘길 만한 여행자들도 있다. 그렇지만 어떤 여행자들은 그러지 못해서 이런 공포가 지나친 경계심으로 바뀐다. 사건을 머릿속으로 몇 번이고 돌이켜 보면서 "좀 더 분별 있게 행동했어야 했다"고 반성한다는 점에서는 분명 교육적이다. 이런 경험들이 새로운 행동, 새로운 자기 탐구, 자기 수양을 하게 할 수 있다. 이런 것들은 위기에 대한 모의실험 같은 것으로, 우리는 천하무적의 존재가 아니라 매우 인간적인 존재일 뿐이라는 점을 되새기게 한다.

그런데 이런 속임수와 장난에는 보다 광범위한 사회 문화적 의미가 있다. 사회학에서는 이를 "비하 의식"이라 불렀다.[4] 이런 행위는 악의나 편견에서 나온 것이라기보다는 어떤 사람을 집단에 끌어들이거나, 성공한 사람이나 권력자에게 겸손함을 갖추게 하려는 의식의 일부이다. 이런 의식은 무해한 장난에서부터 인간적 두려움이나 결점을 익살스럽게 풍자하는 것까지 종류가 다양할 수 있다. 이런 비하 의식을 살펴보면 외국에서 체류하는 동안 실제로 어떤 일이 벌어지고 있는지에 대해 더 잘 이해할 수 있다.

파푸아 뉴기니 다리비(Daribi) 족은 자녀들에게 상자를 하나 만들라고 한 다음 그걸 땅에 묻고서 절대 열어 보면 안 된다고 말한다. 당연히 아이들은 호기심을 못 이겨 상자를 몰래 열어 보지만 안에 똥만 들어 있다는 걸 알게 된다. 본질적으로 이런 의식은 상대를 공경하고 인정하기 전에 일단 깎아내리는 행위다. 이런 의식은 사회적 경계선을 유지하는 역할을 하므로 여행자는 이런 의식을 자기가 그들에게 받아들여지고 있다는 신호로 인식해야 한다. 이런 의식은 특히 배타적인 것에 자부심을 느끼는 집단들, 예를 들면 소방서, 하키 팀, 군부대, 심지어 대학교 여학생 클럽 같은 곳에서 자신들의 경계선을 유지하는 데 중요하다. 이런 상황에서 놀림감으로 선택되면 조직 내에서 지위를 획득할 수 있다.

결론은 이렇다. 외국인 체류자에 대해 현지인들이 어떤 시각을 갖는가에 대한 연구가 놀라울 정도로 부족하고, 거기에는 그럴 만한 이유가 있을지 모른다. 우리는 특히 현지 여성들이 엄청나게 몰려드는 외국인들을 어떻게 바라보는지 아는 게 별로 없다. 여성들은 사회 내의 지위 그리고 성별로 인해 이중으로 소외받는 존재이기 때문이다. 반관광주의와 반여행 정서는, 단순히 여행에 대한 부수적인 반응이 아니라 여행에서 나타나는 세계적인 현상의 일부로 봐야 한다. 여행과 관광은 감정에 의존해서 진정한 것을 보고 경험한다는 느낌을 준다. 마찬가지로 반관광주의와 외국인 혐오도 어떤 사람들이 순수하거나 진실하다고 여기는 것을 지키거나 복원하려는 정서적 욕구를 반영하는 것일 때가 많다. "관광객은 집으로 돌아가라"라는 말은 "외국인은 나가라!"라는 뜻이 아니다. 이런 구호는 특정 유형의 여행과 관광을 에둘러 요구하는 것이라고 이해하는 것이 좋다.

4
여행 의례와 개인적 변화

"사람들은 이런 저런 누구는 아직 자신을
발견하지 못했다고 말할 때가 많다.
그러나 자아는 발견하는 것이 아니라 창조하는 것이다."

— 토머스 사즈 *Thomas Szasz* —

알고 보면 그들도 우리와 똑같다

　　　　사람들은 어떤 경우에 "이번 여행이 진정 나를 바꿔 놓았다"고 말하는 걸까? 해외에 나가 있는 동안 한 사람이 가진 시각은 어떻게 바뀔까? 사람들은 대부분 모험심에서 해외로 나간다. 즉 자기가 알지 못하는 무언가를 경험하고 싶어 한다. 그러려면 반드시 불확실성과 예측 불가능성을 맞닥뜨려야 한다. 때로는 이런 두려움이 여행을 못 하게 막기도 한다. 두려움과 불확실성을 극복하는 흔한 방법이 바로 의례(儀禮. ritual)다. 따라서 여행자에게 의례라는 주제는 상당히 중요하다.

여행자가 외교관이든 인류학자든 당혹스러워 하는 이주자든 불법 체류자든 간에 첫인상이 중요한데, 첫인상은 두려움과 불확실성에 대해 어떻게 예측하고 대처할 것인가에 대한 태도를 결정할 수 있다. 모든 여행자가 똑같은 수준의 인내심과 불안감을 나타내는 건 아니다. 각자의 과거 경험과 다국어 구사 능력, 태도가 대응과 의례의 사용 여부를 결정하는 데 도움이 된다. 해외로 가는 것을 일종의 통과 의례로 보면 이런 여러 문제들을 이해하는 것이 가능하며, 따라서 이런 개념에서 여행을 이해하면, 자기 자신과 동료 여행자들과 일반 대중이 보이는 많은 행동을 이해할 수 있다.

인류학자들은 해외에서 여행자에게 일어나는 일을 이해하려 할 때 다양한 각도에서 유용한 세 가지 개념을 개발했다. "문화 충격", "통과 의례로서의 여행"이라는 좀 더 역사에 근거한 개념, 그리고 "모험가적 국외자가 하는 역할에 대한 분석"이다.

좌절감과 당혹감이 낳는 증상으로는 언성을 높이는 것, 불면증, 위생에 대한 과도한 집착, 지연되는 상황에 벌컥 화를 내는 것, 현지인이 반드시 자기를 등쳐 먹으려 할 것이라는 고정 관념, 현지 언어를 배우려는 시도조차 완강히 거절하는 것, 무력감, 같은 나라 출신 사람들과 간절히 어울리고 싶어 하는 마음 등이 있다. 이런 현상은 "문화 충격(culture shock)"이라는 용어로 널리 알려져 있다. 칼레르보 오베르그(Kalervo Oberg)가 대중화한 이 용어는 해외로 나가 잔뜩 들뜨고 기대에 부풀었던 마음이 당혹스럽고 우울하게 바뀔 때 일어나는 정서적 공황 상태를 가리킨다. 오베르그는 문화 충격에 대한 4단계 적응 모델을 제시했다. 첫 번째인 밀월 단계는 기대감에 부푼 상태다. 다음은 현지 도착 직후에 나타나는 위기 단계로, 혼자서 시간을 보내고 싶다는 욕구, 감정 기복, 죽 끓듯 하는 변덕, 지루함, 당혹감, 향수병이 특징이다. 처음에는 여행자도 한 꺼풀만 벗기면 "그들"도 "우리"와 똑같다고 인정할 준비가 되어 있을지 모른다. 하지만 좌절감이 늘어나는 세 번째 단계에 와서는 이런 태도는 공통점이 아니라 차이를 강조하고 심지어 그런 차이를 과장하기까지 하는 쪽으로 급선회한다. 오베르그는 마지막으로 적응 단계가 온다고 말한다. 이때는 상황과 타협할 수밖에 없다. 각 단계는 극도의 행복, 환멸, 적대감, 적응에 해당한다고 볼 수 있다. 물론 귀국해서 되돌아보면 짜증나게 당혹스럽고 지루하던 기억도 유용한 교훈을 주는 경험이 될 수 있다. 사실 내가 가르친 학생들 중 외국에 나가 본 사람들 대부분이 가장 큰 문화 충격은 집에 돌아왔을 때 겪었다고 한다. 이런 충격이 미치는 영향은 분명 여러 요인에 따라 달라질 것이다. 이런 변수들 중 얼른 떠오르는 것들로는 여행 준비를 사전에 얼마나 체계적으로 했는지, 머물게 될 지역 사회는 어떤 곳이었는지, 얼마나 많은 사람들과 함께 여행했는지, 문화적 보호막은 얼마나 강력했는지 같은 것이 있다.

문화 충격 모델은 많은 여행 안내서들의 주재료가 된다. "문화 충격"이라는 이름의 여행자들을 위한 인기 만점 시리즈물까지 있다. 문화 충격 모델은 여행자가 "낯선" 사람들이나 장소를 마주했던 경험에서 받은 정신적 외상을 극복하는 데 도움이 된다고들 본다. 이는 많은 해외 유학 오리엔테이션 프로그램의 주제이기도 하다. 그러나 이 모델은 지나치게 단순화되어 있다. 먼저, 현실에서 스트레스와 우울감은 여러 시기에 생길 수 있다. 이런 상황은 보통 계속 진행되며 심지어 귀국한 후에도 덮쳐 올 수 있다. 극단적인 형태로는 외상 후 스트레스 장애라고 알려진 증상이 나타날 수도 있다. 두 번째로, 우울함에 초점을 맞추는 것은 적절치 않다. 여행자들은 좀처럼 충격을 받거나 우울해하지 않으니까 말이다. 새로운 것을 배우거나 예기치 않은 난관에 처했을 때 난감해하거나 스트레스를 받을 수는 있다. 하지만 그런 경험을 "우울함"이라고 불러도 좋은 것인지는 다른 문제다. 더욱이 여행자는 문화 충격 모델이 상정하는 것처럼 현지 문화에 동화되려고 애쓰지 않는다. 아주 소수의 여행자만이 현지인들처럼 살려고 한다. 이런 것은 인류학자들도 그릇된 통념으로 치부한다. 여행자들 대부분은 얼마 동안 일시적으로 해외에서 지낼 뿐이다. 또 적응이란 것은 힘들이지 않고 일직선으로 꾸준히 점진적으로 이루어지는 과정도 아니다. 성별도 여행자가 어느 정도로 문화 충격을 겪는가 하는 문제에 중요하게 작용한다. 내 경험으로 보면 여성들이 인내심이 더 뛰어나고 새로운 시도에 기꺼이 나서기 때문에 남성들보다 잘 적응하는 편이다.

문화 "충격"이라고까지 말하는 것은 지나칠지도 모른다. 지금 세상에서는 통제에서 벗어난 진정 자유로운 체험은 점점 줄어들고 있는 데다, 세계화로 인한 브랜드화와 문화적 혼성(混成. hybridization)이 문화적 차이에서 오는 충격을 상당히 완화하고 있기 때문이다. 다른 문화와의 "첫 접촉"을 경험할 가능성은 극히 적고, 첫 접촉이라는 것부터가 대체로 상상의 산물에 불과하다. 첫 접촉 상황이 생겨도 과연 그것인지 알아차리기는 할까? 그렇기는커녕 때로는 "현실적 충격"을 받는 경우가 생긴다. 이때 여행자는 자기가 살던 사회에서는 조심스럽게 감추고 있던 날것 그대로의 현실을 접할지 모른다. 예를 들어 죽음, 탄생, 기아, 질병, 공중위생 문제 등을 말이다. 이것은 어쩌면 자신이 산업화된 사회의 중산층이라는 것이 자신을 얼마나 효과적으로 삶의 잔인함 또는 냉혹함, 기아, 질병, 죽음에서 보호해 주고 있는지를 알려 주는 증거인지도 모른다. [1]

여행이 주는 흥분과 희열의 대부분은 집에서 여행 계획을 세울 때 느낀다. 독일어로는 이런 것을 "보르프로이데(Vorfreude)"라고 한다. "앞으로 다가올 일에 대해 느끼는 즐거움"이라는 뜻이다. 이런 과정에서 이미지가 생겨난다. 이런 이미지는 비록 긍정적이기는 하지만,

언제나 저 아래에 불확실성이 도사리고 있다. 떠날 날이 가까워 오면서 막판에 정신없이 여러 가지를 해치우다 보면 스트레스가 가중된다. 항공 여행을 위해 보안 검사를 통과하는 절차도 갈수록 스트레스를 더하게 하는 상황이고 말이다. 물론 여행자가 평소에 얼마나 보호받는 환경에 처해 있었는지와 같은 여러 가지 요인에 따라 스트레스의 정도도 달라질 것이다. 여행 경비 일체가 포함된 여행사 주도의 패키지여행으로 여행을 가는 것과 혼자 힘으로 준비한 개별적 저가 배낭여행을 가는 것에는 엄청난 차이가 있다. 어떤 사람들은 스트레스 처리 능력이 단순히 남들보다 뛰어나기도 하다. 자기에게 스트레스가 문제가 될지 모른다는 생각이 든다면 해외로 떠나기 전에 실험을 해보자. 일주일 동안 낯선 장소로 떠나서 자기가 어떻게 대처하는지 알아보는 것이다.

지도나 여행 안내서를 자꾸 들여다보는 것이 그곳에 처음 온 사람이라는 것을 알리는 행동이기는 하지만, 미지의 장소에서 길을 찾아가는 것은 성취감을 주기도 한다. 게스트하우스든 친구 집이든 박물관이든 목적지를 찾아가는 데 실패하는 것은 실망스러울 뿐 아니라 스트레스가 되기도 한다. 첫 방문자들은 마구 뒤섞인 감각적 이미지들을 접하고는 압도당하고 만다. 즉 냄새, 소리, 광경, 이 모든 게 하나로 녹아들어 어떤 인상을 이루고, 감각들이 깨어나면서 경계 태세에 돌입하는 것이다. 특히 도처에 위험이 도사리고 있을지 모른다고 의심하는 상황에서는 더욱 그렇다. 이래서는 금세 녹초가 되기 때문에 여행자들은 휴식 시간이 필요하게 마련이다. 아니면 페트리 호톨라

(Petri Hottola)가 표현한 대로 자기만의 초월 세계(metaworld)로 도망가야만 할 때가 많다. 즉 여행지의 낯선 현실을 다시 마주하기 전에 맘 놓고 쉴 수 있는, 자기가 통제할 수 있는 곳으로 말이다. 이런 휴식 시간은 동료 여행자들과 어울리고 사귀는 형태로 나타날 때가 많다. 이때 동료 여행자들은 흔히 공감과 연민을 나타내곤 한다. 끊임없이 이동해야 하는 상황은 자연히 이런 과정에 방해가 된다. 물론 반대 경우도 일어날 수 있다. 문화적 차이에 대한 부정적 인식은 "현지인은 죄다 게으른 거짓말쟁이이다"라는 절절히 다가올지 모르는 적대감과 피상적이지만 광범위한 정형화를 낳을 수 있다. 현지에 대한 정보와 이해가 늘어나면서 좀 더 정확한 기대감을 갖게 되고, 그래서 통제력을 확보했다는 느낌을 회복할 수 있기를 바랄 뿐이다. 더 폭넓은 인류학적 시각에서 보면 여행자들이 차이를 접하는 기회는 대부분 제한적이고 대단히 의례적이다. 실제로 의례는 어떤 상황에 대한 통제권을 장악하려는 시도일 때가 많고, 따라서 일상적인 의례는 당혹감과 불안을 극복하기 위해 중요하다. 이런 점을 이해하기 위해서는 이번 장 후반에서 다루는 의례에 대해 좀 더 자세히 알아볼 필요가 있다.

여행에서의 모험과 이방인

해외로 나가면 반드시 이방인들을 만나게 된다. 여행자 자신부터가 이방인이기도 하다. 이 점은 중요한 의미를 가진다. 이방인은 옷차림, 기운, 꾸며 낸 친근한 태도, 때로는 종교적 관습으로도 쉽게 알아볼 수 있다. 세계 많은 지역에서 사람들은 말하는 것을 듣지 않고 걸음걸이만 보고도 이방인을 알 수 있다고 주장한다. 배낭여행자들이 사롱을 입거나 머리를 땋는 등 "현지인처럼 살려고" 하는 시도는 통하지 않는다. 사실 이런 게 현지인들이 민감해하는 부분을 건드리는 경우도 더러 있다. 이방인과 관련한 고정 관념은 놀라울 정도로 오래 지속되는 경향을 보인다.

1908년에 도시를 산책하면서 도시를 경험하는 소위 "만보객(漫步客)"이었던 독일 사회학자 게오르크 지멜(Georg Simmel)의 《이방인(The Stranger)》은 여러 나라 말로 번역된 영향력 있는 책이다. 이 에세이에서 지멜은 오늘 와서 내일 머무를지 알 수 없는 존재에게 관심을 보였다. "잠재적 방랑자 즉 다른 곳으로 떠난 건 아니지만 마음대로 왔다 갔다 할 수 있는 자유를 완전히 포기하지는 못한 사람"을 말이다. 경계에 위치한 집단이 가진 이런 뚜렷한 유동성이 이방인의 핵심적 특징인 가까운 동시에 멀다는 특성을 낳는다. 이방인이 가진 이런 특징은 여러 가지 영향을 미친다. 이방인은 집단 내 많은 구성원들과 교류를 한다는 점에서 가까운 존재다. 하지만 동시에 먼 존재이기도 하다. 왜냐하면 이방인들에게 이런 교류는 우연히 일시적으로 일어나는 것이지, 친족이나 공동체나 직업적 관계처럼 이런 교류가 일상적으로 발생할 수 있는 관계에 기반을 두고 있는 게 아니기 때문이다. 가까우면서 먼 상태는 "무관심과 적극적 참여"로 이어진다. 이런 역동적인 모호함이야말로 이방인이라는 존재가 가진 특성이다. 이방인에 대해 나타내는 대표적인 태도들로 양가성(兩價性, ambivalence, 서로 반대인 감정이나 경향, 자세를 동시에 갖고 있는 상태 – 역자), 무심함, 친근함, 두려움, 적개심이 있다. 이방인은 자기가 방문한 지역에 경제적으로 의존하지 않으므로 설사 장기간 머물더라도 그를 "그 땅의 주인"이라고 여기는 사람은 절대 없다. 경계인의 진정 고유한 특성인 모호함, 즉 이도 저도 아닌 상태를 대표하는 존재가 있다면 그게 바로 이방인이다. [2]

사회 밖에 위치하고, 사회 내에 존재하는 어떤 동향과도 딱히 관련이 없는 이방인은 객관성과 공정성이라는 가면을 쓰고 있다. 이 때문에 판정을 내리는 사람은 보통 국외자라고 지멜은 말한다. 더욱이 이방인인 "그를 사람들은 정말 놀랄 만큼 솔직하게 대할 때가 많다. 그에게 마치 고해 성사처럼 비밀을 털어놓을 때도 있다. 훨씬 가까운 관계에 있는 사람에게도 조심스럽게 숨기는 비밀을 말이다." [3] 이런 객관성은 일종의 자유로움이다. 이방인에게는 어떤 상황에 대해 편견에 사로잡힌 인식과 평가를 낳는 이념이나 체제에 대한 강한 신념이 거의 없기 때문이다. 사샤 바론 코언(Sacha Baron Cohen)이 출연한 〈보랏(Borat)〉과 〈브루노(Brüno)〉에서 "낯섦"이라는 바로 그 사실 덕분에 보랏과 브루노는 외설적이고 얼토당토않은 질문을 할 수 있다. 그점이 이 영화들이 가진 장점이다. 그게 아니었으면 무책임하기만 한 영화였을 것이다. 보랏과 브루노의 질문에 원주민들은 정중하게 답하려 노력한다. 이 영화에서는 대개 원주민들이 주인공인 그보다 강력한 힘을 가졌다고 여겨지는 사람들이라는 걸 유념해야 한다. 미국 문화에서는 이방인이 결정권자이자 중재자로서 하는 역할이 확실하게 정해져 있다. 존 웨인(John Wayne)이 나오는 수많은 서부 영화나 론 레인저나 타잔만 떠올려 봐도 알 수 있다. 돌연 마을에 나타나 혼란을 야기하거나 문제를 해결하는 이방인들 말이다. 나는 미 중서부에서 연구를 하고 있을 때 낯선 이탈리아계 사람들을 피하라는 말을 들었다. 다들 마피아와 관계있는 사람들이라는 소문이 있다는 것이었다. 그들은 세속화된 초자연적 힘을 가진 존재였다! 다른 문화에서는 비슷한 역할을 이방인들에게 맡긴다. 물론 이방인이 되는 건 위험할 수도 있다. 이방인은 어떤 사회에서 일이 잘못되면 편리한 희생양이 되기 때문이다. 영화 〈스코틀랜드의 마지막 왕(The Last King of Scotland)〉은 이방인이 가진 힘과 한계를 잘 묘사한다. 젊은 스코틀랜드 의사가 우간다 독재자 이디 아민(Idi Amin)의 주치의가 되어 달라는 부탁을 받고는 엄청난 권력을 누린다. 그가 가진 힘은 의사로서 가진 전문 기술이 아니라 주로 그가 타지 사람이라는 데서 기인한다. 우간다에는 다른 의사들도 있으니 말이다. 아민이 이 스코틀랜드에서 온 젊은 친구에게 권력을 줄 수 있는 것은, 그에게는 함께 쿠데타를 꾀할 만한 현지인 인맥이 전혀 없기 때문이다. 아민은 그를 출세시켰다가 적당한 때 잘라 버린다. 17세기 유럽에서 궁정 유대인들(court jews. 왕족과 귀족을 위해 재정 관리를 맡거나 돈을 빌려 주던 부유한 유대인들로서 특권을 누렸다. - 역자)과 오스만 제국에서 기독교인 장군들이 이런 운명을 겪었다. 그러나 한편으로는 헨리 키신저가 누린 힘의 원천 중 하나가 이것이기도 했다. 즉 외국에서 태어난 미국 시민이었던 그는 결코 미국 대통령이 될 수 없었던 것이다. 이보다 덜 극적인 방식으로이기는 하지만 여행자와 인류학자도 이방인이라는 신분 때문에 이용당할 수 있다.

지멜이 쓴 《이방인》이 인류학자나 이방인이 사회에서 하는 역할을 이해하는 데 유용하기는 하지만, 심리적 또는 내면적 관점에서 해외로 나가는 것에 대해 직접적으로 논하는 것은 1911년에 나온 에세이 《모험(The Adventure)》이다. 이 글은 외유(外遊)의 형이상학이 무엇인지 쉽게 파악할 수 있게 한다는 점에서 중요한 에세이다. 해외여행의 동기가 대부분 모험심인 것은 의심할 여지가 없기 때문이다. 《모험》은 모험이 수반하는 게 무엇인지 생각해 보게 하는 몇 안 되는 작품 중 하나로서, 현대적 삶을 지배하는 범주들을 분석하는 그의 더 큰 프로젝트의 일부다. 지멜에게 모험은 단조로운 일상생활 너머에서 일어나는 경험이다. 모험은 그 시작과 끝이 명확하기 때문에, 일반적으로 "인생 전반"에 속하는 인접 부분들과 연속적인 흐름을 갖지 않는다. 모험은 하나의 경험으로서 "형태를 부여하는 자체적 능력에 의해, 또 대륙의 일부가 그렇듯이 인접 지역들에 의해 시작과 끝이 결정되는 인생의 섬" 같은 것이다.[4] 모험은 얽히고설킨 일상에서 자유롭기 때문에 자족적(自足的) 경험이 된다. 모험은 어쨌든 통합된 연속적 존재에서 떨어져 나온 인생의 고립 영토(exclave. 본국과 떨어져 다른 나라 영토에 끼어 있는 영토-역자)라 할 수 있다. 따라서 모험은 마치 꿈같은 비현실성을 띨 때가 많다. 그래서 역사와 무관하면서도 인상적인 경험을 하게 된다. 모험은 비일상적 장소에서 일어나는 게 일반적이다. 즉 모험가는 대체로 "이방인"이 되게 마련이다. 그런 기댈 데 없는 곳들에서 이방인이나 모험가에게는 가장 "믿을 만하고" "전형적인" 인상을 주는 것을 손에 넣겠다는 강력한 동기가 생긴다.

모험은 관광이나 순례 여행 같은 다른 종류의 해외여행 경험과 구분할 필요가 있다. 모험에 속하는 요소를 그런 여행 경험들에서도 찾아볼 수 있긴 하지만 말이다. 요즘에는 시공간 압축이 일어나면서, 즉 점점 더 편리하게 어디나 값싸게 빨리 갈 수 있게 된 덕분에 순례 여행과 모험이 모두 상품화되고 대중화되는 결과를 낳았다. 일시적이기는 해도 낯선 사람들과 교류해야 하기 때문에 표준적인 상호 관계 규범은 적용할 수 없다. 이런 의미에서 순례 여행과 모험 모두 위험성 높은 활동이 될 수 있다. 여행에서 골칫거리가 될 요소를 제거해서 이런 위험을 최소화하는 게 바로 여행사에서 조직한 단체 관광이다. 그리고 모험과 단체 관광을 혼합한 형태도 있다. 바로 모험 관광이다. 여기에는 반드시 모순이 뒤따른다. 모험은 불확실성과 예측 불가능성에 대처하는 게 핵심이지만 기획된 여행은 이런 요소들을 최소화하는 게 중요하기 때문이다. 단체 모험 관광은 전적으로 혼자서 책임지면서 위험을 감수할 시간도 생각도 없는 사람들에게 팔린다.

위험 감수는 모험의 본질이다. 현존하는 가장 유명한 산악인 라인홀트 메스너(Reinhold Messner)는 이렇게 표현한다. "죽을 가능성이 없다면 모험은 애초에 불가능하다." 많은 사람들에게 등반은 계획된 위험이다. 짜릿한 흥분감은 위험한 것에 도전하고 기술을 이용해 위험을 제거하는 데서 온다. '위험 감수(risk)'(이 책에서 'risk'는 주로 '위험'으로 번역했지만, 이 부분에서는 아래의 'danger'와 구별하기 위해 'risk'는 '위험 감수'로, 'danger'는 '위험'으로 썼다. 보통 'risk'는 위험물이나 위기처럼 온갖 위험을 통칭하는 'danger'와 비교해서 자기 의지로 무릅쓰는 위험을 뜻해서 '모험을 한다'는 뉘앙스가 강하다. – 역자)라는 단어는 '과감히 도전하다(to dare)'라는 뜻인 이탈리아어 '리시카레(risicare)'와 관련이 있다. 따라서 위험 감수는 운명이 아닌 선택이며, 이런 선택은 얼마나 많은 정보를 가졌고 얼마나 자기 뜻대로 선택권을 발휘할 수 있는지에 좌우된다. 따라서 위험 감수(risk)는 문화적 해석으로서, 수동적 반응이 아니라 능동적 작용이 낳은 결과다. 즉 위험(danger)이 이루고자 하는 목적이라면 위험 감수(risk)는 그런 위험을 해석하는 방식이다.

따라서 위험 인식(risk perception. 특정 상황이 얼마나 위험한지에 대한 주관적 판단 – 역자)은 문화와 사회 조직 모두가 결정한다. 어떤 사회 질서 내에서 권력 분배는 으레 그런 위험 인식에 명백한 영향을 미친다. 지멜이 지적한 대로, 모험은 "정복자의 몸짓"을 수반한다.[5] 모험가가 상당히 강압적인 자세를 보이는 건 불가피하다. 목표를 추구할 때 객관적인 자연적 조건을 고려할 필요가 없다는 점에서 그렇다. 모험가들은 자연의 힘과 성공적으로 싸워 자연을 정복할 수 있다는 믿음에서 그렇게 노력하는 것이니까 말이다. 모험은 보통 위험한 환경에서 벌어지므로 모험가가 더욱 주의를 기울여 실제로 면밀한 계획 하에 행동할 수밖에 없도록 만든다. 등반가는 삶과 죽음이라는 이도 저도 아닌 상태에서 생기는 모호함, 불확실성, 곤란한 상황, 다시 말해 쉽게 알아볼 수 있는 문턱성(liminality), 즉 이도 저도 아닌 상태를 구성하는 요소들에 강하게 끌리는 것 같다.

위험 감수(risk)는 보통 정보 부족 때문에 영향이나 결과, 성질 등에 대한 명확한 평가가 불가능한 것들이나 비밀을 밝혀내려는 욕구에 바탕을 두고 있을 때가 많다. 이 역시 지멜이 개척한 주제다. 비밀을 알아내는 것은 "어마어마한 삶의 확장"을 가져온다.[6] 따라서 모험(adventure)은 "알 수 없는 것", 즉 아직까진 불가사의한 영역에 속해 있지만 궁극적으로 생존을 위태롭게 할지도 모르는 위험(danger)과 위험 감수(risk)를 수반하는 행동(들)에 착수하는 것과 관련이 있다. 이렇게 위험을 자각하고 있다는 것은 중요한 요소다.

알베르 카뮈(Albert Camus)는 이렇게 표현했다. "여행을 가치 있게 하는 건 두려움이다. 여행은 일종의 내면 체계를 붕괴시킨다. … 우리가 정신적으로 의지하는 모든 걸 빼앗고, 가면을 벗겨 버린다. … 우리는 완전히 껍데기만 남는다."[7] 더욱이 모험심은 제국주의에 필수적인 요소다. 모험을 떠나는 장소는 보통 집이나 "문명 세계"로 정의하는 곳 저 너머에 있기 때문이다. 이런 곳에서는 어떤 것도 믿어서는 안 된다. 즉 어떤 것도 당연시해서는 안 된다. 어쩌면 인류학은 타자의 비밀을 밝혀내기 위한 조사 활동이라고 정의해도 되지 않을까?

물론 사람들이 언제나 위험을 감수하기는 하지만 최소한 지멜의 견해를 따른다면 그게 반드시 모험을 한다는 의미라고 할 수는 없다. 현대성이 가진 특성 중 하나는 위험 감수가 상업화된 스포츠 시합이나 도박처럼 체계화된 행사라는 점이다. 카지노는 분명 사람들이 위험을 감수하는 장소이지만 특수한 체계를 갖춰 놓은 사교 공간이기 때문에 그 안에서는 모험은 좀처럼 벌어지지 않는다. 물론 모험을 할 잠재력이 있는 직업이나 활동도 있기는 하다. 실제로 용병을 가리켜 "직업 모험가"라고 완곡하게 이르기도 하는 상황이고, 특정 직업들이 어떻게 모험화되는지에 대해 알려면 미군이 근래 취하고 있는 모병 전략을 살펴보면 된다. 그러나 이렇게 대단히 혈기 넘치는 직업들도 대부분의 시간은 말도 못 하게 지루하다. 지멜이 세운 공식에 대입해 보면 이런 직업들은 모험적이지 않다. 일상적 활동에서 벗어나는 시간이 반드시 뒤따르지 않기 때문이다. 모험은 강력한 유희적 즉 놀이로서의 성격과, 일과 명백히 관련 없는 면을 꼭 갖고 있어야 한다. 모험이란 어디까지나 불필요한 위험에 대처하는 것이니까 말이다. 그렇기 때문에 평소에는 사회에서 용납하지 않는 행동을 감행할 수 있는 자유가 생긴다. 정상적인 사회적 유대 관계 밖에 있게 된 덕분에 모험가는 더 자유분방한 충동과 욕구를 추구해도 된다.

지멜에게 모험은 경험 체계이다. "모험은 특유의 성격과 매력 면에서 볼 때 경험의 한 가지 형태라는 게 결정적으로 중요하다. 경험하는 내용 때문에 모험이 되는 게 아니다."[8] 모험은 그 사람이 가진 문화적 짐, 즉 특정한 문화적 사고방식을 버리게 하는 것처럼 보인다. 여행 특히 모험의 뿌리는 진정한 경험을 추구하는 것이다. 진정성 즉 직접 경험에 대한 예찬은 세계화된 세상에서 점점 더 중요해지고 있다. 많은 현대 관광객과 모험가들이 진정성을 열렬히 추구하고 있다. 이런 진정성은 문화라는 더께를 걷어 내면 찾아낼 수 있다. 소위 원시 사회에서 경험하는 특성이라는 믿음을 가지고 말이다. 많은 서구인들이 자기 몸을 야생 그대로의 자연과 이국 문화에서의 위험과 스트레스에 내맡기면 "일상의 모든 것을 버리고 탈출"할 수 있을 뿐 아니라 "진정한 자신을 만나게" 된다고 믿는다.

많은 모험가들이 자기가 한 모험을 회고할 때 가장 애틋하게 떠올리는 기억은 강렬한 동지애 즉 전우애를 나누던 상황이다. 이때 그들은 친목뿐 아니라 사람 목숨이 왔다 갔다 하는 상황에서 살아남기 위해서도 서로에게 의지하지만 이 역시도 일종의 제국주의적 향수에 불과할지도 모른다. 최근 몇 년간 히말라야 등반 원정대에서 일어난 가장 주목할 만한 변화는 집단 결속력과 의리를 중시하는 활동에서 자기 몸은 자기 스스로 지키는 걸 우선시하는 "자기중심주의"로의 이행이다. 한편 이런 변화는 점점 더 증가하는 소비자 기반의 모험 산업을 보여 주는 징후기도 하다.

섹스는 최고의 모험?

모험이 경험적 요소를 갖고 있다는 걸 감안하면 지멜 자신을 포함해서 일부 사람들이 섹스야말로 대표적인 모험이라고 주장하는 것도 놀라운 일이 아니다. 모든 성적 접촉은 각기 유일무이한 것으로 여겨지고, 반드시 어떤 위험을 무릅쓰는 과정을 수반하기 때문이다. 지멜이 이름을 직접 언급한 유일한 모험가가 카사노바인 것도 우연은 아니다! 여행의 문화적 동기와 성적 동기를 하나로 묶어 버리는 결과도 의심할 여지 없이 이런 원리에서 발생한다.

해방과 경이로운 체험을 위한 섹스는 보통 19세기와 20세기 유럽 여행에서 드러내 놓고 말하지 않은 특징이었다. 유럽을 찾은 토머스 제퍼슨(Thomas Jefferson)은 유럽 대륙 순회 여행에 나선 엘리트 청년 대부분이 터무니없이 많은 시간을 매음굴과 도박장에서 보낸다는 사실을 알게 되었다. 미국이 제1차 세계 대전에 참전했을 때 존 퍼싱(John Pershing) 장군은 훈련병 막사를 이런 구호로 도배하다시피 했다. "독일 총알이 창녀보다 깨끗하다." 리처드 버튼(Richard Burton) 경이 알아낸 것처럼 장소 변화는 도덕관 변화의 전조일 때가 많았다. 타자는 언제나 성적으로 문란하다는 믿음이 널리 퍼져 있다. 그래서 흔히 미국인과 유럽인은 아프리카인과 라틴아메리카인이 음탕하다고 믿는 한편 아프리카인, 아랍인, 아시아인, 라틴아메리카인은 유럽인과 미국인에 대해 똑같은 믿음을 갖고 있다. 섹스 관광을 하는 건 남성뿐만이 아니다. 여성들 수도 점점 더 늘어나고 있다. 여행자들이 해외에 있는 동안 실제로 섹스를 하든 안 하든, 성적 접촉은 보통 모험가들뿐만 아니라 모험이 벌어지는 곳에 사는 현지인들이 하는 이야기와 공상에서도 단연 두드러지게 나타나는 요소다.

여행의 일부로서 섹스는 기껏해야 마지못해 부끄러운 현실쯤으로 존재를 인정받을 뿐이다. 그러나 모험에서 도덕적 방종은 간과되고 있기는 하지만 중요한 부분이다. 지멜은 에세이 《시시덕거림(Flirting)》에서 이런 신체적 양가성을 잘 담아내고 있다.[9] 그가 한 말에 따르면 시시덕거림은 가지는 것과 가지지 않는 것, 즉 승낙과 거절 사이에서 유예된 상태다. 시시덕거림은 책임감을 결여한 방종한 분위기로 현대적 의미의 모험을 상당 부분 잘 표현하고 있다. 그러나 갈망이라는 것이 흔히 그렇듯이, 이것 역시 일단 충족이 되고 나면 끝이 난다. 일단 위험이 물러가고 좋았던 지난날을 회상할 때가 되어서야만 시시덕거렸다고 말할 수 있을 뿐이다. 모호함을 지속시키기를 바라는 욕구가 시시덕거림이 갖는 핵심적 특징이다. 시시덕거림과 섹스는 한계에 도전하는 행위이다. 누군가가 이도 저도 아닌 상태에 있다면 시시덕거림은 이런 상태에 변화를 가져올 수 있다. 놀랄 것도 없이 시시덕거림은 변화가 일어나게 할 잠재력을 갖고 있기는 하지만 당연히 변화를 저해할 수 있는 잠재력도 갖고 있다.

통과 의례로서의 여행

예측 불가능성에 대처하는 전략과 기술은 많다. 이번에는 그중에서도 특히 의례의 역할에 대해 말하고 싶다. 의례는 당연히 예측 불가능성과 불확실성을 이해하게 해 주는 것 이상의 역할을 한다. 의례는 더 넓은 사회적 함의도 갖고 있다. 여행을 의례로 보는 관점이야말로 인류학이 관광과 여행을 폭넓게 이해하는 데 가장 독특하게 기여한 측면일지도 모르겠다. 이런 전통의 바탕에는 아르놀드 방 주네프(Arnold van Gennep)가 내놓은 견해가 있다. 방주네프는 1908년에 고전 《통과 의례(The Rites of Passage)》를 썼다. 그는 특정 의례들이 개인이 살아가면서 거치는 지위상의 이행을 반영한다고 보았다. 이런 의례들은 더 작은 하위 의례들로 나눌 수 있다. 분리 의례, 전이 의례, 통합 의례가 그것이다.

개인은 우선 분리 또는 심화 의례를 거친다. 이 의례에서는 정해진 사회생활에서 벗어나게 된다. 해외여행과 관련해 찾아볼 수 있는 이런 예로는 해외로 나가기 위한 준비와 관련한 의례들이 있다. 이런 많은 준비들, 특히 작별을 고하는 방식이 의례와 비슷한 면이 있다.

　　두 번째 통과 의례인 전이 의례에서 사람들은 정상적인 또는 일상적인 사회 바깥에 놓이게 된다. 이런 상태는 때로는 문지방을 뜻하는 라틴어인 "리멘(limen)"에서 나온 "문턱성(liminality)"이라는 말로 불리기도 했다. 따라서 이런 의례들은 참여자들 특히 이들의 사회적 지위에서 일어나는 어떤 변화와 관련이 있다. 그들은 이도 저도 아닌 상태에 있게 된다. 이런 종류의 의례는 모호성, 개방성, 불확정성이 특징이다. 자기 정체성에 대한 의식이 어느 정도 소멸하면서 방향 상실이 일어난다. 전이에 속하는 이 시기 동안에는 사고, 자기 인식, 행동의 통상적 한계가 사라지고 뭔가 새로운 것으로 향하는 길이 열린다. 이 단계는 보통 더 자발적이고 자유로운 것으로 묘사되며, 평소의 신분도 사라진다. 더 정확히 말하면 적용되지 않는다. 예를 들면 정상적인 사회에서는 중간 계급과 하층 계급이 교류하지 않는 게 일반적이지만 해외에서 함께 있게 되면 서로 친해져서 격의 없이 어울린다. 강제로 따라야 하는 체계가 해체되면서 성스러운 분위기와 동일한 과정을 경험하고 있는 다른 사람들과의 강렬한 일체감이 생겨날 때가 자주 있다. 이런 상황을 빅터 터너(Victor Turner)는 "커뮤니타스(communitas)"라는 용어로 불러서, 이런 상태가 공인된 위계가 아닌 보편적인 인간성과 평등성을 기반으로 하고 있다는 것을 강조했다.

커뮤니타스에서 사람들은 사회 "바깥"에 함께 있게 되며, 이런 상태에 의해 사회는 다양한 방식으로 강화된다. 지멜이 말한 이방인 개념과 "이도 저도 아닌 상태" 개념은 확실히 서로 비슷하다.

문턱성은 다양한 상황에서 생길 수 있다. 시간상으로 보면 밤도 아니고 낮도 아닌 해질녘이거나, 한 해 마지막 날 열리는 신년 파티가 그렇다. 바다와 육지 사이에 있는 해초와, 대지와 하늘 사이에 있는 겨우살이 같은 식물은 보통 문턱 상태로 간주되는 데만 그치지 않고, 치유 예식 같은 문턱 의례들에서 쓰이기도 한다. 사람들도 문턱 상태가 될 수 있다. 불법 이주자, 무국적자, 양성구유자와 트랜스젠더가 그런 예다. 건강 상태도 문턱 상태가 되는 게 가능하다. 예를 들어 다쳤을 때 그렇다. 상처는 회복되든 악화되든 어떤 식으로든지 꾸준히 변화를 겪기 때문이다. 상처는 회복이 이루어지거나 감염이 일어난 장소다. 또는 동시에 그 두 가지 상황이 벌어지고 있는 장소일 수도 있다. 병원에 있는 환자들도 마찬가지라는 데 주목해야 한다. 환자들은 병원 밖에서 가졌던 사회적 지위와 정체성을 박탈당하고 반드시 똑같은 환자복을 입어야 한다. CEO든 가난한 수위든 상관없이 말이다. 삶과 죽음 사이의 이도 저도 아닌 상태에 있기 때문이다. 마지막으로 특정 장소들도 문턱성을 가질 수 있다. 국경과 무인 지대는 물론, 어쩌면 공항과 호텔도 그런 곳이 될 수 있을지 모른다. 이런 곳들은 사람들이 지나가기는 하지만 머물러 살지는 않는 곳이기 때문이다.

문턱성으로 여행을 이해하려는 경우, 반드시 새로운 환경만큼 이도 저도 아닌 상태는 아니라도, 누군가가 익숙하지 않은 환경에 있게 되는 경험을 표현하는 데 문턱성이란 개념을 이용할 수 있다는 게 중요하다. 문턱성은 너무나 불안정하고 모호해서 신비주의적 깨달음 및 지식의 근원이 될 수도 있으며, 따라서 굉장한 변화들이 일어날 수 있는 상태다. 일반적으로 굴욕이 문턱성의 핵심적 특징이 되며, 보통 굴욕이 크면 클수록 통과 의례는 더 강렬하고 의미 있는 것이 된다. 적어도 내가 보기에는 이것이 바로 여행에서 얻는 중요한 교훈이 겸손인 이유이다.

통과 의례의 마지막으로 통합 의례가 있다. 이때 신참은 체계화된 또는 정상적인 사회로 다시 돌아가고, 사회는 그가 얻은 새로운 지위를 공식적으로 인정하고 받아들인다. 물론 이때 사회가 반드시 신참이 떠났을 때와 똑같은 상태를 유지하는 건 아니다. 신참의 사회적 지위 또한 마찬가지이다. 이런 의례는 일상적 삶이라는 체계화된 평범함으로 돌아가는 것을 나타낸다. 그런 사실은 대개 선물, 그리고 여행자가 어떻게 변했는지, 또는 세계가 어떻게 변했다고 느끼는지에 대한 이야기를 통해 나타난다.

이런 의례들은 일정한 보편적 단계들을 공유한다. 다양한 단계들마다 강조하는 부분은 문화마다 또 의례의 종류마다 다를 수는 있지만 말이다. 그런 의례의 전형적인 예로는 생일, 졸업, 혼인, 죽음과 관련한 의례가 있다. 이런 의례들을 통해 새로운 지위에 대처하고 적응하는 데 적합한 경험을 하게 된다. 그뿐 아니라 이런 의례들은 사회 내 주요 범주들에 대한 중요한 사회적 지도(social map)도 제공한다. 시간이 흐르면서 어떤 의례들의 중요성이 떨어진다면 그런 범주들의 중요성이 감소되고 있는 것이라 봐도 무방하다. 예를 들어 장례 의식이 쇠퇴한다는 것은 일부 주장에 따르면 삶과 죽음의 경계가 점점 더 희미해져 가고 있다는 걸 나타낸다. 최근에 생긴 다른 의례들도 있다. 예를 들면 9·11 이후의 공항 보안 검색이 그렇다. 현재 탑승객들이 반드시 거쳐야 하는 금속 탐지기는 문턱은커녕 문도 아니라서 일단 탑승객이 들어가면 반대쪽으로 쉽게 돌아 나올 수 없다. 공항 보안을 통과하는 것은 기본적으로 상징적인 변화이다. 이런 문턱 공간에 있는 동안에는 잠재적으로 은밀한 영역에 대한 육체적 침범이 일어날 위험에 직면한다. 제복을 입은 사람들이 평상시에는 하지 않는 물리적 접촉을 가하는 몸수색을 할 가능성이 있기 때문이다. 더 큰 통과 의례에서는 이게 결정적인 순간이 된다.

동시에 이런 의례들은 다른 목적으로도 전용될 수 있다. 예를 들어 미국인들이 어마어마한 돈을 결혼식에 퍼붓는 것은 커플의 변화한 지위를 공표하는 것일 뿐 아니라, 남보다 돋보이려는 게임에 참여하고 있는 것이기도 하다. 마찬가지로, 의례로서의 해외여행도 여행자의 새로운 지위를 널리 공표한다. 즉 성숙하거나 세상 물정에 밝거나 용감한 사람으로 말이다. 그뿐 아니라 여행은 재산이나 신분을 자랑하는 과시적 소비를 상징하는 의례가 될 수도 있다.

빅터 터너와 이디스 터너(Edith Turner)는 방주네프의 견해를 성지 순례에 적용했다. 성지 순례는 중요한 통과 의례 방식이다. 그러나 어디까지나 자발적이지 강제로 하는 게 아니기 때문에, 다른 많은 입문 의식과는 다르다. 그래서 터너 부부는 "리미노이드(liminoid)"라는 용어로 통과 의례의 이런 중간 단계를 표현했다. 다른 모든 의례처럼 순례 여행도 판에 박힌 일상생활에서의 해방을 의미한다. 순례자들이 모든 사회적 의무에서 벗어나게 되는 건 물론 아니지만 말이다. 성지 순례에서도 그런 사회적 의무는 존재하지만 종류가 다르다. 순례와 관광은 확실히 서로 비슷한 구석이 있다. "휴일(holiday)"이라는 말 자체가 고대 영어의 "성일(聖日. holy day)"에서 왔다. 또 휴일과 성일 모두 일정 기간 동안 외국으로 떠나는 것일 뿐 아니라, 반복되는 일상에서 강요받던 체계적 일과에서 벗어나, 보다 자발적이고 자유로운 행동 규범을 따르게 되는 것이기도 하다. 레크리에이션(recreation)은 문자 그대로 재창조(re-creation)를 의미한다. 대표적으로 넬슨 그래번(Nelson Graburn) 같은 여러 인류학자들이 관광과 여행을 성스러운 여행으로 보자는 제안을 하기도 했다.[10]

모험을 위한 해외여행에서는 비일상적 상태에 돌입하는 과정이 반드시 뒤따른다. 요컨대 일상적이고 평범하고 단조로운 삶으로 돌아가기 전에 일시적 휴식이나 성스럽기까지 한 행복감을 만끽하게 된다는 뜻이다. 휴가 및 그런 일시적 휴식은 사람들이 달력에 따로 표시해 두곤 하는 특별한 사건이라는 개념으로 이해해 볼 수도 있다. 이런 특별한 사건들은 한 사람의 일생에서 이정표나 전환점이 된다.

해외로 나가는 것을 세속적 순례 여행이라 보는 관점은 그것을 통과 의례로 규정하는 관점과 비슷하다. 그래서 그래번은 해외로 가는 것을 분리, 문턱성/커뮤니타스, 재통합의 단계로 나눈다.

그의 생각은 다음과 같은 이항(二項) 표로 나타낼 수 있다.

자국에 있는 것	해외여행을 하는 것
일이다	놀이이다
강제적이다	자발적이다
엄정하다	너그럽다
형식적이다	비형식적이다
주의를 기울인다	긴장을 푼다
꼭 해야 할 일이 있다	꼭 해야 할 일이 없다
정확하게 시간을 엄수해야 한다	시간 엄수가 엄격하지 않아도 된다
타인 본위다	자기 본위다
당연시한다	당연시하지 않는다
위험을 회피한다	위험을 감수한다
같은 상태에 머물 수 있다	삶을 바꿔 놓을 수 있는 가능성을 제공한다
지루하다	흥미진진하다
세속적인 것과 비슷하다	성스러운 것과 비슷하다

이런 두 가지 상태를 오고 가는 것은 불안정하며 위험이 따른다. 또는 적어도 긴장을 수반한다. 사람들은 떠나기 바로 직전에 제일 긴장해서 사고를 당하기 쉽다. 사실 떠나는 것은 상징적 죽음으로 볼 수도 있다. 그래번이 지적한 대로, 여행자가 일상생활에서 벗어날 때는 언제나 다시 돌아오지 못한다는 생각을 하게 된다. 그들은 별도의 보험에 가입하고 유언장을 새로 작성하고 반려 동물에게 "마지막" 지시를 남기는 것과 같은 행동을 한다. 작별을 고하면서 울기까지 한다. 귀환 역시 양면적이다. "자기가 자기 자신이 아니기 때문에 다시 예전 상태로 돌아가야 하는 우리는 고인의 재산을 상속받는 사람처럼 과거의 자신을 물려받는다."[11] 동시에 관광객과 여행자는 으레 사진이나 기념품이나 골동품이나 편지 같은 형태로 자기가 외국에 있었

다는 증거를 갖고 돌아온다. 해외에 있는 동안 보낸 엽서나 전보 외에도 이런 기념물은 자연히 받는 사람에게 깊은 인상을 줘서 여행자를 떠올리게 하고, 여행자에게는 흐뭇함을 느끼게 한다. 엽서는 보통 집 안에서도 눈에 잘 띄는 곳에 의식처럼 진열한다. 그래서 나는 중앙아메리카에서 보통 냉장고에 붙이는 이런 엽서들이 가지는 상징적 의미에 대해 연구하기도 했다.

관광에 대한 많은 연구가 관광이 문턱성을 가졌다는 걸 보여 주었다. 우선 관광을 할 때는 서로 성이 아닌 이름을 부르는 것이 입증하듯이 격식을 차리지 않는 경우가 늘어난다. 또 술을 과하게 마신다. 더 솔직한 사회적 행동을 하며, 때로는 고국에서 하는 "정상적인" 행동과 정반대로 굴기도 한다. 그렇게 해서 사람들은 이런 일시 휴지(休止) 상태에서 스트레스를 주는 삶의 모순에서 벗어나며, 그런 면에서 이런 상태는 사회의 현상 유지를 강화하는 데 기여한다. 사람들이 활력을 되찾고 돌아와서 자신을 소외시키는 따분한 업무로 복귀할 준비가 되기 때문이다. 현 상황에 도전하거나 변화를 가져오려는 대신에 말이다.

물론 어떤 사람들은 문턱 상태를 재미있는 상황으로 보는 반면, 다른 사람들은 끔찍한 아노미 상태로 볼지도 모른다. 해외여행은 적어도 가끔은 부정적인 경험이 될 수도 있다. 그런 고난을 이겨 내는 과정이 모험이 되어, "성숙했다"는 말을 듣거나 온갖 상황과 난관에 대처하는 경험을 쌓은 사람으로서 신뢰를 받는다. 사람을 변하게 만드는 것은 힘든 상황을 극복하고 그런 치열한 경험을 하는 때이다. 그냥 잘 놀다만 오는 얄팍하고 피상적인 관광에서는 불가능한 일이다.

더욱이 문화 충격 개념처럼, 이런 단계들도 그저 해외여행의 과정을 이해하는 데 도움이 되는 이념형(理念型. ideal type)에 불과하다. 단계들마다 강도는 상당히 다를 수 있다. 또 한 단계 안에 서로 다른 요소들이 한꺼번에 포함되어 있을 때도 자주 있다. 한 사람이 여행으로 변화하는 방식에는 다른 요인들도 영향을 미친다. 결정적인 작용을 하는 것은 여행의 목적이다. 따라서 잘 놀다 오는 게 목적인 해외여행과, 현지 문화에 대해 배우는 게 목표인 해외여행은 확실히 다를 수밖에 없다. 실제로는 여러 가지 여행 동기와 방식이 한 여행 안에 어우러져 있을 때가 종종 있다. 현지 환경이 중요한 것은 분명하다. 여행자를 선선히 받아들이고 관대하게 대할 준비가 되어 있는 환경인지가 말이다. 현지 환경은 여행자가 굉장히 귀한 사절이라는 것을 증명할 수 없으면 살해당할지도 모르는 곳에서부터, 여행자가 굉장히 귀한 사절일 수도 있다는 가능성으로 환영받는 곳까지 다양하다. 확실히 여행자에 대한 태도는 보통 짧은 시간 안에 상당히 극적으로 바뀔 수 있다. 때로 여행자에 대한 태도는 방문한 국가와 여행자의 출신 국가 간에 존재하는 힘의 불균형을 반영하기도 한다. "시끄럽고 불쾌한 미국인들"이라는 고정 관념은 미국이 가진 힘과 많은 관련이 있다. 현재는 다른 나라들이 세계를 일부 지배하게 되면서 변화가 일어나고 있기는 하다. 그러나 한동안은 그런 고정 관념이 힘을 잃을 리는 없을 것이라 보인다. 미국에서 유래한 전 세계적인 소비자 브랜드화의 힘을 감안해 볼 때 말이다.

여행자와 현지인 간에 존재하는 문화적 차이도 한 가지 요인이 될지 모른다. 서로의 일상적인 문화적 관습이 판이하게 다를수록 여행과 적응은 어려워진다. 중요한 것은 여행자가 무엇을 하는가가 아니라, 그 행동을 현지인들이 어떻게 해석하는가이다. 그렇다면 여행자는 반드시 유연성을 가져야 할 뿐 아니라, 터무니없는 일반화도 피할 필요가 있다. 예를 들어 발칸 반도 전쟁들에 대한 연구에서 마이클 이그나티에프(Michael Ignatieff)는 격렬한 증오와 폭력을 만들어 내는 것은 문화적 차이가 아니라, 오히려 "작은 차이에 대한 나르시시즘"이라고 주장했다. 이는 지그문트 프로이트(Sigmund Freud)에게서 차용한 개념이다.[12] 내 경험으로 보면 흔히 권력과 사회 경제적 불평등이 문화적 차이보다 더 큰 영향을 미친다.

분명 어떤 사람이 가진 새로운 경험에 대한 개방성 역시 자신감, 유머 감각, 특히 스스로를 웃음거리로 만들 줄 아는 능력, 사회적이고 지적인 호기심, 관용, 참을성, 자발적 유연성, 고향에 대한 애착 같은 성격이 만들어 낸다.

중요한 것은, 여행 중 모르는 사람들끼리 이룬 동료 집단과 여기서 생겨난 하위문화가 여행자의 삶을 지배할 수 있고, 이런 점은 남아프리카 코사(Xhosa) 부족부터 클럽 가입 신고식에 이르는 다양한 상황에서 동료 간 유대감 형성의 중요성을 강조하는 입문 의례에 대한 연구와 직접적인 관련이 있다는 것이다. 함께 여행하거나 경험을 하고 있는 여행자의 수는 중요한 변수다. 여행자나 배낭여행객들이 가장 선호하는 정보원은 입으로 전해지는 말이다. 배낭여행객들은 보통 저마다 잘 다듬어진 여행담을 갖고 있게 마련이다. 멋진 이야기들이 모두 그렇듯이 그런 이야기들도 과장된 기미가 있으며, 사실 확인이 될 것 같지 않거나 사실상 사실 확인이 불가능한 방식으로 만들어져 있는 게 보통이다. 마찬가지로 여행자들은 자기가 겪은 일들을 거짓으로 꾸며 낼 수도 있다. 여행 인맥이 유동적이라는 점을 감안해 볼 때 의심을 받는 일은 생길 리 없다. 대부분의 여행자들이 이의를 제기하기보다는 "싫어도 꾹 참고 넘어가는 것"을 선호하니까 말이다. 배낭여행객들은 동료 배낭여행객을 무시하고 싶을지 모르지만, 다들 여행 안내서에서 제안하는 여행 일정을 따르는 탓에 서로 계속 마주친다. 일반적으로 배낭여행자들은 작은 집단을 이루어 여행하는 편이다. 그렇게 해서 친밀한 작은 안전지대를 만들어 낸다. 이런 동료 집단이 여행자가 적응하는 데 결정적인 역할을 할 수 있다. 그래서 여행자들이 해외여행을 하면서 많은 친구를 사귀었다고 주장하는 경우에 그 친구란 현지인들보다는 이런 동료들을 가리키는 게 보통이다. 즉 커뮤니타스가 이런 동료 여행자들과 이루어진다.

문턱성은 근래에 현대 통신 과학 기술 발전으로 인해 약화되고 있다. 끊임없이 오고 가는 휴대 전화 통화, 이메일, SMS 문자가 자국과 외국 간 간극을 메웠기 때문이다. 내 생각에는 여기서 찾을 수 있는 한 가지 문턱성은 "본국에 있으면서 동시에 외국에 있는 것"이다. 문턱성은 자기 나라에 구축되어 있는 관계들에 계속 현재 진행형으로 참여하는 것으로 변모해 가고 있다.

여행에 계몽적 영향력이 있다고 덮어놓고 말하는 것은 상당히 무리겠지만, 여행이 스스로를 바라보는 방식에 영향을 미칠 수 있는 것만은 분명하다. 외국에 있는 동안 모은 여행 사진, 옷, 공예품을 진열하는 것은 자기 정체성과 여행 경험 간에 확실한 연결 고리를 만든다. 외국에 있는 동안이든 본국에 있는 동안이든 반박하는 말은 좀처럼 들을 수 없다. 실수를 했다고 인정하기는 상대적으로 쉽다. 그러나 외국에 있는 동안 심각한 실수를 해서 돈과 시간을 허비했다고 인정하는 것은 차원이 다른 문제다.

해외여행을 세속적 의례로 보는 모델은 장점이 많다. 특히 변화를 가져오거나 계몽적인 경험으로서의 해외여행과 관련이 있기 때문이다. 반면에 재미나 휴양을 위해 외국에 가는 경우를 이해하는 데 이 모델은 그리 도움이 되지 않는다. 다만 전적으로 소비성 해외여행인 경우일지라도 이 모델을 이용하면 그런 경험을 어떤 측면에서 이해할 수 있을지, 또 어떻게 하면 그런 이해가 가능할지를 쉽게 알 수 있다.

5

여행안내 책자를 해석하는 법

"진정한 발견에 이르는 여정은
새로운 풍경을 보는 게 아니라
새로운 눈으로 볼 때 이루어진다."

— 마르셀 프루스트 *Marcel Proust* —

왜곡된 세계관이 넘쳐 나는 여행안내 소책자

해외여행은 행선지로 출발하기 전부터 시작된다. 해외로 나갈 때 가장 신나는 부분 중 하나가 앞으로 벌어질 일들에 대한 기대라는 사실은 의심할 여지가 없다. 앞으로 겪을 수 있는 즐거움과 시련을 예상해 보며 공상을 하고 계획을 세우는 것도 여행이 주는 기쁨의 일부이다. 여행지가 매력적인 이유는 그곳이 본인이 현재 있는 곳과 다르다는 것 또는 완전히 특별하다는 것 때문이다. 해외로 나가겠다고 마음먹는 것은 대체로 자발적인 것이다 보니, 대부분의 여행의 목표는 욕구 충족이다. 일반적으로 이런 욕구는 일상생활이라는 제약이 없는 여행지에서의 삶이 어떻게 펼쳐질까라는 삶의 방식에 주안점을 둔다. 해외로 나가는 것은 인류학자가 현지 조사 여행을 떠날 때 그렇듯이 일 때문인 양 가장할 때조차도 일종의 탈출이 된다. 때로는 자기 사는 곳과 별로 어울리지 않는 제품을 구입하는 방법으로 여행을 간접적으로 예상해 보기도 한다. 아니 그보다는 상상해 본다고 하는 게 맞겠다. 예를 들어 뉴욕 시에 살면서 SUV 차량인 랜드로버를 사는 것처럼 말이다. 그보다는 바나나 리퍼블릭이나 파타고니아나 노스페이스 같은 모험 여행용 의류 같은 것을 구매하는 경우가 더 많기는 하다. 사실 이런 의류는 자신이 가려고 하는 곳에서는 십중팔구 전혀 입을 일이 없을 텐데도 말이다.

오늘날 우리는 이미지가 지배하는 미디어의 세계에 살고 있다. 보통 이런 세상에서는 현실과 가공의 세계가 하나로 뒤섞이고, 우리는 스스로를 기만해서 여기에 공모자가 될 때가 많다. 물론 우리는 미디어에 정통해 있다. 어디에나 존재하는 디지털카메라, 휴대 전화, 가정용 동영상 기기를 감안해 보면 말이다. 그러나 이때 우리는 보이는 것을 무비판적으로 쉽게 믿어 버리는, 이미지가 지배하는 세계에 매몰된 상태다. 이렇게 이미지에 잘 속아 넘어가는 성향을 강화하는 것은 이런 조작된 이미지가 보통 허구적 원형을 토대로 만들어지기 때문이다. 예를 들어 2003년 5월 1일에 접한 조지 W. 부시의 유명한 이미지가 성공적이었던 이유도 이 때문이다. 이때 부시는 제트 전투기를 타고 항공모함 '에이브러햄 링컨'호에 착륙한 다음 "임무 완수"라 적힌 거대한 현수막 아래 섰다. 사람들 대부분이 이런 가식적 행동을 문제 삼지 않았다. 부시가 보인 태도가 〈인디펜던스데이〉와 〈탑 건〉 같은 영화에서 영웅이 등장하는 장면을 떠올리게 했기 때문이었다. 이런 상황이다 보니 미디어 정보 해독 능력이 중요한 관심사가 되고 있다.

해외여행을 생각할 때 우리는 보통 귀납법도 연역법도 쓰지 않는다. 도리어 철학자 찰스 샌더스 퍼스(Charles Sanders Peirce)가 "개연적(abductive)" 추론이라고 부른 방법을 쓴다. 이런 종류의 추론에서는 행동 방침을 정한 다음, 그 결정을 정당화하기 위해 앞서 있었던 사건(post hoc justification. 시간의 전후 관계를 인과 관계와 혼동하는 잘못된 추정 – 역자)을 이유로 든다. 사람들은 일반적으로 논리적 사고를 하는 대신, 고정 관념에 의한 일반화에 의존해 경험을 미리 정해진 범주에 끼워 맞춘다. 인류학자들은 문화에 대한 사고방식이 어떻게 사람들 마음속에서 형성되고, 이런 사고방식이 어떻게 먼저 있었던 사건을 이유로

드는 정당화에 이용되는지 이해하기 위해, 인지 심리학에서 인지적 도식(shemas. 정보를 조직하고 해석하는 틀. "경험을 통해 형성된 전형적 지식의 덩어리." 실험심리학 용어 사전 – 역자) 개념을 빌려 온다. 인지적 도식은 사람들에게 세계는 어떤 곳이고, 어떻게 행동하고 느끼고 생각해야 하는지에 대한 단순화된 모델을 제공한다. 무언가를 떠올릴 때마다 그렇게 떠올린 기억은 광대하고 복잡한 망으로 서로 연결되어 있는 수백만 개의 뉴런들에서 추출한 작디작은 단편적 이미지와 정보들을 가지고 문자 그대로 재구성된다.

인지적 도식은 오해를 낳는 경우가 많다. 몇 가지 예를 생각해 보자. 어린이들은 때로 누군가에게 "실크(silk)"를 세 번 말하게 한 후에 "젖소는 뭘 마시죠?"라는 질문을 하는 장난을 친다. 예외 없이 "밀크(milk. 우유)"라는 답이 돌아오지만 물론 이것은 틀린 답이다. 젖소는 우유를 "생산"한다. 또는 "폴란드인, 러시아인, 미국인이 바에 들어간다(어떤 나라 사람에 대한 고정 관념을 바탕으로 한 서구에서 흔한 유머 시리즈. 바텐더에게 주문을 하거나 질문에 대답을 하는 과정에서 저마다 각 나라별 고정 관념에 맞는 황당하고 웃기는 답을 한다. 국적은 상황에 따라 다양하게 바뀌며 보통 세 명이나 네 명의 국적이 다른 사람이 등장한다. – 역자)"라는 말을 들으면 즉각 농담이 이어질 거라고 예상한다. 마지막 예를 들어 보자. 어떤 남자가 스키 마스크를 쓰고 은행에 들어가자 은행원이 비명을 지른다. 대부분의 사람들은 은행 강도 사건이 벌어질 거라고 추측하겠지만 이건 버몬트 주에서 평범한 겨울날이면 흔히 볼 수 있는 광경이고, 은행원은 쥐를 보고 소리를 지른 것인지도 모른다. 유력한 주요 인지적 도식은 수많은 하위 인지적 도식 조합을 낳는다. 미국 사회는 햇살이 눈부신 해변 같은 여행에 대한 인지적 도식을 만들어 냈다. 그리고 이런 인지적 도식은 부실한 정보에 기초한 가정들을 낳곤 한다. 이런 인지적 도식은 결정적 순간을 강조하고, 권태, 악취, 오염 같은 엄청난 규모의 현실은 뭉텅이로 잘라 내어 단순화해 버린다.

계획에는 상상이 반드시 필요하다. 그 장소가 어떤 곳일지 상상해 볼 때 인지적 도식이 결정적 역할을 한다. 상상한 목적지와 실제로 체험하는 목적지는 당연히 천양지차다. 주로 순진한 사람들이 가지는 비현실적으로 높았던 기대가 실망을 낳는다. 여행자는 목적지에 대해 가진 지식이 제한적이다. 특히 사전에 직접 경험해 본 적이 없을 때 그렇다. 여행자가 가진 지식은 대부분 출처가 간접적이고 어디서 주워들은 것이다. 예를 들어 인터넷, 대중 매체, 친구, 친척, 동료, 여행안내원, 관광 안내소, 관광 안내 책자처럼 말이다. 뉴스 보도와 영화, 텔레비전, 특히 내셔널 지오그래픽과 디스커버리 채널 방송과 소설 같은 대중문화가 실질적인 정보를 제공하기는 하지만, 이런 것들은 딱히 여행자를 모집하려는 목적을 갖고 있는 게 아니기 때문에 일반적으로 전통적인 광고에 비해 편파적이지 않은 출처로 여겨진다. 케이블 텔레비전과 광대역 인터넷 접속이 세를 확장해 가면서 예전에 인쇄 매체가 맡았던 이런 주요 출처 역할을 대체하고 있다. 디즈니가 주도한 문화는 많은 미국인들이 자연과 장소를 바라보는 방식에 깊이 뿌리박혀 있다. 사실 이미지는 계획적이 아니라 어느 결에 슬그머니 형성될 때가 많다. 예를 들어 내 경험상 특정한 장소에 대해서는 다큐멘터리 영화보다 장편 극영화가 훨씬 큰 영향을 미친다. 이것은 놀랄 일도 아니다. 여행과 이방인은 장편 극영화에서 분명 가장 흔한 주제란 점을 감안해 보면 말이다.

인터넷과 웹은 기본적인 여행안내 책자를 다각도로 보완해서 더욱 다양한 특징을 갖게 만들었다. 어디로 여행을 가든지 간에 무료 지도 작성 소프트웨어인 구글 어스를 이용해서 행선지를 확대하면 많은 스냅 사진을 클릭해서 볼 수 있다. 또 지도에 사진을 올리면 다른 사람이 여행 관련 예약을 하기 전에 해당 지역을 미리 "볼" 수 있다. 예를 들어 에브리트레일 사이트(www.everytrail.com)는 이용자들이 자기가 좋아하는 하이킹 코스, 자전거 코스, 항해에서 찍은 좌표 등록 사진, 즉 지리적 위치를 첨부한 사진을 올릴 수 있다. 하지만 관심사가 모호한 여행자들에게는, 무작위로 표시된 사진들이 뜻밖에 서로 연관성을 보일 때가 가장 유용한 순간이 될지도 모른다. 예를 들면 사진 공유 사이트인 플리커(www.flickr.com/map)에서 그래피티(graffiti. 공공장소에 하는 낙서 – 역자) 팬들은 "그래피티"와 "뉴욕 시티"라는 단어로 검색을 하면 갓 그린 낙서 태그가 달린 사진들을 추려 내서 볼 수 있다. 이 사진들은 클릭이 가능한 야후 지도에 모두 압정 모양 아이콘이 붙은 채로 표시되어 있다. 줌앤드고(www.zoomandgo.com) 같은 여행 사이트들은 수준이 확실히 제각각이긴 하지만 위키피디아처럼 일반 사용자가 직접 찍은 사진들을 자기네 웹 사이트에 올리도록 하고 있다.

한 장소에 대한 예감이나 이미지는 여행자와 친구가 쓴 글이나 그들로부터 들은 이야기에서 생겨나기도 한다. 이야기는 예상을 구체화한다. 즉 이렇게 전해 들어 알게 된 이야기(story)에 근거해서 사람들은 여행을 한다. 다시 말해서 이런 여행담은 이야기로 머무는 게 아니라, 오히려 실제 행동으로 옮겨지는 극의 줄거리 역할을 할 때가 많다. 여행 이전 단계에서 "거기 가 본 적이 있는" 사람들이 하는 말을 듣거나 쓴 글을 읽으면 미래의 여행자들이 어떤 것을 기대하면 될지 윤곽을 잡는 데 도움이 된다. 관련된 책을 읽는 것도 그런 계획 세우기의 하나가 된다. 흔히 이런 이야기들은 추천사 풍이라, 예를 들어 "이 여행은 나를 송두리째 바꿔 놓았다"라고 선언한다. 여행안내서조차 빈틈이 허다해서 현지 문화에 대해 기껏해야 초보적인 시각만 제공할 뿐이다. 보통 현지 전통에 대해서는 거의 언급이 없고, 흔히 식민주의적 특권 의식을 반영하는 경고 같은 것만 나올 뿐이다.

서구 사회는 여러 가지 의미에서 보는 것을 우선시한다. 많은 서구권 국가들에서 전해 들은 증거는 법정에서 채택되지 못하는 반면에 사진 증거는 채택된다. 사진을 손보거나 고칠 수 있다는 것이 엄연한 사실인데도 불구하고 말이다. 사진은 암암리로든 노골적으로든 현실을 비추는 거울로 여겨진다. 다큐멘터리 사진을 그렇게 중요한 보도 양식으로 여기는 것도 이 때문이다. 이라크 아부 그라이브 교도소에서 벌어진 포로 고문 사건은 그런 시각 자료들로 알려지지 않았다면 실제 결과의 반만큼도 영향을 미치지 못했을 것이다. 결과적으로 인권 단체들은 현재 조사관들에게 공책과 더불어 카메라도 지급하고 있다. 즉 그들은 제대로 학습을 한 셈이다. 그런가 하면 여행자들은 또 사진에 너무 사로잡힌 나머지, 사람을 인간이 아니라 잠재적 전시물로 보기 시작한다. 사진은 환상의 주요 조달처로, 날조 수준이든 사실적이든 여행 산업이 대대적으로 성장하는 데 중요한 역할을 하고 있다. 대중 관광 시대와 카메라 발전이 시기적으로 겹치는 것은 우연이 아니다. 말로 하는 어떤 묘사도 그랜드 캐니언이나 타지마할이나 만리장성이나 우주에서 찍은 지구 사진과 똑같은 효과를 낼 수 없다. 소비 중심 사회가 시각적 이미지에 지나치게 지배당하면서 때로는 렌즈가 시선을 대체하기도 한다.

여행을 계획하는 사람들에게 여행안내서, 지도와 더불어 문서로 된 가장 흔한 정보원 중 하나가 여행안내 소책자(brochures)이다. 여행안내 소책자는 드러내 놓고 특정 여행지로 여행을 떠나도록 유도하거나 설득한다. 그게 여행안내 소책자의 존재 이유이다. 그보다 훨씬 더 상세한 정보를 싣고 있는 여행안내서는 일단 구입을 해야 하며, 일반적으로 여행 전과 여행 계획을 짤 때, 또 여행을 하는 동안 이용한다. 안내 지도는 대체로 현지에서 구해서 여행지를 보다 편하게 돌아다닐 수 있게 한다. 보통 안내 지도에는 시내 지도와 다양한 관광 명소 목록이 관람 가능 시간과 함께 들어 있다.

여행안내 소책자는 풍경화와 전통적인 에칭화(부식 동판 인쇄법 – 역자) 전통에서 유래했고, 신생 관광 엽서 산업과 더불어 등장했다. 여행안내 소책자는 대상을 단순화하는 게 불가피했다. 이런 소책자에서 이상적으로 표현한 이미지들은 쉽게 마음속에 뿌리내린다. 현대 통신 기술이 이미 깊숙이 침투해 있기 때문이다. 이런 여행안내 소책자는 그저 기분 좋은 자극을 주는 것만이 아니라, 여행지를 잠재 고객이 좋아할 만한 방식으로 제시해서 파는 게 목적이기도 하다. 이와 동시에 기대감을 자아내기도 한다. 여행과 해외 유학 안내 소책자는 당연히 왜곡된 세계관을 제시한다. 여기서 보여 주는 이미지는 일상적 현실보다 더 아름답고 풍요롭다. 그렇지만 아마도 가장 우려되는 점이라면 여행안내 소책자가 잠재적 여행자들에게 특권 의식을 갖게 한다는 점일 것이다.

많은 학자들이 주장한 대로, 시각 자료가 얼마나 압도적인 영향을 미치는지 감안할 때 여행안내 소책자는 분명 행선지에 대한 이미지 형성에 가장 큰 영향을 미칠 것이다. 일반적으로 사람들이 행복과 결부 짓는 대부분의 이미지는 여행안내 소책자에서 가장 생생하게 묘사하는 지극한 행복을 표현한 이미지들에 영향을 받는다. 이런 이미지들은 극히 단순화되어 있으며 무비판적으로 받아들여진다.

여행안내 소책자 제대로 읽기

여행안내 소책자 디자이너, 그리고 요즘은 웹 사이트에서 그와 똑같은 일을 하는 사람들은 마음속에 확고한 독자상(像)을 갖고 있다. 즉 대중 관광객이나 모험 여행가나 해외 유학생이나 순례 여행자 중 하나를 말이다. 이들이 이용하는 흔한 기법은 연상 작용을 이용하는 것이다. 이것이 성공적일 경우, 연이어서 일련의 모든 생각과 상상을 자극할 수 있다. 연상 기법은 보통 거울 기법이라는 것과 결합해서 사용한다. 거울 기법에서는 그것을 보는 사람도 거기에 묘사된 사

람들처럼 될 수 있다고 암시한다. [1]

　일반적으로 여행안내 소책자에는 세 가지 유형이 있다. 바로 정보 제공, 홍보, 유인이다. 여행안내 소책자는 단순한 자료에 그치지 않는다. 여행지에 대한 이미지를 만들어 내는 데 결정적인 역할을 해서 독자가 그 여행지를 선택하도록 설득하기 때문이다. 크기와 형태, 내용은 저마다 굉장히 다양하지만 여행안내 소책자는 결국 다음 두 가지를 하려고 한다. 첫째, 행선지의 이미지를 매력적이고 멋진 장소로 구축한다. 두 번째, 여행 희망자에게 실용적인 정보를 제공한다. 마케터들은 "이미지 정립"이 이런 결정에 긴요한 역할을 하며, 한편 이런 이미지는 대부분 수준 높은 사진과 레이아웃이 만들어 낸다는 것을 알아냈다. 사람들은 직접 경험하지 않고도 주로 대중 매체와 여행안내 소책자 및 친구들과의 대화 같은 2차 자료에 근거해서 여행지에서 마주하게 될 상황에 대한 이미지를 상상한다. 어떤 이미지가 성공적이려면 매력을 자아내야 하고 경이감을 불러일으켜야 한다. 그러다 보니 시각적 양식이 이런 결과를 달성하는 데 최적의 메커니즘이 된다. 다른 요인들도 중요하다. 즉 여행안내 소책자는 호소력 있고, 설득력 있고, 긴요하고, 기억하기 쉬워야 한다.

　여행안내 소책자는 평범한 일상을 담은 이미지는 거의 보여 주지 않는다. 대신에 화려한 볼거리와 즐기고 있는 사람들에게 중점을 둔다. 이때 묵살해 버린 것, 즉 드러내지 않은 것이 중요하다. 그뿐이 아니다. 소책자에 싣는 이미지는 예외 없이 손을 보고 결함은 에어브러시로 지워 버린다. 시각적 이미지는 특히 피상적이어서 복잡다단한 현지 생활을 담아내지 못한다. 세상을 보는 방식을 결정짓는 데 시각적 이미지가 미치는 영향력을 고려할 때 최근 학계에서 가장 중요한 연구 주제 중 하나는 시각적 판단 능력이다. 여행안내 소책자나 사진에 대한 비판적 평가 능력을 개발하는 방법은 스스로 질문을 던지는 것이다. 이 이미지가 예술가나 사진작가에 대해 무엇을 말해 주는가? 이 이미지를 찍거나 배치한 사람에 대해 우선 무엇을 알 수 있는가?

여행안내 소책자는 어쩌다 보니 그렇게 디자인한 게 아니다. 시장 조사원들은 여행안내 소책자를 효과적으로 만드는 법에 대해 광범위한 연구를 계속했다. 그래픽 아티스트는 AIDA 원칙에 맞춰 작업한다. 바로 주목(attention), 흥미(interest), 욕망(desire), 행동(action)이라는 네 가지이다. 여기서는 사람들이 여행지에 대해 당연한 것으로 받아들이는 해석 및 인지적 도식을 형성하고, 때로는 그런 것을 강화하기도 하는 데 이용되는 몇 가지 메커니즘만 집중적으로 조명할 것이다. 그러기 위해서 나는 맥락이 갖는 중요성과 혹자가 토막 내기라고 부르는 것, 즉 서로 직접 관련은 없지만 보는 사람이 스스로 가진 인지적 도식이나 해석에 따라 서로 연관 짓는 토막 정보들을 제공하는 기법을 집중 조명한다.

여행안내 소책자에서 이용하는 이미지 자체만이 중요한 게 아니다. 배치와 이미지를 설명하는 캡션도 똑같이 중요하다. 백문이 불여일견이라는 것은 물론 맞는 말이다. 그러나 캡션 하나가 이미지 1000개보다 나을 수도 있다. 사진은 그 자체로는 의미가 없다. 마당 세일(yard sale. 개인이 자기 집 마당에다 쓰던 물건을 늘어놓고 싸게 파는 것 – 역자)에서 아무런 설명 글도 없는 사진 앨범을 샀다고 생각해 보자. 보기가 상당히 지루할 것이다. 보는 사람을 이미지와 이어 주는 것이 바로 캡션이다. 사진은 그 자체만으로는 참도 거짓도 아니다. 속성을 부여하는 것은 캡션이다. 캡션은 보통 이미지 아래에 들어가거나 설명문에 넣는다. 해당 페이지에 캡션이 명시되어 있지 않으면 독자는 자기 마음속 캡션에 의지할 도리밖에 없다. 즉 자기가 보고 있다고 스스로 생각하는 것에 의지한다. 웃기는 예를 하나 들어 보자. 남자 열세 명이 먹고 마시고 있는 사진이 하나 있다. "대학교 남학생 사교 클럽 술자리"라는 캡션이 붙어 있다면, "최후의 만찬"이라는 캡션이 붙어 있는 경우와 비교해서 이 장면에 대한 해석이 어떻게 바뀌겠는가? 그런데 캡션 역시도 사진 속 대상이 어쩌다가 그런 상태에 있게 되었는지에 대해서는 보는 사람에게 알려 주지 못한다. 이런 면은 주로 재난 안내 소책자에서 강하게 나타난다. 피사체는 괴로움을 겪고 있지만 소책자는 이런 괴로움의 원인이 무엇인지는 별로 알려주지 않는다. 관광안내 소책자에서라면 그런 행복의 원인이 무엇인지 알 수가 없다.

여행안내 소책자에 나타난 해석과 병치, 배열 순서 역시 주의 깊게 살펴봐야 한다. 병치와 배열 순서를 솜씨 있게 활용하면 강력한 메시지를 창출할 수 있다. 합성 사진은 주목을 끌 뿐 아니라, 다양한 메시지를 한꺼번에 집어넣거나 한 가지 메시지를 선명하게 부각할 수 있기 때문에 광고 제작자들에게 인기가 있다.

합성 이미지의 상대적 크기와 시선 방향 등은 암암리에 사회적 관계를 구축한다. 사람들이 이런 이미지를 비정상적이거나 특이한 것이 아니라 실생활을 그대로 나타낸 것으로 받아들이기 때문이다. 여기에 지배 계층의 이데올로기나 불평등이 어떻게 드러나 있는지 관찰해 보라. 현지인과 외국인 또는 미국인은 어디에 배치하고 있는가? 성차(性差)와 계층화를 강조하는 메시지들로 가득한 이미지는 어떤 것들이 있는가? 피사체가 전통 복장이나 장신구를 하고 있는가? 사진들이 차이를 강조하는가 아니면 축소하는가?

이국적 정취란 현대성이 결여되어 있다는 의미다. 즉 어떤 현대적 복식이나 설비도 나오지 않고, 특히 어디서나 볼 수 있는 티셔츠와 야구 모자 따위는 더더욱 볼 수 없다는 뜻이다. 여행안내 소책자에는 대부분 여성들이 압도적으로 많이 등장한다. 여성은 위협적이지 않다고들 여기기 때문이다. 보통 "이국적 타자"를 대표하는 아이콘은 여성이다. 그래서 여성 이미지는 교묘하게 손을 봐서 위압적이지 않고 섹시하게 묘사할 때가 많다. 풍경 역시 이국적으로 포장하고 여성화하기 일쑤다. 낙원이 구릿빛으로 그을린 피부를 가진 처녀라면, 잠재적 라이벌이라 할 수 있는 남성은 하인이나 열등한 지위에 있는 경우를 제외하면 좀처럼 보여 주지 않는다. 풍경은 관능적이고 유혹적이며 부도덕하고 구미를 당기게 묘사한다. 등장하는 사람들은 정형화되어 있다. 더욱이 이들의 사회적이고 문화적인 정체성은 시각적으로 정해져 있어서 지배 이데올로기가 뼛속 깊이 물들어 있는 보는 사람의 태도와 가치관을 강화한다. 불행히도 이런 일부 고정 관념들은 잘 팔리기 때문에 정체성은 상품이 되어 버렸다. 이런 상황을 설명하는 데 현재 부시맨이 처한 사정보다 더 나은 예는 없다. 이들은 원시적 풍요로움 속에서 자연과 조화를 이룬 상태로 살아가고 있는 것으로 그려진다. 이들이 모든 사회 경제적 기준에서 최빈곤층이라는 쓰라린 현실은 숨긴다. 굶어 죽을 지경에 처한 이들에게는 가죽옷을 입고 관광객을 위해 연기를 하는 것 외에 별다른 선택권이 없다. 여행안내 소책자를 본 사람들은 소책자에 나오는 특정 이미지를 현지인들에게 강요하고, 자기들이 생각하는 현실이 실제라고 주장함으로써 현지인들의 삶과 처지에 영향을 끼친다.

아래의 남아프리카 공화국 유학 광고 소책자를 살펴보자. 남아프리카 공화국 국토 윤곽 안의 합성 사진 사용법에 주목해 보라. 중심에서 약간 비껴나 위치해 있는, 아기에게 뽀뽀하고 있는 젊은 여성 사진이 어떻게 사랑스러운 아프리카를 암시하고 있고, 얼마나 눈에 확 들어오는지 눈여겨보자. 야생 동물들과 학생들이 화기애애하게 모여 있는 모습을 강조하고 있는 것에도 주목하자. 아기를 빼면

남아프리카 공화국 해외 유학 프로그램 홍보 소책자

현지인들과 교류하는 모습은 나오지 않는다. 즉 어린아이와 같은 아프리카는 절대 위협적이지 않다는 메시지다. 이 합성 사진에서 토대 역할을 하는 그 아래 사진은 케이프타운 항구를 담고 있다. 역사적으로 폭풍우 곶(Cape of Storms)으로 알려져 있는 곳이지만 여기서는 안전한 항구로서, 소비재를 구입하는 주요 관광 명소로 표현하고 있다. 이곳은 폭력도 가난도 없는 남아프리카 공화국이다. 실업률이 40퍼센트에 육박하고, 살인 발생률과 HIV/에이즈 발생률도 세계에서 수위를 다투는 곳 중 하나라는 것이 남아프리카 공화국이 처한 현실인데도 말이다. 배경은 붉은색이다. 이런 디자인 요소를 주로 쓴 건 무엇을 나타내는 걸까? 따뜻함?

이 소책자가 전달하는 심상은 어떤 단일한 시각적 개체 안에 문자적 요소와 그래픽적 요소를 탁월한 배열 감각으로 결합해서 나온 것이다. 이런 배열이 어떻게 여정을 정확하게 그대로 좇아가고 있는지에 주목하자. 여기 나오는 이미지들은 모두 남아프리카 공화국 일주에서 볼 수 있을 것으로 기대되는 광경들이다. 어빙 고프먼(Erving Goffman)이 종종 말하듯이, 여행안내 소책자에서 보이는 의례적인 이미지 배치는 "과도한 의식화(hyper-ritualizing)"를 통해 일상적 상호 작용에서 나타나는 기본적인 사회 질서를 긍정하는 역할을 한다.[2] 이 경우에는 원주민들에게 자기 분수를 알게 하는 역할을 한다.

노련한 여행안내 소책자는 시각적 은유를 자유자재로 활용할 수 있다. 예를 들면 관목 숲을 표범과 결합하는 식이다. 이데올로기가 발휘하는 영향력의 대부분은 그런 이데올로기가 당연시되고 있기 때문에 가능하다. 이미지와 비유를 반복하는 것은 여기서도 중요하다. 그런 반복이 사람들을 고정 관념에 길들게 해서 고정 관념을 더욱 쉽게 용인할 만한 것으로 만든다. 반복은 이데올로기를 형성하는 주요 메커니즘이다.[3]

널리 인용되는 샬럿 에치너(Charlotte Echtner)와 푸시칼라 프라사드(Pushkala Prasad)의 연구 결과를 살펴보자. 이들은 제삼세계 여행지를 안내하는 소책자가 어떻게 세 가지의 "없음/아님(un)" 신화, 즉 불변(unchanged), 무제약(unrestrained), 미개(uncivilized) 신화를 전달하고 영속하게 하는지, 그리고 이런 신화들이 저마다 특정한 지리적 환경에 어떻게 자리 잡고 있는지를 보여 준다. 불변 신화는 고대 조각상, 쇠락한 유적지, 서구 복장 부재를 특징으로 하는, 과거에 고착되어 버린 사람과 장소의 이미지를 제시한다. 북아프리카와 중동, 동남아시아 일부 지역이 이런 신화가 특징적으로 나타나는 주요 영역이다. 무제약 신화는 일반적으로 무더운 기후를 가진 열대 지방 여행지와 관련이 있다. 이런 여행지들은 관광객이 요구하는 모든 것을 웃으면서 기꺼이 들어 주는 굽실거리는 사람들이 사는, 감각적 즐거움으로 가득한 천연 낙원으로 그려진다. 카리브 해 연안은 어디나 새파란 하늘에 뜨거운 해가 내리쬐는 끝없이 펼쳐진 백사장으로 이루어져 있고, 보기 좋게 그을린 피부에 잘 빠진 몸매의 관광객들이 있다. 지방색을 나타내기 위해 현지인은 소수만 덤으로 끼워 넣을 뿐이다. 마지막으로 미개 또는 야만 신화가 있다. 위험한 짐승, 민속 의상을 입은 원주민, 자생 식물이 대표적 이미지로 등장한다. "식민지 탐험 시대에 대한 큰 향수를 불러일으키는 방식으로 각색한 이미지"를 그대로 반영하고, "사라지는 타자를 나타내는 비유들"을 이용해서 이게 바로 아프리카라고 외친다.[4] 일반적으로 여행안내 소책자는 집과 여행지가 얼마나 다른지를 강조한다. 현대성을 드러내는 증거는 거의 나오지 않는다. 안락한 여행과 관계있는 것만 예외다. 여행안내 소책자의 세계에는 사회 문제도 없고, 악취도 없고, 쓰레기도 없으며, 전쟁도 병폐도 존재하지 않는다. 모두가 행복하고 친절하기만 하다.

이미지는 이데올로기의 반영

이미지는 많은 잠재적 의미를 전달한다. 그러나 한 가지 의미가 다른 의미들보다 우세한 경향이 있어서 보는 사람이 다른 해석적 시각을 갖지 못하게 한다. 여행자가 다른 장소들에 대해 무엇을 보고 경험하고 배울 것인지는 문화적 타자에 대한 기존의 시각적 표현 및 해석 체계에 달려 있고, 이런 체계는 고정 관념을 무너뜨리기보다는 재확인한다.[5] 이게 바로 인지적 도식이 가진 힘이다. 해외에서 여행자, 관광객, 학생이 찍은 사진은 하나같이 여행안내서와 안내 소책자가 만들어 놓은 선례를 되풀이하고 베긴다.

여행안내 소책자, 여행기, 대중 매체가 만들어 낸 이미지는 그런 이미지를 받아들이는 사람이 보통 그게 어떤 역할을 하는지 의식하지 못하는 상태에서 이런 인식을 침투시키고 퍼뜨리고 형성한다. 삽화는 당연시하는 해석을 만들어 내는 밑바탕이 된다. 기행문과 관광

안내 소책자는 의도적인 결과와 의도치 않은 결과를 모두 가져온다. 즉 세계를 표현하는 방식이 되는 동시에 문화적 지배 구조에 동의하는 서명 역할을 한다. 이런 시각 자료들에는 서구 세계가 가진 권력과 우월성에 대한 사회 문화적 이데올로기가 아로새겨져 있다. 이미지는 인종과 문화에 대해, 자신이 보고 듣고 느끼고 생각하고 상상하는 것은 뭐든 외부에 실재한다고 보는 실재론적 사고방식을 강화한다. 큰 부와 권력 격차는 무시하거나 대강 얼버무리고 넘어간다. 토착민은 예외 없이 이국적이고, 관능적이고, 순종적이고, 발전을 위해 관광객에게 의존해야 하는 존재로 묘사한다.

여행자나 학생이 해외에서 지낸 경험 덕분에 자신이 변했다고 주장할 때조차도, 이런 경험을 상품화한 산물인 이들이 찍은 사진을 보면 그들이 입으로 또 글로 했던 주장과 모순이 나타난다. 켈리 케이턴(Kellee Caton)과 칼라 산토스(Carla Santos)는 해상 학기 프로그램(a Semester at Sea program. 1963년에 처음 시작된 해외 유학 프로그램. 학부생들이 전용 유람선을 타고 일정 기간 해외 여러 지역을 방문한다. - 역자) 동안 학생들이 찍은 사진에 대한 최근 연구에서 이런 점을 입증하는 시각적 증거를 제시한다. 해상 학기에서 내세운 목표는 문화 간 이해와 비판적 사고 증진이다. 그러다 보니 자기 평가에서 학생들은 모두 이런 영역에서 실제로 발전이 있었다고 주장했다. 그러나 학생들이 학기 말에 개최한 사진 전시회에 출품한 사진들은 단순히 동서양 이분법에 바탕을 둔 실재론적 이미지들을 복제했을 뿐이었다. 이 사진들은 이국적이고 신비롭고 관능적이고 낙후되고 쇠락하고 잔인한 인종적 문화적 타자와 스스로를 대비해서 보여 주고 있었다. 물론 이런 전시회에 나온 사진은 학생들이 찍은 많은 사진 중에서 소수만 골라낸 표본에 불과하며, 학생들은 자기 생각에 예상 관객인 다른 학생과 심사 위원에게 호소력 있을 것 같은 사진을 제출한 것이었다고 주장할 수도 있다. 그러나 모든 여행자가 그렇듯이 학생들도 자기가 흥미롭다고 여긴 것을 기록으로 남겼다. 이런 사진들이 수많은 여행안내 소책자에서 이용한 실재론에 기반을 둔 이국적인 식민지풍 사진을 따라 하고 있는 것도 물론 사고의 키치화(kitschification)를 보여 주는 대표적 예다.

이런 관찰 결과는 중요한 질문을 던져 준다. "좋은" 사진이란 무엇인가? 간단히 답하자면 다음과 같을 게 틀림없다. 사진가는 물론이고 잘하면 보는 사람에게도 의미 있을 수 있는 사진이다. 해상 학기 프로그램이 가진 본질적 성격, 즉 많은 나라들을 돌아다니며 단기간에 급격한 성장을 이룬다는 목표만 봐도 애초에 심층적인 체험은 불가능했다는 걸 알 수 있다. 따라서 충분히 예상할 수 있듯이 현지인들에 대해 학생들이 가지는 태도는 "그들과 더불어 또는 그들로부터 배우기보다, 그들에 대해서 배우자"는 게 될 수밖에 없었다.[6] 여행안내 소책자에서 그렇듯이, 민속 의상을 입고 있거나 문화를 파는 입장에 있는 사람들을 담은 사진 전시회도 강력한 이데올로기적 메시지를 담고 있었다. 가끔은 외국인들이 그 문화적 장면이 진짜라는 걸 증명하기 위해 인물 사진 안에 들어갈지도 모른다. 주제별로 보면 서구인과 현지인이 나오는 사진은 주종(主從) 장르에 속했다. 서구인이 중심에 있고 현지인은 주변에 배치되어, 노동을 하거나 뭔가를 팔거나, 비디오카메라나 아이팟 같은 경이로운 서구 기술을 감탄하는 눈으로 바라보고 있는 게 보통이었다. 이렇게 해서 서구 사회가 낙후한 현지와 비교해 얼마나 발전했는지를 암시했다. 현지인이 티셔츠나 서구식 옷을 입고 있는 사진은 거의 없었다. 이국적인 면을 강조하는 복식은 압도적으로 선호하면서도 현대적 복식은 이상하리만치 무시했다. 캡션과 일지에서는 성찰은 거의 보이지 않았고, 유감스럽게도 현지인이 촬영을 거부했지만 여행자 자신이 사진을 찍기 위해 어떤 기발한 창의력을 발휘했는지에 대해 이야기하고 있었다. 어린이는 인기 있는 피사체였다. 어린이들은 위협적이지 않을 뿐 아니라 대체로 호의적이고, 가던 길을 멈춰서 자기에게 말 거는 젊은이들을 대단하게 바라봐 주기 때문이다. 여기서 가부장주의라는 용어는 새로운 의미를 갖게 된다. 어린이들은 위험도가 낮은 피사체다. 침묵은 단어보다, 이 경우에는 사진보다 더 많은 것을 말해 준다. 즉 행복하게 살고 있는 국외 거주자의 모습은 보여 주지 않는다. 오염이나 쓰레기나 죽음, 또 괴로움이나 불쾌한 상황을 담은 사진도 없다.

케이턴과 산토스는 유람선에서 열린 학기 말 사진전 출품 사진들이 "식민주의의 전형적인 특징인 탐험과 착취를 정당화하는 관계들"을 보여 주고 있다는 결론을 내린다.[7] 동의하든 아니든 이러한 이들의 언급은 성찰적인 여행자라면 진지하게 고려해 볼 만하다.

2부

THE NITTY-GRITTY OF TRAVEL

여행의 핵심

6

여행을 준비할 때
고려할 문제들

"한 나라에 대해서 당신이 그곳에 있는
첫 두 주일 동안 알게 된 것보다
더 많은 것은 결코 알 수 없다."

아이티 미국 국제개발처 사무소(United States Agency for International Development) 간판 문구

여행의 출발점 정보 수집

　　　　인류학자는 조사 여행의 계획과 준비에 엄청난 시간과 에너지를 들인다. 끔찍하게 두툼한 연구 제안서를 내서 여행 자금을 확보할 뿐 아니라, 광범위한 배경 연구를 통해 데이터와 식견을 최대한 축적해 놓으려고 노력한다.

　계획을 짠다는 것은 일종의 예측 행위다. 해외로 나가는 계획을 짤 때 가장 좋은 방법 하나는 현지에서 맞닥뜨릴 것으로 판단되는 문제와 꼭 해야 할 일 및 다른 일들, 꼭 가져가야 할 물건 등을 점검하는 표를 만드는 것이다. 그중 일부는 대수롭지 않은 것이겠지만 어떤 것들은 중요할지도 모른다. 베테랑 여행자들조차 여권이나 운전 면허증 유효 기간 같이 아주 뻔한 것을 잊고 지나치는 경우가 있다. 여행 기간에 비해 여권 유효 기간이 넉넉한지 꼭 확인해야 하고, 필수적인 비자가 있는지도 점검해야 한다. 또 하나 명심해야 하는 일은 제2의 안 (plan B)을 확보하는 것이다. 즉 언제나 출구나 대안을 마련해 두어야 한다. 물론 그런 게 필요한 일이 없어야겠지만 이런 게 있으면 적어도 배우자나 연인의 걱정과 불안감은 가라앉힐 수 있을 것이다.

　해외로 나갈 때 부딪히는 세 가지 큰 걸림돌은 시간 부족, 자금 부족, 자신감 부족일 것이다. 그러나 세 가지 모두 어느 정도는 계획을 통해 경감할 수 있는 문제들이다. 또 하나 고려해야 하는 것은 해외에 있는 동안에 몸이 다양한 스트레스를 받을 것이라는 점이다. 따라서 적어도 몸이 꽤 건강한 상태여야 한다. 행선지가 어디냐에 따라 다르긴 하지만, 내 경험에 따르면 해외에서 한 달 이상 장기 체류하는 경우 떠나기 전에 건강 및 치과 검진을 받는 것이 바람직하다. 검진 결과 치료가 필요할 수도 있으니 검진은 가급적 출발 몇 주 전 아니면 몇 달 전에 받는 게 좋다. 처방 약을 먹고 있다면 의사에게 해당 약의 일반 명칭과 브랜드 명을 둘 다 써 달라고 한다. 어떤 예방 접종이 필요한지, 또 파상풍 예방 주사는 효력이 유지되고 있는지 확인한다. 건강 정보와 관련한 주요 자료는 질병관리본부의 해외여행질병정보센터 웹 사이트(http://travelinfo.cdc.go.kr/)에서 얻으면 된다.

신중함과 분별력이 필수적이라는 건 말할 것도 없다. 파리나 베를린처럼 발전한 또는 안정된 도시로 여행을 떠나는 경우라면 여행 의학 전문가와 굳이 상담할 필요가 없지만, 열대병이 유행하는 곳으로 여행을 간다거나 중대한 건강 문제가 있는 경우에는 상담을 하는 게 바람직하다. 또 해외여행을 다녀와서 최대 1년 안에 아프다면 의사에게 여행 다녀온 사실을 꼭 말하는 게 중요하다. 특정 바이러스와 기생충, 박테리아로 인한 전염병은 잠복기가 1년까지도 가기 때문이다.

해외로 나갈 준비를 할 때 꼭 필요한 과정이 다양한 곳에서 정보를 모으는 일이다. 이때 내가 택하는 전략은 일종의 철저한 몰입이다. 즉 인터넷과 도서관을 이용하고, 여행지에서 만든 영화를 찾아보고, 현지 종교와 음식에 대해 찾아보고, 가기 전에 미리 현지 음식을 먹어 보려 노력한다. 할 수만 있으면 현지에서 쓰는 기본적인 어휘를 늘리려는 노력도 유용하다. 어쩌면 가장 중요한 것은 그곳에 가 본 적이 있거나 아니면 그곳에 친구나 친척이나 지인이나 연줄이 있는 사람들과 인맥을 만들기 시작하는 것이다. 나는 이런 인맥을 공책에 기록해 두었다가 미리 자주 연락을 해서 조언을 구하곤 한다. 해외에서 달성하고자 하는 목표가 확실해질수록 이런 연줄은 더 중요해질 수 있으며 점점 다양한 방향으로 눈덩이처럼 불어날 수도 있다. 몇몇 친구가 강력 추천한 또 다른 정보원은 카우치서핑(www.couchsurfing.com)이다. 해외여행에 대한 이해를 높이기 위한 이 무료 웹사이트에서는 배낭여행객에게 잠자리를 제공하는 현지인들 명단을 볼 수 있다. 여행자에게 적합한 곳을 연결해 주며, 사기나 협잡을 당하는 일이 없도록 자체적으로 여러 가지 안전 보장 체계를 갖추고 있는 것으로 보인다.

여행자에게 큰 걱정거리라면 보통 전쟁과 테러로 대표되는 정세 불안, 건강, 범죄다. 세 가지 모두 관련 정보를 얻어 그에 따라 조치를 취하면 상당히 잘 대처할 수 있다. 이때는 외교부 해외안전여행 웹 사이트(http://www.0404.go.kr/)가 유용하다.

또 다른 유용한 정보원은 국제 학생증 카드(International Student Identity Card) 웹 사이트(www.myISIC.com)다. 자격을 갖춘 학생과 교사는 이런 카드를 발급받아 교통비와 숙박료를 많이 아낄 수 있고 다른 할인들도 받을 수 있다. 예를 들어 항공 요금과 교통, 숙박, 국제 전화, 자동차 대여료 할인 같은 혜택이 있다.

당연히 어떤 나라들은 다른 나라들보다 위험하다. 하지만 한편으로는 구태여 위험한 곳으로 가는 것을 전문으로 하는 여행자들도 있다. 로버트 영 펠턴(Robert Young Felton)의 베스트셀러 《필딩 가이드: 세상에서 가장 위험한 장소(Fielding's Guide to the World's Most

Dangerous Places)》는 정기적으로 개정판을 내서 최신 정보를 제공하고 있다. 실용적인 조언이 많이 나오기는 하지만 여기 나오는 여행지들은 확실히 장기 여행에는 추천할 수 없는 곳들이다. 여행자는 좀 더 폭넓은 시각을 가져야 한다. 통계적으로 입증된 사실은 아니지만 여행 사고나 치사율 면에서 빈곤에 시달리는 남반구 나라들이 부유한 북반구 나라들보다 위험해 보인다. 만약 여행자가 위험한 행동을 하면 손쉽게 표적이 될 수 있다. 안전은 대체로 체류 기간과 상관관계가 있다. 해외에 단기간 체류하는 여행자가 장기간 체류하는 사람들보다 범죄 피해를 당할 가능성이 더 높다. 나는 이 책 전반에 걸쳐 범죄 가능성에 대처하기 위한 전략을 고민하며 9장에서는 건강 문제를 다룬다. 안전은 언제나 걱정거리다. 그렇지만 어쨌든 위험이야말로 해외로 나갈 때 느끼는 흥분의 결정적 요소인 짜릿함을 불러일으킨다. 자기가 모은 정보와 자료를 부모와 배우자 또는 연인과 공유하자. 분명히 걱정할 수밖에 없는 그들을 안심시킬 수 있고, 이렇게 정보를 함께 나누면 그들도 여행 과정에 참여한다는 느낌을 줄 수 있다.

요컨대 출발 전에 하는 조사 과정은 매우 중요하며 사실 재미있기도 하다. 이를테면 현장 조사라 할 수 있다. 기본적인 정보원으로는 안내서와 전해 듣는 이야기가 유용하고, 그다음이 웹이다. 나는 어떤 상황에 처하게 될 것인지 감을 잡기 위해 온라인으로 현지 신문을 찾아보기도 한다. 그곳에 대한 정보를 얻기 위해서이기도 하고, 지역 현안에 대해 대충이라도 알기 위해서다. 더불어 시간이 허락한다면 다른 여행자들이 쓴 여행기도 읽어 보려 노력한다. 잘하면 이런 모든 것을 통해 지리와 역사에 대한 기본적인 이해가 가능하고, 이런 것들이 해외에 갔을 때 좋은 대화 소재가 되기도 한다.

또한 여행자 보험을 들 것인지도 결정해야 한다. 대부분의 사람들은 여행에 대해 상당히 미신적인 사고방식을 갖고 있다. 왠지 모르지만 항공 보험에 들면 비행기 추락 사고를 예방할 수 있다고 믿기라도 하는 것 같다. 사람들은 보통 운명을 믿지 않으면서도 운명은 감히 시험하려 들지 않는 게 좋다는 믿음도 갖고 있다. 어떤 사람들은 건강 보험을 들면 아플 일이 없을 거라는 말도 안 되는 확신으로 스스로를 기만한다. 보험에 마법과 같은 힘이 있다는 이런 믿음은, 재난이 너무 강한 인상을 남겨서 그런 일이 굉장히 자주 일어나는 것 같다는 착각이 들기 때문에 생긴다. 보험으로 신들을 달래겠다는 태도는 여행을 떠나기 전에 성관계를 피하거나 염소를 제물로 바쳐서 효험을 보겠다는 거나 마찬가지이다. 나만 해도 그렇다. 보험이 안전한 귀국 확률에 영향을 미칠 리는 없겠지만, 미신과 비참한 경험담을 하도 많이 듣다 보니, 순전히 마음의 평화를 위해서 저가 의료 보험이나 여행자 건강 보험에 들 수밖에 없었다.

지금 가입된 건강 보험이 보장하는 의료 서비스는 뭐가 있는지, 또 그게 해외에서도 적용 가능한지 확인하라. 보험증을 챙기고 다운로드가 불가능하다면 배상 청구서 양식도 미리 준비해서 가지고 다녀야 한다. 보험 약관을 꼼꼼하게 읽자. 건강상 심각한 위험 요인이 있고, 의료 서비스가 부족하거나 의료비가 많이 드는 지역을 여행하고 있다면 긴급 후송 비용을 부담하는 의료 지원 보험을 들어 놓는 게 현명할지 모른다. 긴급 후송에는 돈이 많이 들 수 있으니까 말이다. 당연히 여행자 의료 보험 가입 전에 보험 약관을 꼼꼼히 읽어 둬야 한다. 그중에서도 특히 두 가지 문제를 집중적으로 확인해야 한다. 바로 긴급 후송과 배제 조항이다. 어떤 보험사들은 언제 어떤 상황에서 긴급 후송을 지원하는지에 대한 규정이 있어서, 파라세일, 스쿠버 다이빙, 암벽 등반 같은 고위험 스포츠를 하는 여행자들은 보상에서 배제할지도 모르기 때문이다.

무엇을 가져가야 할지는 어디로 얼마나 오래 가 있을지에 따라 달라지기 때문에 복잡한 문제다. 7장에서 따로 이 문제를 다루기는 하지만 내 경험상 신용 카드를 가져가는 것은 확실히 유용하다. 현금 자동 인출기는 세계 거의 어디에나 있지만 가능하면 보안을 위해 신용 카드사에 본인 사진을 카드에 넣어 주는 서비스를 신청하라고 적극 권하고 싶다. 이런 카드 뒤에는 서명을 하지 말고 대신 서명 칸에 "사진 대조 필수(photo ID required)"라고 써 넣는다. 나는 현금 자동 인출기가 없거나 신용 카드가 먹히지 않는 비상시에 쓰려고 여행자 수표를 조금 갖고 다닌다. 점검 표에 여권 번호와 신용 카드 번호를 비롯해서 비상시 연락처 같은 관련 정보를 적어 놓고, 자격증과 신용 카드 등 지갑 속에 넣고 다니는 것들을 양면 모두 복사해 둔다. 급한 연락이 필요한 경우를 대비해 모든 계좌 번호와 전화번호를 기록해 둔다. 지갑에 든 내용물 목록도 적어 놓는다. 이런 사본은 안전하면서도 쉽게 찾을 수 있는 곳에 넣고 다녀야 한다. 또 국내든 국외든 여행하는 동안에는 여권 사본도 갖고 다니도록 한다. 이름, 주소, 주민 등록 번호, 신용 카드 도용으로 벌어지는 끔찍한 범죄 이야기가 너무 흔한 만큼 이런 예방 조치는 꼭 필요하다.

언어 능력

의사소통이 얼마나 용이한지가 여행지 결정에 결정적인 요소가 되지만 보통 여행자들의 현지 언어 구사력은 창피할 정도로 수준이 낮다. 대부분 학교에서 배운 단어나 몇 개 떠올릴 수 있을 뿐인데, 심지어 외국에 나가서는 바보 같아 보일까 봐 현지어를 하려는 시도조차 하지 않는다. 현지 언어를 배우는 것은 현지인들에 대한 관심과 존중을 나타내는 것일 뿐 아니라, 현지 문화와 현지인들의 세계관에 대해서도 배울 수 있는 기회다. 외국어를 할 줄 알면 통역하는 사람을 거칠 때와는 달리 현지인과 특별한 관계를 형성할 수 있다. 언어를 유창하게 구사하면 존경과 신뢰를 얻고 자신감을 가질 수 있다. 또 현지인들에게는 외국인이 자기네 나라 말을 엉망진창으로 하는 걸 보고 웃을 수 있는 기회도 줄 수 있다.

어느 나라 말이든 일단 외국어 하나를 능숙하게 하면 직업적으로 도움이 될 뿐만 아니라, 다른 새로운 언어에 도전하는 데에도 도움이 되게 마련이다. 언어를 더 쉽게 배우는 데 도움이 되는 요인들은 많이 있다. 예를 들어 해당 언어를 사용하는 목적을 정하면 좋다. 지역 사회에 잘 녹아들기 위해서라든가, 연구를 위해서라든가 하는 식으로 계획을 세우면 강력한 동기 부여가 된다. 현지 문화 이해에 대한 순수한 관심도 현지어를 알아듣고 말하려는 시도에 도움이 되고 동기 부여가 된다. 언어 습득에 중요한 개인적 특성도 있다. 음감과 몸짓으로 표현하는 능력이 좋으면 도움이 된다. 하지만 더 중요한 건 완벽하지 못해도 기꺼이 만족하고, 실패를 무릅쓰고 도전하는 의지다.

해외로 나갈 준비를 하는 동안 집 근처에서 쉽게 접할 수 있는 언어 학습 기회를 샅샅이 뒤져 보라. 가까운 학교나 기관에서 여행 후 보지에서 쓰는 언어를 배울 수 있는가? 아니라면 구할 수 있는 문법 책이나 최소한 아쉬운 대로 쓸 만한 사전이나 어학 녹음 자료가 있는가? 그런데 이런 방법으로 공부하려면 엄청난 자기 절제가 필요하다. 더욱 더 좋은 방법은 이웃에 교습을 해 줄 원어민이 있는지 찾아보는 것이다. 인터넷을 검색해 보는 것도 좋다. 보통 손쉽게 시작하는 방법은 동아프리카에서는 스와힐리어, 서아프리카에서는 하우사어 같은 혼성 국제어 (lingua franca. 모국어가 다른 사람들이 상거래나 외교, 행정 편의상 의사소통을 위해 쓰는 공용어. 좁은 의미에서는 한쪽의 모국어가 아니지만 실제로는 한쪽의 모국어일 수도 있고 제3의 언어일 수도 있다. 대체로는 여러 언어가 혼합되고 단순한 문법을 가진 경우가 많다. ─ 역자), 파푸아 뉴기니의 톡 피진 (Tok Pisin) 같은 크리올어 (creole. 유럽어와 서인도 제도 아프리카어의 혼성어 ─ 역자)나 피진어 (pidgin. 네덜란드어나 포르투갈어나 영어 같은 언어의 일부 어휘가 다른 나라들의 현지어 어휘와 합쳐져 만들어진 단순한 형태의 혼성어 ─ 역자) 같은 언어에 집중하는 것이다. 혼성어이기 때문에 보통 배우기가 더 쉽다.

사람들은 특정 언어가 다른 언어보다 배우기 쉽다고 느낀다. 주로 자기 모국어와 배우려는 언어 간에 겹치는 음소가 많을수록 그렇다.[1]

녹음테이프로 언어를 배우는 방식이야말로 상상할 수 있는 가장 힘든 일 중 하나다. 마라톤이 그렇듯이 언어를 배우는 데도 많은 훈련과 연습이 필요하다. 실습을 많이 하고 어휘를 늘리는 것이 가장 중요하다. 언어 전문가들은 학습이 정체기에 이르렀을 때는 학습 시간을 짧게 잦은 빈도로 하는 편이 좋다고 조언한다. 즉 일주일에 30분씩 6회가, 일주일에 한 시간씩 3회보다 훨씬 낫다는 얘기다. 언제 어디서나 이용할 수 있는 플래시 카드(그림이나 글자를 쓴 학습용 카드 - 역자)도 강력 추천한다. 엘리베이터를 타거나 버스를 기다리는 시간을 활용할 수 있기 때문이다. 자투리 시간에 플래시 카드를 이용해서 현지에서 사용하는 데 필요한 어휘와 문구를 늘려라.

계속해서 말문이 꽉 막히는 시기가 닥치면 며칠 쉬도록 한다. 언어 학습을 잠시 동안 원어민인 척하는 일종의 연기로 보는 것도 좋은 비결이다. 효과가 입증된 또 한 가지 방법은 몰입 학습이다. 예를 들어 해당 언어 사용자들을 상대하는 단체에서 자원봉사를 해 본다든가, 언어나 문화 클럽에 참가한다. 외국인들이 많이 모이는 식당이나 거리도 언어를 연습하기 좋은 장소다. 인터넷이나 지역 도서관에서 그 나라 신문을 읽고, 해당 언어로 된 책, 특히 아동 도서와 음악 앨범이나 비디오를 빌린다. 자막이 달린 비디오는 기본이다. 만화책은 분명 가장 쉽게 외국어를 접할 수 있는 보조 수단이며 기분 전환용으로 읽기에도 이상적이다. 구할 수만 있다면 신문은 꼭 필요한 도구다. 비교적 값이 싸기 때문에 아는 단어든 모르는 단어든 형광펜으로 편하게 표시해 둘 수 있기 때문이다.

언어 감각을 키우려면 상용 회화집을 사서 약 45분 정도 쭉 훑어 본다. 그 이상 시간을 들이면 보통 기억이 나지 않기 때문이다. 아니면 버스를 기다리거나 약속 장소에서 사람을 기다리거나 비는 시간에도 볼 수 있다. 메모할 수 있는 빈 페이지가 있는 작은 휴대용 상용 회화집을 사는 게 좋다. 나는 이런 빈 곳에 책에는 나와 있지 않지만 배우고 싶거나 다른 데서 찾은 구절을 적어 놓는 것을 좋아한다. DVD로 배우는 언어 강좌도 도움이 된다. 단어를 소리 내서 말해 줄 뿐 아니라, 선택의 폭이 넓기 때문이다.

새로운 단어를 배우면 직접 활용해 보거나 그 단어가 쓰일 만한 상황을 상상해 보자. 또 다른 전략은 기억술을 이용하는 것이다. 기억술은 특정 단어를, 그 단어를 연상시키는 단어들과 연결해서 암기하는 기술이다. 독일어로 "제기랄(shit)"을 뜻하는 단어인 "Scheisse(샤이스)" 같은 흔한 예를 들어 보자. 빙판(ice. 아이스)에서 미끄러져 넘어져서 창피해진(shy. 샤이) 누군가가 빙판 위에서 "Scheisse!"라고 버럭 소리 지르는 걸 상상해 보라. 또는 아프리칸스어(네덜란드에서 나온 언어로 남아프리카공화국에서 사용함 – 역자)로 "접시(plate)"를 뜻하는 "piering(피에링)"의 경우엔 접시 위에 놓인 파이(pie. 파이) 옆에 반지(ring. 링) 하나가 있는 모습을 떠올린다. 흥미롭게도 이렇게 연결되는 단어들은 평범한 것일수록 기억할 가능성이 높아진다.

언어를 배우는 데 가장 좋은 방법은 말을 하는 것이다. 말을 하면 모든 감각이 작동해서 배운 것을 강화한다. 연습할 상대를 찾아 자기가 해당 언어를 잘하지 못한다고 양해를 구한다. 사과하는 말은 맨 처음에 익혀 두면 유용하다. 이런 시도에 상대방은 으레 미소를 짓거나 웃음을 터뜨리게 마련이니 창피해할 필요는 없다. 대신 자신을 세상에 조금이라도 웃음을 가져다주는 사람이라 생각하자.

새로 배운 어휘와 문법을 잘 익히는 또 한 가지 방법은 단어나 문장을 가지고 글을 써 보는 것이다. 이 경우에도 단어 한두 개를 그냥 따로따로 알아두기만 했을 때보다 듣고 말했을 때가 훨씬 기억에 잘 남는다. 물론 많은 어학원에서 현재 사용하고 있는 가장 효과적인 기술은 장기간 집중적으로 그 언어를 사용하고 그 언어로 생활하며 배우는 철저한 몰입식 학습이다. 아마 해외 현지에서 겪는 상황도 이와 똑같을 것이다. 그리고 현지어를 더 쉽게 배우려면 확실히 동행이 있는 것보다 혼자 여행하는 편이 더 유리하다.

수하물과 기타 장비

혼자 들 수 없는 건 아무것도 가져가지 않는 게 원칙이다. 장기간 반영구적으로, 내 경험으로 보면 3개월 이상 한 장소에 머물게 아니라면 말이다. 이런 원칙 때문에 나는 기내 반입이 가능한 크기의 짜부라지지 않는 큰 가방을 갖고 다닌다. 또 바퀴가 달리지 않은 가방을 선호한다. 바퀴는 부서질 수도 있고, 여행지 지형이 바퀴 달린 가방을 끌고 다니기에 적합하지 않을 수도 있다. 내 가방은 정확히 말하자면 어깨끈 하나와 오목하게 휜 손잡이들이 달려 있어 단거리 여행에 적합한 배낭으로 변형할 수 있다. 딱딱한 틀이 달린 배낭은 좁은 구석이나 틈바구니에 잘 들어가지 않으므로 피해야 한다. 눈에 잘 띄면서도 어느 모로 보나 훔치고 싶은 생각이 들 만큼 값비싸 보이지도 않아야 한다. 게다가 이런 가방은 무릎에 올려놓으면 버스 안에서 에어백 역할을 할 수도 있다. 일부 버스 운전사들이 얼마나 난폭 운전을 하는지 감안하면 이건 고려해 볼 만한 문제다! 이 밖에도 나는 특히 현지 조사를 할 때는 노트북과 카메라와 공책 같은 필수 장비를 넣는, 어깨에 메는 더 작은 가방도 준비한다. 또 때로는 당일치기 여행용 배낭으로도 쓸 수 있는 지퍼 달린 작은 힙 색을 가져갈 때도 있다. 여행 일정에 따라서는 접이식 스키용 자물쇠를 가져가면 호텔 침대나 기차 선반에 가방을 묶어 놓는 데 유용하게 쓸 수 있다.

나는 여행에서 뭘 할지를 따져 본 다음 기본에 충실해서 짐을 가볍게 꾸리려고 노력한다. 예를 들어 숄이나 덮개는 담요나 타월이나 스카프처럼 다양한 용도로 쓸 수 있다. 이런 것은 때가 묻어도 쉽게 눈에 띄지 않고 너무 튀지도 않는 색깔로 고르자. 이때 들어가는 색은 두 가지를 넘지 않도록 한다. 되도록이면 계절을 타지 않는 중간색이 좋다. 나는 젖은 채 그냥 말려도 되는, 주름이 가지 않는 옷을 선호한다. 최신 초미세 합성 섬유 의류는 주름이 가지 않고 눈 깜짝할 새에 마른다. 여행할 때는 헐렁한 옷이 움직이기에 편해서 좋다. 딱 붙는 옷 특히 스판덱스로 된 러닝 의류 종류는 피해야 한다. 현지에서 물의를 일으킬 수 있기 때문이다. 여성이 옷차림을 주의해야 하는 곳에서는 특히 그렇다. 일부 사회에서는 남자들도 마찬가지다.

내가 겪었던 가장 창피했던 순간은 아프리카 남부에 있는 나라 레소토에 도착한 지 얼마 안 됐을 무렵, 꼭 끼는 스판덱스 바지를 입고 아침에 조깅을 하러 나갔다가 예배를 보러 가는 현지인들과 마주쳤을 때였다. 내 모습을 본 사람들은 온 골짜기가 떠나갈 듯 웃어 댔다. 창피해진 나는 일부러 30분을 기다렸다가 다시 숙소로 달리기 시작했지만 결국 2부 예배를 보러 가는 신자들과 또 마주치고 말았다. 이 이야기는 널리 소문이 나서 몇 주도 되지 않아 아프리카인 친구에게서 이런 엽서를 받게 되었다. "이게 무슨 창피야. 바지 좀 입어!"

내가 선호하는 옷차림은 긴소매와 배기 바지다. 언제든 걷어 올릴 수 있고 추위뿐 아니라 볕에 타는 것과 벌레도 막아 주기 때문이다. 기후가 따뜻한 나라일수록 헐거운 옷을 입어야 한다. 딱 붙는 속옷은 보기는 좋을지 몰라도 땀띠와 칸디다증(곰팡이 균으로 인한 감염 질환 - 역자)일으킬 수 있기 때문이다. 수분이 배출되는 속옷도 권장할 만하다.

짐은 효율적으로 싸야 한다. 옷은 돌돌 말아서 작은 통나무 모양으로 만든다. 그러면 공간을 적게 차지하고 주름도 덜 간다. 부피가 큰 옷보다 겹겹이 껴입을 수 있는 얇은 옷들을 가져가는 게 훨씬 낫다. 속옷처럼 작은 옷은 밀봉할 수 있는 비닐 백에 넣어라. 미국 교통 안전국 지침은 기내 반입 세면용품 및 화장품류를 제한하고 있다. 그래서 나는 85그램짜리 샴푸를 두세 병 가져간다. 샴푸 병은 뚜껑을 돌려 닫을 수 있는 종류여야 한다. 샴푸는 손 세정제와 세탁용 세제처럼 다용도로 쓸 수 있다. 아침까지 안 마른 옷은 널어 말릴 수 있을 때까지 비닐 백에 넣고 다니도록 한다.[2]

좋은 신 한 켤레는 필수다. 걷는 것은 중요하다. 실제로 인간과 영장류를 구별하는 특징이 두 발 보행을 할 수 있는 능력이다. 두 발 보행을 왜 하게 됐는지를 설명하는 설 중 하나는 인류가 다른 사람들과 음식을 나누고 손으로 물건을 나르기 위해서라는 것이다. 음식과 물건을 다른 사람들과 나누는 것은 외국에 나갔을 때 꼭 해야 하는 행동들이기도 하다. 이 세상 대부분의 사람들에게 일차적 교통수단은 걷는 것이다. 따라서 많은 사람들을 만나게 되는 것도, 이런 만남이 그저 잠깐 스쳐 지나가는 게 되지 않는 것도 바로 이렇게 걸어 다닐 때다. 걸으면 어쩔 수 없이 세상을 새로운 눈으로 바라보게 된다. 찰스 다윈이 케임브리지 대학교에 다닐 때 책을 읽는 것보다 여기저기 돌아다니는 데 더 많은 시간을 보낸 것도 아마 우연이 아닐 것이다. 프랑스 작가 콜레트(Colette)는 이렇게 썼다. "진정한 여행자는 걸어 다니는 사람이다." 걸을 때 느끼는 행복감과 만족감은 대개 단순함에서 온다. 또 서서히 세계와 조화를 이루는 느낌과도 관련이 있다. 이런 경험이 일상생활을 대체해 주는 건 아니다. 다만 바로잡아 줄 뿐이다.[3]

예전에 러너였던 사람으로서 나는 편하고 좋은 신이 중요하다는 확신을 갖고 있다. 신은 돈을 많이 투자해도 되는 품목이다. 너무 비싸거나 여자들 부츠 같은 구두여서는 안 되지만 말이다. 다양한 상황에서 쓸모 있는, 쿠션감 좋은 질기고 가벼운 하이킹화가 최고다. 도시와 시골에서 많이 걸어도 괜찮을 만큼 튼튼하면서도, 정장에 준하는 옷차림을 해야 하는 경우에 신어도 될 만큼 단정해야 한다. 신은 외국에 가기 전에 일찌감치 사서, 미리 신고 다니며 길들이는 게 중요하다. 물론 신은 무겁게 느껴지고 냄새가 나기도 한다. 그래서 크록스

(Crocs) 같이 가벼운 고무 샌들을 가져가면 힘든 일과를 끝낸 후나 샤워하러 갈 때나 화장실에 갈 때 편하게 신을 수 있다. 옷은 대부분 외국에서 사도록 하라. 그게 싸게 먹히기 때문이다. 그렇다고 현지 민속 의상을 사라는 얘기는 아니다. 서양산 소비재는 거의 어디서나 찾아볼 수 있는 데다, 이렇게 실용적인 구매를 하면 튀지 않아서 현지에 자연스럽게 녹아들 수 있다는 장점이 있다. 이런 구매의 또 하나 좋은 점은 집에 돌아와 현지에서 산 옷들을 입으면 해외여행에 대한 향수를 불러일으키고 여행지에서의 추억을 떠올릴 수 있다는 것이다.

마지막으로 교통수단 및 해외로 나가는 중요한 방법으로 간주되는 항공 여행에 대해 생각해 보자. 사람들은 여행지로 갈 때 보통 비행기를 탄다. 개인적으로, 또 윤리적으로 나는 비행기 여행에 반대하지만 상황은 점점 더 여의치 않게 돌아가고 있다. 비행기를 타면, 비록 단거리 비행의 경우에도 하루를 허비하게 되는 데다, 보모처럼 구는 기내 방송 때문에 계속 어린애 취급 받는 기분이 든다. 승객들은 현재 알지도 못하는 사이에 비행기 여행에 의해 상품으로 매매되고 있다. 비행기 여행은 여행자가 대단히 붐비는 여정을 택할 수밖에 없도록 되어 있는 구조이기 때문에, 사실 이런 저가 여행 시대에는 여행 안내서를 특정 장소를 피하는 데 이용할 수도 있다.

비행기 여행에 들어가는 환경 비용은 환경 논쟁에서 극비 정보에 속한다. 대류권으로 분출되는 폐기물의 양은 증가일로에 있으며, 땅에서 나오는 잠재 가스 매장량의 세 배에 달한다. 내가 알기로 항공기 연료는 미국의 강경한 요구 때문에 세법상 부가가치세를 면제받는다.

흥미로운 사실이 아닐 수 없다. 이와 대조적으로 기차 여행의 경우에는 이산화탄소 배출량을 5분의 4까지 줄일 예정이다. 여행으로 인해 생기는 이산화탄소를 1인당 1년에 0.5톤으로 제한한다고 가정해 보자. 0.5톤은 비행기를 타지 않는다면 자동차로 2만 2000킬로미터를 갈 수 있는 양이다. 또 미국 사람이 15년에 한 번 발리로 왕복 비행기 여행을 할 때와 자동차로 매년 1000킬로미터씩 15년 동안 달릴 때의 이산화탄소 배출량은 같다. 그런 면에서 비행기 여행을 자주 하는 것은 짧은 시간에 환경에 최악의 영향을 끼치는 셈이 된다.

환경에 미치는 영향은 차치하고라도 비행기 여행은 고단한 것이기도 하다. 작은 상자나 가축우리와 별로 다를 게 없는 곳에 틀어박히는 건 새로운 사람을 만나는 데에도 여행에도 사실상 도움이 되지 않는다. 나는 슬로푸드 운동이 지향하는 철학을 더 좋아한다. 즉 발로 직접 땅을 디뎌 가며 현지로 가는 것을 말이다. 당연하겠지만 기차나 버스를 타거나, 가급적 걸으면 스트레스도 덜 받고 돈도 보통 더 싸게 먹힌다.

동행은 초과 수하물인가, 안전망인가?

혼자서 여행해야 할까, 아니면 동행이 있는 게 좋을까, 또는 단체의 일원으로 여행해야 할까? 어떤 종류의 여행이든 모두 각기 장단점이 있다. 상황에 따라 한 번의 여행에서 세 가지 형태를 모두 경험할 수도 있다.

혼자 여행하면 주변 환경에 대한 인지 능력을 기를 수 있다. 모든 감각이 환기되어 지역 사회와 더 친밀한 교감이 가능하다. 혼자 여행을 하다 보면 어떻게든 친구를 만들지 않을 수 없고, 그러다 보면 친구 관계를 끊는 것보다 친구를 만드는 것이 더 쉽다는 걸 배울 수 있을지 모른다. 혼자라는 조건은 최선을 다해 현지어를 배우려고 노력하는 데 분명 도움이 된다. 또 혼자 하는 여행은 가장 자유로운 여행 방식이기도 하다. 누구에게도 맞춰서 움직일 필요가 없고, 그때그때 벌어지는 상황을 형편에 맞게 이용할 수도 있다. 혼자 여행을 다니면 믿고 조언을 구할 수 있는 사람이 아무도 없을 때도 있으므로 계획 수립, 건강과 안전 문제에서 자립심을 가질 수밖에 없다. 또 타인의 호의에 더 많이 기대야 하는 상황이기 때문에 친화력은 물론이요, 스트레스를 많이 주는 온갖 상황에 대처하기 위해 자연히 유머 감각도 기를 수밖에 없다. 집이나 해외 숙박지로부터 멀리 떨어진 곳에 혼자 가게 될 때는 잠재적인 안전 문제가 있을 수 있다. 언제나 누군가에게는 내가 어디를 가는지, 또 언제 돌아올 예정인지 알려 두는 게 현명하다. 적절한 때에, 특히 관광 코스에서 단체와 합류하는 것도 유용한 기술이다.

고독은 그렇게 나쁜 것이 아니다. 주변에서 일어나는 일에 민감해지게 하니까 말이다. 그렇게 사무쳐 오는 강렬한 감각은 기억 속에 경험을 아로새기는 역할을 한다. 또 사물과 자기 자신과 관계에 대해 깊이 성찰하게 된다. 고독은 너무 지나칠 때를 제외하면 소중한 것이다. 그래도 역시 혼자 다니는 게 모든 사람에게 잘 맞는 것은 아니다. 아주 솔직히 말해서 어떤 사람들은 단독 여행에 전혀 어울리지 않는다. 자기가 혼자 여행을 다닐 역량이 있을지 없을지는 많은 여행자에게 고민거리이다. 장기간 단독 해외여행을 시도하기 전에 주변으로 혼자 짧은 여행을 떠나 보면 자기가 어느 쪽인지 알아볼 수 있다. 이웃 도시로 며칠 또는 일주일 정도 여행을 해 본 다음 홀로 다니는 여행이 편하게 느껴질 때까지 차츰 여행 범위를 넓혀 보자.

사실 혼자서 여행하는 사람들은 극소수다. 대부분의 사람들은 "그 링고 코스"나 "배낭여행객 관광 코스"에서 다른 배낭여행객을 만나서 함께 어울려 서로 가고 싶은 곳으로 여행을 떠난다. 때로는 절충안도 가능하다. 예를 들어 아내와 나는 여행에서 우선시하는 가치가 서로 다르다. 아내는 가능하면 많은 것을 보기를 원하는 반면 나는 장시간 한곳에 머물면서 그곳 분위기에 흠뻑 젖어 드는 쪽을 선호한다. 그래서 우리는 낮 동안 따로 다니다가 저녁에 합류할 때가 많다. 그런 다음 각자 무엇을 보았는지 또 상대방이 놓친 것이 무엇인지 비교하는 것을 즐긴다.

한편 동행이 있으면 경험의 질이 높아질 수 있다. 친구를 데려가면 일을 분담해서 책임질 수 있고, 좀 더 효율적으로 경비를 절약할 수 있다. 자신감이 커지는 데다, 함께 무언가 독특한 경험을 하면서 정과 유대감이 돈독해지는 보상도 뒤따른다. 그러나 여행에는 고생과 스트레스가 반드시 수반되다 보니 우정과 관계도 가혹한 시험을 받게 마련이다. 서로 좋아하는 것, 싫어하는 것, 공포의 대상, (비)융통성, 낯선 것에 대한 (불)관용, 유머 감각에 대해 알고 있어야 한다. 여행을 같이 하면 친구들끼리 결속력이 강화되든지, 친구 사이가 끊어지거나 멀어지든지 둘 중 하나인 것은 분명하다. 더욱이 부록에서 이야기하겠지만 "간이(quick and dirty)" 연구를 해야 하는 사람들의 경우 동행은 확실히 요긴할 수 있다. 그렇다 하더라도 자신과 동행이 도무지 성미가 맞지 않거나, 여행을 함께 하는 게 극심한 스트레스가 된다는 확신이 들면 갈라져서 각자의 길을 갈 각오를 해야 한다.

물론 동행은 우정만큼이나 안전을 위해서도 중요한 자원이다. 서로 잘 맞는지 알아보는 것 외에도 함께 여행하기로 결정하기 전에 고려해야 하는 문제가 몇 가지 있다. 가장 솔직하게 직면해야 하는 건 돈 문제다. 자기와 동행이 여행 예산과 기간에 대해 같은 생각을 갖고 있는지 확인해야 한다.

세 번째 선택지는 여행안내원을 따라다니는 단체 여행이다. 이런 조직적 여행의 배후에는 전문적인 안내를 받으면 불안은 최소화하고 "꼭 봐야 할" 곳들을 볼 수 있는 기회는 극대화할 수 있을 거라는 생각이 깔려 있다. 보통 이런 단체 여행은 일정이 미리 정해져 있어 융통성이 거의 없다. 그리고 안내원이 장소를 비롯해 그때그때 필요한 정보를 충분히 제공한다. 단체 여행은 여행자를 신중하게 보호하는 경향이 있으며, 장기적이고 절대적 침묵을 경험할 기회는 제한적이다. 당연히 여행자 입장에서는 관광 프로그램을 예약하고 돈을 내는 것 외에는 계획도 결단도 별로 필요 없다. 이런 단체 관광은 해외로 가는 가장 안전하고 가장 새로울 게 없는 방식으로, 초보 여행자에게 맛보기용 해외여행으로 유용하다. 많은 사람들이 이런 단체 관광을 하고 나서 혼자 남아 따로 그 나라에서 몇 달을 더 보내는 방법을 택하기도 한다.

점점 더 인기를 얻고 있는 관광 여행 유형으로 자원봉사 여행도 있다. 일반적으로 한 지역에서 몇 주를 보내며 특정 프로젝트를 수립하고 진행하는 것을 돕는다. 보통 일군의 자원봉사자 및 수많은 동료 연구자와 함께하게 된다. 작은 힘이나마 세상에 변화를 가져오는 일에 보탬이 된다는 점만으로도 기분 좋은 일이다. 게다가 몇 주 동안 단체와 함께 지내며 갖게 되는 안정성으로 인해, 여행자는 결과적으로 그 지역을 단순히 거쳐 가기만 하는 것보다 더 좋은 느낌을 받게 된다. 이런 종류의 여행을 주선하는 가장 큰 단체는 어스워치(Earthwatch)다. 비슷한 유형의 활동을 하는 다른 단체들도 있다. 예를 들어 해비타트(Habitat for Humanity), 세계시민네트워크(Global Citizens Network), 국제자원봉사협회(Global Volunteers) 등이 있다.

어쩌면 초보자가 해외로 나가 가장 간편하게 인류학적 기술을 익히는 데는 홈스테이가 큰 부분을 차지하는 해외 유학 프로그램이 적합할 수도 있다. 일반적으로 이런 프로그램은 한 학기나 한 학년도 동안 이루어지며, 단체 여행, 현지 학자와 명사들의 강좌 수강, 관심 지역 견학 등의 활동으로 구성된다. 내 경험상 이런 프로그램에 참가한 학생들이 다른 종류의 해외 유학 프로그램에 참가한 학생들보다 더 많은 것을 배우고 돌아온다. 예산이 문제라면 다른 나라 대학교가 운영하는 해외 유학 프로그램을 이용할 수 있는지 알아보자. 내 제자 한 명은 최근 미국에서 운영하는 해외 유학 프로그램을 이용할 때 드는 비용의 반값으로 캐나다에서 운영하는 동급(同級)의 유학 프로그램을 1년 동안 이용했다. 또 다른 학생은 가나에 있는 대학교에 직접 등록해서 미국 현지에 가서 그 프로그램을 이용할 때 드는 비용의 4분의 1 가격으로 1년 간 유학을 했다.

기대를 안고 해외여행을 준비하는 기간은 아주 신나는 단계이므로 이때 여행 일지를 쓰기 시작하는 게 좋다. 평범하고 세세한 준비 과정과 더불어, 자기 자신과 다른 사람들이 이 여행에 어떤 기대를 하고 있는지도 적어야 한다. 기대감을 묘사하고, 어떤 기대를 하고 있는지 밝히고, 해외로 나가야 하는 이유를 기록하라. 예상되는 환경, 걱정, 공포를 상상해 보자. 이런 여행 일지에는 외국인들에게 자신이 어떻게 비칠지에 대한 느낌과 기대를 기록해도 좋다.[4]

해외여행에 도움이 되는 개인적 특성이란 게 따로 있을까? 우리 어머니는 남아프리카 공화국에 있는 미국 성공회 고아원에서 스파르타식 양육을 받으며 자라셨다. 어머니는 그 고아원 수녀에게서 들은 다음과 같은 이야기를 해 주신 적이 있다. 두 형제가 있었는데 크리스마스 때 한 명은 신형 자동차를 선물 받았다. 그는 누가 차를 훔쳐 가거나 흠집을 내지는 않을지, 보험료는 얼마나 들지, 차를 어디에 둬야 할지 전전긍긍했다. 다른 형제는 말똥을 선물로 받았다. 냄새를 맡아본 그는 이게 갓 눈 똥이라는 걸 알고 바로 웃기 시작했다. 근처에 분명 살아 있는 말이 있다는 증거였기 때문이다. 고아원에서 나온 후에도 오랫동안 힘든 환경에서 살아가는 동안 우리 어머니를 버티게 해준 것은 이렇게 매사에 긍정적인 태도였다. 이런 태도야말로 모든 여행자가 가져야 하는 것이기도 하다. 결과적으로 해외에서의 경험을 최대한 활용하려면 스스로를 웃음거리로 만들 줄 아는 능력이 필요하다. 그러려면 유머 감각이 반드시 있어야 한다.

두려움이라는 골칫거리에 대해 다시 말하는 것으로 이번 장을 마치겠다. 여행을 두려워할 필요까지는 없지만, 여행지를 정할 때는 몇 가지 조건을 따져 보고 여러 면에서 확실히 위험한 지역은 제외해야 한다. 우선 여행자는 방문지에 사는 사람들과 어떤 가치관이 같아야 한다. 나에게는 이 세상에서 다시는 가고 싶지 않은 지역들도 있다. 현지인의 세계관과 내 세계관의 차이가 너무 크기 때문인데, 내가 보기에 그곳 사람들은 너무 냉혈한이고 돈만 밝히는 느낌이었다. 여행에서 또 다른 중요한 조건은 여행자가 너무 적응을 잘해서도 안 된다는 것이다. 적응력이 지나치면 여행이 결코 끝나지 않는 상황이 올 수도 있다. 이 말은 결국 여행에서 돌아오지 못할 수도 있다는 의미이기도 하다.

원칙적으로 해외여행은 경외감과 황홀감을 불러일으켜야 한다. 정해진 여행 일정에 맞춰 시간 제약을 받아서도 안 된다. 그러나 어떤 면에서 "관광"이라는 단어의 뜻 중에는, 토너먼트(tournaments. 승자 진출전-역자)에서 그렇듯이 여러 다른 장소들을 돌아다니며 이루어지는 일련의 장기적 과제 수행 과정을 설명할 때 써도 무방한 것도 있다. 이렇게 여행을 과제 수행으로 보는 것은 아주 적절한 발상이다. 해외에 있는 동안 여행에 대한 두려움을 극복하는 것은 효과적으로 이용될 수 있다. G. K. 체스터턴(G. K. Chesterton)이 일찍이 말했듯이, 이

옷집 대문을 불시에 두드리는 게 지구 반 바퀴를 여행하는 것보다 더 큰 용기를 필요로 하는 것이니까 말이다. 이 말은 자기 집과 친숙한 사람들과 가까이 있을수록 당연히 따라야 하는 행동 규범에 더 철저히 지배받게 된다는 뜻이다.

7

짐을 가볍게 하고
여행하기

"행복하게 여행하려면
짐이 가벼워야 한다."

ㅡ 앙투안 드 생텍쥐페리 *Antoine de Saint-Exu-péry* ㅡ

무엇을 집에 두고 떠날 것인가?

　　대부분의 여행자들은 짐이 너무 많다. 문자 그대로, 또 비유적으로도 말이다. 이번 장은 여행에서 필수적인 것에 대해 다룬다. 해외여행을 준비할 때는 안전을 위해서뿐 아니라, 편리와 즐거움, 또 때로는 뻔뻔스러운 소비지상주의 때문에 최고의 장비를 갖추고 싶은 유혹이 든다. 나는 하이킹을 하거나 카약을 탈 때마다 자기 장비에 대해 이야기하고 싶어 미치겠어하는 사람들을 맞닥뜨려야 한다는 게 늘 불만이다. 문제는 물질만능주의가 만들어 낸 자아상에만 그치지 않는다. 해외에 있는 동안 고장이 나는 첨단 기기가 너무나 많다는 것도 문제다. 그것도 딱 필요한 순간에 말이다. 그런 기기는 또한 여행자를 격리시켜 여행자를 주변의 환경과 가로막는 장벽이 되기도 한다. 경제학자들 말대로 필요한 것(needs)과 원하는 것(wants)을 구분해야 한다. 나는 모든 감각이 환경에 노출될 수 있도록 최소한의 것으로 최대한의 효과를 올리는 것을 추구하는 미니멀리즘 편에 서고 싶다. 이제는 갈수록 여행자들이 여행지에 가지고 간 것이 무엇이냐가 아니라, 여행지에서도 구할 수 있다는 걸 알고 집에 두고 간 것이 무엇이냐에 따라 여행자를 분류하는 시대가 되고 있다.

　나는 어느 초여름 날 뉴햄프셔 주 화이트 산(White Mountains)에서 마주쳤던 등산객의 모습을 잊을 수 없다. 그는 최고급 등산복을 입고 있었는데, 그것 때문에만 눈길을 끈 것은 아니었다. 그는 휴대 전화, 디지털카메라, 비디오카메라, 기상 정보 청취용 라디오, 최첨단 GPS

수신기 같은 액세서리들을 주렁주렁 달고 있었다. GPS 수신기는 그가 있는 위치뿐 아니라 고도와 온도도 알려 주었다. 제일 중요한 것으로, 끊임없이 신나는 음악을 들려주는 아이팟도 있었다. 그는 전자 장비들로 이루어진 고치에 싸여 있다고 해도 무방했다. 내 동행은 이렇게 말했다. "저 사람이 저러고 아프리카나 히말라야에 갔다면 강도를 당해서 전자 기기들은 여기저기 소위 재분배되고 말았을 거야." 오래전에 인류학자 멜빌 허스코비츠(Melville Herskovits)는 어떤 문화에서 가장 집착하는 대상을 가리키는 "문화적 초점(cultural focus)"이라는 개념을 내놓았다. 예를 들어 아프리카 일부 지역에서는 문화적 초점이 소가 될 것이고, 파푸아 뉴기니에서는 돼지가, 미국에서는 분명 가전제품이 될 것이다.

지그문트 바우만이 1980년대에 예측했듯이, 부유한 엘리트 계급이 재미와 기회를 찾아 제트기를 타고 세계를 떠돌아다니는 동안, 가난한 노동자들은 생계를 위해 떠돌아다닌다. 무선 통신은 엘리트 계급이 일하고, 살아가고, 장소와 관계 맺는 방식을 바꾸고 있다. 이런 신기술은 연구뿐 아니라 소통에도 흥미진진한 가능성을 제공하고 있다. 국제전기통신연합에 따르면 세계 인구의 절반 이상인 33억 명이 넘는 사람들이 현재 휴대 전화 서비스에 가입해 있다. 휴대 전화의 결점이었던 인터넷 연결이 어렵다는 문제는 신기술 발달에 따라 빠르게 해소되고 있다. 현재는 미국에서 문자 메시지가 일반 전화보다 더 많이 쓰이고, 대부분의 휴대 전화는 시각적 청각적 기록 능력도 갖추고 있다. 그 밖에 다른 기술적 발전도 해외여행에 중요한 역할을 하고 있다. 여행자와 관련된 기술로는 휴대 전화를 위한 위치 기반 서비스 선택 기술이 있다. 휴대 전화에 내장된 GPS를 비롯한 여러 비슷한 기술 덕분에 사실상 길을 잃는 일은 없어질 것이다. 몇 년 내에 전자 기록에 근거해서 전화기로 내가 있는 위치를 알 수 있게 될 것이다. 이제 어느 쪽으로 가면 되는지도 그런 방식으로 알 수 있을 것이다. 더욱 흥미가 가는 것은 신형 아이폰으로, 중요한 어구를 원하는 외국어로 번역해 주는 기능을 갖추고 있다.

그러나 이런 기기들이 해외로 나가서 다른 문화에 대해 배울 때도 유용할까? 이런 기기들이 가지는 일차적 이점이 안전이라는 것은 분명하다. 그러나 동시에 여행자에게 무모한 시도를 하게 만드는 부정적인 결과도 낳을 수 있다. 최근 저렴한 GPS 유도 장치가 달린 비상 무선 응답기가 대중적으로 보급되면서 구조 요원들의 업무량이 확연히 늘어나고 있다. 위급하지 않은 상황인데 연락을 하는 사람들도 있고, 이런 무선 응답기를 믿고 평소에는 엄두도 내지 않았을 위험한 일에 도전하는 사람들에게 호출을 당하기도 하기 때문이다. 이와 똑같은 상황이 휴대 전화 때문에 벌어지기도 한다. 휴대 전화가 현장을 시각적으로 실시간 기록하고 전송하는 데 이용될 수 있는 것은 분명하다. 실제로 휴대 전화는 선거나 인권 유린 같은 사건을 감시하는 데 중요한 도구가 되고 있다. "목격자(Witness)"라는 이름의 NGO를 창설한 피터 가브리엘(Peter Gabriel)은 감시원들에게 동영상 촬영법을 가르쳤고, 덕분에 현재 이들은 더 쉽게 임무를 수행하고 있다. 짐바브웨 선거 현장에서는 휴대 전화 카메라로 무장한 감시원들이 아주 중요한 역할을 해서, 이들 덕분에 감독관들은 현장을 문자나 녹음으로 기록해서 바로 컴퓨터로 보낼 수 있었다. 이런 신기술은 남반구 국가들에서 의료 서비스 진흥과 다양한 문제들에 대한 대규모 실태 조사에 매우 효과적으로 쓰이기도 했다.

이런 새로운 모바일 문화에 대해 많은 전문가들이 지적하는 문제점 중 한 가지는 이런 기기에 집착하게 된 사람들이 자기 주변에 있는 것들을 보려 하지 않는다는 것이다. 이런 기기로 문자를 보내거나 수다를 떠는 데 너무 몰두한 나머지 말이다. 문자 메시지는 새로 고유한 은어를 만들어 내고 있어서 문법, 구문론, 맞춤법에 골치 아픈 변화를 가져오고 있다. 문자 메시지는 생각보다 속도를 중시하게 만든다. 현재 학생들은 "요점"과 "단편적 정보" 차원에서 사고한다. 즉 생각이 두서없다. 문자 메시지를 하면 할수록 문장은 엉망이 된다. 문자 메시지는 "언어적 무신경함"을 낳고 사람들이 생각하거나 생각하지 않는 방식에 영향을 미치고 있다고 언어학자들은 주장한다.

"연결성"은 새로운 "유목민"적 생활 양식, 즉 어디에서나 일할 수 있는 사람들을 양산해 내고 있는 현상을 가리키는 신종 유행어다. 신흥 엘리트 유목민은 이동하는 게 아니라, 인터넷 연결성이 결정적인 역할을 하는 작은 영역 내에서만 움직인다. 이런 연결성이 가족처럼 이미 심리적으로 친밀한 사람들을 더 친밀하게 만든다는 증거는 분명 존재한다. 그러나 그 대가로 일상생활에서 직접 마주치는 모르는 사람들에게는 관심을 기울이지 않는 결과가 나타난다.

연결성은 사람들을 더 자율적으로 만들었을 뿐 아니라 더 의존적으로 만들기도 했다. 어떤 사람들은 이를 가리켜 새로운 의존성을 탄생시킨 "테더링(tethering. 인터넷 접속이 가능한 기기와 IT 기기를 연결해서 그 기기로도 인터넷 이용이 가능하게 하는 방법 – 역자) 기술"이라 이르기도 한다. 인터넷은 중독이 될 수 있다. 특히 정보가 많을수록 더 나은 결정을 내릴 수 있다고 착각하는 사람일수록 더하다. 어떤 사람들은 블랙베리 스마트폰에 너무 중독된 나머지 "크랙베리(CrackBerries)"라 불리기도 한다[크랙(Crack)은 코카인의 일종인 강력한 마약 – 역자]. 이런 중독은 얼마나 심각한지 인터넷으로 낯선 타인과 이야기를 나누느라 자기가 현재 여행하고 있는 세상을 경험할 기회를 놓칠 정도다.[1]

　여행자를 소비층으로 하는 최신 기술 혁신은 "지오태깅(geotagging)"으로, 자기가 찍은 사진에 GPS 데이터를 첨부해 디지털 지도에 표시할 수 있게 하는 기술이다. 사진을 찍은 정확한 장소를 알 수 있기 때문에 사진이 인터넷 지도에 올라가면 이용자들은 그와 아주 가까운 곳에서 찍은 사진 모음을 열람해서 그 장소에 대해 대충이나마 콜라주를 만들어 볼 수 있다. 그런 콜라주를 만들고 다운로드 받는 것은 아직까지는 마니아적인 세계에 속하지만, 내장형 GPS 시스템을 갖춘 여러 가지 카메라와 휴대 전화 카메라가 이미 시판 중이다. 아직은 값비싼 최고급품이라 대중적이지는 않지만 말이다. 어느 사진 공유 사이트의 운영 부장 말에 따르면, 지오태깅이 인기를 끄는 진짜 이유는 그것이 전리품이기 때문이다. "사람들은 자기가 이런 끝내주는 곳에 가 봤다는 걸 남들에게 알리고 싶어 하는데 그런 과시에는 이 방법이 최고거든요."[2]

경험은 어떻게 전달할까? 특히 문자 그대로나 은유적으로나 듣는 사람의 이해 범위를 벗어날 게 분명한 여행 경험을 말이다. 이것은 많은 철학자들을 사로잡은 유서 깊은 질문이기도 하다. 특별히 혜택 받은 최첨단 세상에서는 경험을 전달하기는 쉽지만 경험을 하기는 어렵다. 현재 온갖 통신 장치 덕분에 사람들은 직접적인 경험은 거의 하지 않지만 세상에 대한 경험을 경험한다. 실시간 의사소통이 가능해지면서 해외여행에서 가장 중요한 것은 새로운 경험보다는 전달로 바뀌고 있다. 즉 전달이 여행의 목적이 되었다. 전자 장비 애호가인 여행자들은 해외에서의 경험을 반추하는 대신 문자로 보내기 위해 자기 생각을 정리하느라 바쁘다.

이런 새로운 최첨단 전자 기구들 상당수는 해외로 나갈 때 불필요하다. 이런 기기들은 통제력과 안전에 대해 잘못된 인식을 갖게 하며 결정적인 순간에 오작동을 일으킬 위험이 있기 때문이다. 내가 보기에 이런 기기들은 주로 또래들에게 으쓱댈 기회나 될 뿐이며 가진 자와 못 가진 자 간에 점점 벌어지는 격차를 강조할 뿐이다. 이 말은 이런 기기를 아예 외면하라는 게 아니다. 오히려 그런 기술을 선별적으로, 또 저렴하게 이용하라고 주장하고 싶은 것이다.

물론 전자 장치는 사람들이 여행하는 방식을 바꿔 놓았다. 가족과 친구, 연인과 계속 연락을 유지하는 고전적 방식인 엽서, 또 기억이나 할지 모르겠지만 항공 봉함엽서와 유치 우편(여행이나 기타 사유로 수신인이 우편물을 나중에 원할 때 찾아갈 수 있도록 우체국에서 배달을 보류하고 보관해 주는 서비스 – 역자)으로 보내는 우편물 등은 직접적이고 거의 즉각적인 통신 방식인 휴대 전화, 문자 메시지, 이메일이 대체했다. 많은 신종 유목민들이 단절의 두려움에 사로잡혀 있다. 즉 휴대 전화는 아이들이 안도감을 느끼기 위해 늘 갖고 다니는 담요 같은 안전장치다. 새로운 전자 기술은 고국과 해외에 있는 사람들의 관계에 문제를 일으키기도 한다. 이제 사람들은 몸은 거기 없어도 기존의 사회적 관계에 계속 참여할 수 있다. 이런 사실은 중요한 사회적 함의를 갖는다. 엽서와 편지를 보낼 때는 소통에 대한 결정권이 여행자에게 있었고, 이런 결정은 여행자에게 중요한 누군가, 또 무언가 중 하나를 떠올리게 했다. 반면에 이메일과 휴대 전화의 경우에는 여행자와 고국에 있는 사람들은 동등하고 상호적인 소통 기회를 갖고 있다. 이런 상황에서 여행자들은 이메일의 양과 응답을 해야 한다는 의무감에 짓눌리기 십상일 수 있다.

한때 직접 손으로 쓰던 개인 기행문과 여행 일기가 현재는 컴퓨터를 이용한 블로그와 비디오 웹 로그(vlog)라는 형태로 바뀌었다. 이런 소비자 전자 기기 혁명이 직접적으로든 간접적으로든 가져온 결과가 아직까지는 충분히 제대로 파악되고 있지 못하지만, 분명 눈에 띄는 어떤 추세들은 존재한다. 인류학자들은 인터넷에서 "탈억제 효과(disinhibitive effect. 외적 요인 때문에 억제력을 잃음-역자)"가 나타나는 것에 주목하고 있다. 클라이브 톰슨(Clive Thompson)이 《와이어드(Wired)》 잡지에서 "동네 스타(micro-celebrity)의 시대"라 부른 요즘은 인터넷 상 분노 표출이 로드 레이지(road rage. 자동차 운전자가 도로에서 벌어지는 교통 체증이나 다른 운전자의 운전 행태 등에 분노가 폭발해 난폭한 행동을 보이는 것 - 역자)를 대체했다. 이런 시대에는 페이스북과 유튜브 게시물이 맹목적인 숭배를 받는다. [3] 정보의 자유로운 흐름은 상찬해 마땅하지만 프라이버시에 대한 우려를 낳는 원인이 되기도 한다. 이전에는 정보가 국지적이고 흩어져 있고 쉽게 잊힐 수 있었지만 인터넷에서는 편하게 검색이 가능하고 영구적이다. 예전에 썼던 인터넷 게시 글이 다시 돌아와 사람을 따라다니며 일자리를 놓치거나 심지어 해고까지 당하는 심각한 결과를 가져온다는 식의 무서운 이야기들도 유명하다. 블로그 글은 보통 깊이 생각하지 않고 써서 올리기 마련이고, 여행 중에는 특히 사려 깊지 못한 표현이 들어갈 수 있다. 이런 글이 사이버 세계에서는 영구히 남아 스스로 생명력을 가질 수 있다. 따라서 웹에 올리는 경솔한 글이 가져올 수 있는 잠재적 결과를 얼마나 의식하고 있는지에 따라 블로거가 올리는 글의 내용은 달라질 수 있다.

아이팟은 여행자가 젊을수록 특히 인기가 많다. 나도 처음에는 아이팟이 많은 잠재력을 갖고 있다고 생각한 적이 있었다. 인터뷰와 사건을 기록하는 데도 쓸 수 있기 때문이었다. 그러나 여행자들이 아이팟을 어떻게 이용하는지 관찰할수록 반감을 갖게 됐다. 한마디로 아이팟은 고립(isolation)된 고치(pod)를 의미했다. 아이팟은 자기 자신에게 집중하게 하고 세상에는 참여하지 못하게 했다. 즉 사람들과 어울리지 못하도록 만드는 존재였다. 더욱이 아이팟은 건강에도 해로웠다. 아이팟 이용이 난청을 야기한다는 얘기만은 아니다. 아이팟 이용자는 온갖 것이 득실거리는 주변 세계를 의식하지 못해서 위험에 처할 수 있다는 뜻이다.

여행은 이렇게 사람을 숨 막히게 하는 전자 기기에서 해방될 수 있는 기회다. 부유한 신종 유목민들은 쉴 새 없는 문자 메시지와 휴대 전화 게임, 2분짜리 시트콤 때문에 지루할 새가 없어진, 끝없이 확장되는 디지털 오락 세계라는 혜택받은 환경 속에서 살아간다. 한 휴대 전화 제조사는 "소소한 권태감"조차도 해결해야 할 문제로 보기도 한다. 이런 새로운 경향은 노트북 앞에 본드로 붙여 놓은 것처럼 붙어 앉은 채로 지루해하지도, 그렇다고 재미있어하지도 않는 학생들에게서도 관찰할 수 있다. 이들은 그저 멍한 표정을 짓고 있을 뿐이다. 소비자 중심 사회는 지루함을 평가 절하하는 결과를 낳았다. 아이팟을 지루함에 대한 대응책으로 광고하는 이유도 이 때문이다.

이렇게 끊임없이 이어지는 전자 기기 공세에 권태는 사치가 된다. 민족지학 현지 조사자 중에 장시간 권태를 겪어 보지 않은 사람은 내가 알기로는 없다. 아프리카 많은 지역에서 오전 11시부터 오후 약 3시 사이에는 거의 모든 게 정지한다. 가만있어도 진을 빼놓는 더위 때문이다. 특히 더운 시기에는 더한데, 사람들은 그늘이 있는 곳이면 어디나 찾아들어 땀을 흘리며 빈둥거린다. 숨 막히는 더위와 파리 떼 때문에 잠을 자는 것은 불가능하다. 지루함은 외부 세계에 대한 반응을 멈추고 내부 세계를 탐색하는 상태다. 장시간 계속되는 퀘이커 교도의 회합에서 내면을 들여다보며 영적인 것뿐만 아니라 현실적인 문제들에 대해서도 성찰하는 상황을 떠올려 보라. 우리는 이런 성찰을 통해 직관적 깨달음을 얻을 수 있다. 지루함은 혼자 힘으로, 자주적으로 생각할 수 있게 하는 자극제가 된다.

예전에 당시 열 살이었던 우리 딸이 가족들을 설득해서 〈빨간 머리 앤〉의 배경이 된 프린스에드워드 섬으로 가족 여행을 갔다. 관광 명소에 도착하자 딸은 자기를 몇 시간만 혼자 있게 해 달라고 했다. 소설에 나온 장면들을 머릿속으로 다시 떠올려 보고 싶다고 말이다. 어린아이들은 지루해하지 않는다. 상상력을 발휘하면 되니까 말이다.[4] 가장 창의적인 사람이 불확실성과 지루함을 오래 잘 견딘다고 알려져 있다. 여행도 그럴 수 있어야 한다. 즉 사람들에게 지루함을 견뎌 내는 법뿐 아니라, 그 진가를 느끼는 법을 가르치는 계기가 되어야 한다. 다시 말해서 여행은 우리 안에 있는 어린아이를 되살리는 시간이 되어야 한다. 여행은 상상력을 실제로 자극하며, 꼭 자극해야만 한다. 얼마나 많은 밤을 뱀이 침대 속으로 기어들어 오거나 암살단에게 습격을 당할지 모른다는 생각에 잠을 설쳤던가? 그러나 이런 낯선 것에 대한 상상 속 공포는 긍정적으로 쓰일 수도 있다. 그건 분명 매혹적인 경험이 될 것이다. 어쩔 수 없이 멍하게 있어야 할 때 얼마나 많은 걸 얻을 수 있는지 알고 싶으면 퀘이커교 회합에 참석해 보는 것도 한 가지 방법이다. 한 시간 동안 침묵을 지키며 사람들 틈에 앉아 있는 동안 마음이 어떤 일을 하는지 알면 정말 놀랄 것이다.

전자 장비는 여행에서 세 가지 유용한 역할을 한다. 통신 수단, 관찰 내용 및 경험을 기록하는 도구, 그리고 마지막이자 분명 가장 미미한 역할인 오락거리 역할이다.

전자 통신과 손으로 적는 기록

　　　　전자 통신은 특히 안전 면에서 이점이 있다. 안전은 여행자 자신보다는 용감무쌍한 모험가의 안위를 걱정하지 않을 수 없는 고국에 있는 사람들에게 중요한 문제다. 아마도 가난한 나라들에서 일어나는 변화 중 가장 급성장하고 있는 부문은 분명 통신 산업일 것이다. 아프리카 전역에서 현지 기업가들이 국제 휴대 전화 서비스를 제공한다. 물론 여행자는 이런 현지 설비를 반드시 이용해야 한다. 대체로 저렴할 뿐 아니라, 현지 기업에 도움이 되기 때문이다. 그저 전화카드를 사거나 값싼 현지 휴대 전화를 비상용으로 구입하는 것만으로도 도움이 될지 모른다. 휴대 전화를 잃어버리거나 "재분배"될 가능성을 감안하면 선불 시스템을 이용하는 게 당연히 현명하다. 이렇게 하면 중요하지 않은 전화는 걸지 않게 되는 효과도 있다. 여행의 황금률을 명심하자. 즉 서로 얼굴을 맞대고 하는 대화가 컴퓨터 통신망으로 하는 대화보다 훨씬 낫다는 것을 말이다.

　요새는 인터넷 카페나 인터넷 연결이 되는 도서관이 거의 어디나 널려 있어서 아주 쉽게 이메일과 블로그에 접속할 수 있다. 이때 너무 많은 시간을 컴퓨터 앞에서 보내지 않는 것이 중요하다. 컴퓨터야 집에 돌아가서도 얼마든지 실컷 할 수 있을 테니까 말이다. 내 경험상 특히 공공장소에서 인터넷에 접속할 때는 하루에 30분을 넘기지 않도록 스스로를 단속해야 한다. 물론 인터넷 활동은 소통에 아주 좋은 방법이다. 똑같은 내용을 잘라서 붙이거나 블로그에 올려서 많은 사람들에게 자기가 한 활동과 모험을 간접 경험한 것 같은 느낌을 줄 수 있으니까 말이다. 하지만 디지털 일기 시대가 정점에 이르러 하락세를 보이고 있고, 심지어 종언을 고할지도 모른다는 징후가 이미 나타나고 있다. [5]

많은 사람들이 블로그 보는 것을 즐기지만 사실 이것은 대용품에 불과하다. 독자들은 블로그 게시물이 광범위한 익명의 독자층을 대상으로 작성되었다는 사실을 알고 있다. 즉 블로그 글은 손으로 써서 친구나 친척에게 보내는 사적인 편지 같은 게 아닌 것이다. 사실 지금도 직접 쓴 비망록과 편지가 할 수 있는 중요한 역할이 있다. 언젠가 미디어 기술에 훤한 내 딸은 자기 외할머니가 모아 놓은 편지를 읽는 재미에 푹 빠져 행복한 하루를 보냈다. 그 모습을 보면서 나는 그제야 깨닫게 되었다. 이런 즉각적인 의사소통의 시대에는 우리의 아랫세대가 지금 세대가 어떻게 살았는지 알고 싶을 때 즐길 수 있을 만한 문자 기록이 전혀 없을 거라는 사실을 말이다.

편지와 비망록을 손으로 쓰는 것은 유익한 경험이다. 키보드를 치기보다 뭔가를 작성하고 글을 쓸 때 더 신중하게 생각하고 내용을 체계적으로 구성하기 때문이다. 잘라서 붙이기를 하거나 맞춤법 검사기를 돌리는 게 불가능하니까 말이다. 손으로 쓰는 것은 사고를 촉진하고 아이디어를 체계적으로 구성하고 전개하는 데 도움이 된다.

블로깅을 하거나 긴 보고서를 작성할 때는 대부분의 독자들은 맥락에 대한 감각과 장소성(어떤 지리적 공간에서 느낄 수 있는 고유한 특성으로, 외적인 형태뿐 아니라 사람들이 거기서 경험하고 느끼는 것, 그곳에 대해 가지는 인식이나 부여하는 의미, 소속감과 애착 등을 포함하는 개념이다. – 역자)이 떨어지다는 데 유의하자. 이런 장소성과 현장감을 만들어 내는 한 가지 방법은 상상력을 발휘해서 지역 신문에 지금까지 한 여행에 대한 기사를 송고하는 저널리스트가 됐다고 가정하는 것이다. 이때 언제나 자기가 생각하는 독자층을 염두에 두자.

펜에서 카메라까지 기록 장비의 변천

19세기 중반에 사진이 등장했을 때, 여행자들은 탐험가든 관광객이든 모두 이 새로운 사진 촬영 기술을 재빨리 도입했다. 사진은 여행담을 전할 때뿐만 아니라, 더 중요하게는 구두와 문서로 하는 증언을 뒷받침하는 데도 쓰인다. 또 사진은 미학적인 면에서도 효용이 있다. 여행을 하다 보면 눈앞에 펼쳐지는 어떤 경치에 실제로 경외감을 갖게 된다. 그게 아니라면 위험천만하기로 악명 높은, 지구상에서 두 번째로 높은 히말라야의 케이투 봉으로 약 23킬로그램에 달하는 영화 카메라를 굳이 끌고 올라가는 노력을 달리 어떻게 이해하겠는가? 이런 이유 외에도 "발자국 외엔 아무 것도 남기지 말라. 사진 외엔 아무것도 가져오지 말라"는 생태 친화적 정서가 현대에 와서 많은 사람들에게 점점 더 호소력을 발휘한 것도 사진의 가치를 더했다.

한편 사진 기술은 카메라의 크기와 비용 면에서 대대적 개선이 이루어지고 작동이 쉬워진 덕을 보았다. 카메라는 리빙스턴이 사용하려 했던 무거운 그라비어 감광판 기계에서 20세기 초에 "버튼만 누르면 나머지는 우리가 알아서 합니다"라는 슬로건을 걸고 광고했던 코닥 (Kodak)으로 발전했다. 엽서 산업과《내셔널 지오그래픽》잡지의 출현이 여행 사진 산업을 더욱 활성화했고, 아마추어들이 사진 찍는 것을 장려해서 가족이나 여행 사진 앨범을 어디서나 흔히 볼 수 있게 되었다. 가장 전형적인 관광객의 이미지가 카메라를 주렁주렁 목에 걸고 있는 모습인 것은 우연이 아니다.

근래 나노 기술과 규모의 경제(생산이 늘어날수록 평균 경비가 감소하는 것 – 역자) 덕분에 디지털 기기는 더욱더 작아지고 값싸지고 더 간편하게 조작할 수 있고 덜 튀게 되었다. 사진은 기록 장치로서, 비망록으로서, 해외에서 보낸 경험의 산물인 상품이나 에세이나 책의 일부분으로서 없어서는 안 될 존재가 되었다. 사진 촬영은 보이는 세계를 보여 주는 중요한 방법으로 여겨진다. 사진은 이야기만으로는 불가능한 방식으로 효과적인 증거가 되며, 말로는 불가능한 방식으로 기록의 진실성을 입증한다.

늘 그렇듯이 사진 기술을 이용하는 것에도 장단점이 있다. 무엇보다 사진이 여행의 주가 되어서는 안 되고, 첫째로 고려하는 대상이 되어서도 안 되며, 윤리적인 문제도 고려해야 한다. 카메라는 여행을 보강하는 역할을 할 수 있다. 사진을 찍기 위해 그림같이 아름다운 풍경을 찾는 과정에서는 모든 것이 더 좋아 보이기 때문이다. 뷰 파인더를 통해 풍경을 보면 단순히 맨눈으로만 보는 것과는 다른 경험을 하게 된다. 그러나 사진을 찍지 않는 것에서도 즐거움을 찾을 수 있다. 콜린 플레처(Colin Fletcher)가 그랜드 캐니언에서 하이킹을 할 때 카메라가 부서진 후에 깨달은 것처럼 말이다. 그는 카메라가 망가진 덕분에 사색과는 상극인 필름의 전횡에서 벗어날 수 있었다.

세세한 것들에 계속해서 신경을 써야 한다. 그런 문제들은 끊임없이 머릿속을 어지럽게 맴돌면서 섬세한 감상의 초점을 흐트러뜨린다. 그러고 있는 동안에는 그런 뼈아픈 사실을 좀처럼 깨달을 수 없게 마련이고, 설사 깨닫는다 해도 별 수 없는 노릇이다. 그러나 그랜드 캐니언에 간 그날, 카메라가 부서진 후에 나는 내가 주변 모든 것을 새로운 방식으로 음미하고 있다는 걸 깨달았다. 즉 잠깐 멈춰서 사진을 찍은 다음 잊어버리는 대신에 가만히 서서 열심히 바라보며 기억이라는 감광 유제에 더 진실한 이미지를 또렷이 남겼다. 그렇게 해서 자유의 몸이 된 그 한 주는 한바탕 축제가 되었다. [6]

디지털카메라가 탄생하기 이전 필름이 상당히 비싸던 시대에는 여행자들은 모든 사진을 가치 있는 것으로 만들기 위해 신중하게 구도를 잡았다. 그러나 찍은 사진을 즉석에서 살펴보고 삭제할 수 있는 디지털카메라가 이런 태도를 바꿔 놓아서 더 이상 구도를 잘 잡으려 노력할 필요가 없게 되었다. 그럼에도 불구하고 해외에서 카메라를 사용할 때 다음과 같은 조언들은 도움이 될지 모른다.

먼저 관광 및 여행안내 소책자에서 본 사진을 그대로 따라서 찍지 말라. 그럴 바에야 그냥 다운로드하면 될 테니까 말이다. 가장 멋진 장면뿐 아니라 적당히 볼만한 장면과 가장 시시한 장면도 찍어라. 화려하고 멋진 장관 말고 일상적인 평범한 것도 찍어야 한다. 전형적인 관광 명소만 찍지 말고, 설사 그게 부정적인 경험이었다 해도 나중에 여행담을 말할 때 의미가 있을지 모르는 장면과 사건도 찍어라. 예를 들어 자기가 만났던 흥미로운 사람들, 동행자, 거리 풍경 같은 것을 말이다. 외국에서 접한 쓰레기와 위생 시설은 많은 사람들에게 혐오감을 주고 깊은 인상을 남기는 데도 이런 것을 실제로 보여 주는 사진은 극히 드물다. 더불어 눈에 띄게 흥미진진한 "관광객용" 장면을 보거든 무슨 수를 써서라도 사진을 찍어라.

가장 중요한 건 "이야기를 떠올리는 것"이다. 해외에서 자기가 한 경험에 대해 어떤 이야기를 할 수 있을까? 그리고 그런 경험을 실제로 보여 주기 위해서는 어떤 사진을 써야 할까? 카메라를 이용해서 피사체를 전체적으로 조망한 모습뿐 아니라, 더 중요한 피사체의 세부도 보여 줘야 한다.

이와 동시에 사진을 찍는 데 너무 집착하지도 말아야 한다. 내가 근래 여러 박물관 큐레이터 동료들에게 전해 들은 걱정스러운 이야기는, 카메라나 다른 기록 장비를 든 사람들일수록 전시장에서 훨씬 더 빠르게 이동한다는 것이다. 즉 이런 사람들은 멈춰 서서 전시 대상을 음미하는 대신 그냥 사진을 찍고는 금세 다음 전시물로 옮겨 가 버린다. 그리고 내 생각에는 이런 현상이 해외에 나가는 사람들에게서도 벌어지고 있는 게 아닐까 싶다.

나는 카메라를 이용해서 때로는 전반적인 상황들, 때로는 관심이 가는 대상이나 인공물에 대해 시각적 실태 조사를 한다. 사진 촬영은 "간이" 연구에 쓸 수 있다. 어떤 동료는 품이 많이 드는 가구 조사를 하는 대신 간단히 집 안을 촬영한 다음, 이 사진들을 이웃집들 사진이나 나중에 찍은 사진들과 비교해서 변화를 추적했다. 때로는 수많은 사진을 살펴보다가 새로운 통찰을 얻기도 한다. 나는 독일 식민지 시대 생활을 담은 사진들을 살펴보다가 사진에 개가 자주 나오는 데 주목하게 되었다. 이런 사진들에서 개는 중앙이 아니라 뒤쪽이나 앞쪽에 있었고, 마치 조용히 잠복이라도 하고 있는 것 같은 모습이었다. 개들은 사진과 이야기 어디에나 출현했다. 그런데도 역사서는 물론, 심지어 당대에 나온 서적의 색인이나 목차 어디에서도 개에 대한 언급은 나오지 않았다. 나는 개가 실제로도, 또 비유적으로도 식민지 건설 역사에서 중요한 역할을 했다는 걸 알아냈다. 실제로 아프리카 많은 지역에서 "개"가 사람에게 할 수 있는 가장 나쁜 욕설이 된 데에는 이때 개가 했던 역할이 큰 몫을 했다.

사진에 이름을 붙이고 목록을 만드는 것은 아주 중요한 일이다. 날짜와 장소를 기록한 일지를 작성하는 것도 도움이 된다. 사람을 찍은 사진에는 가능하면 그 사람의 이름과 주소를 첨부하는 것이 좋다. 사진은 기록을 입증하고, 일어난 일을 다시 떠올리게 하는 도구로 쓸 수 있다. 특정 장소의 분위기를 포착한 사진을 찍으려 노력하자. 군중이 나오는 장면이 이런 분위기를 잘 담아낼 때가 많다. 그러니 일을 하고, 쉬고 있는 사람들 사진을 찍자. 이들의 신체 언어를 파악하라. 위든 아래든 중심에서 약간 벗어난 곳에 사람이 오게 해서 찍고, 도로 표지판, 낙서 예술, 광고, 표시물 같은 눈에 잘 띄지 않고 사소한 세부 요소들도 사진에 담아라. 눈높이 위로 찍은 사진은 시차(視差. parallax. 카메라 뷰 파인더와 렌즈 면의 시차 – 역자) 때문에 상이 왜곡될 것이라는 점,

또 눈높이로 찍은 사진이나 영상은 플래시를 터뜨리면 상이 하얗게 지워져 나올 수도 있다는 점을 유념하자. 가능하면 플래시는 거슬릴 때가 많으니 꺼 두는 게 이상적이다. 또 구도의 기본을 지킨다. 즉 사람들 머리 위로 전봇대가 삐죽 올라오는 구도는 절대 피해야 한다! 피사체들끼리 서로 바라보게 하는 게 좋다.

사진을 찍을 때 중요하게 고려해야 하는 윤리적 문제도 있다. 사진 촬영 때문에 충돌이 일어날 수도 있기 때문이다. 어떤 사람들은 사진 찍히기를 격렬하게 거부한다. 이들이 내세우는 이유는 사진에 자기 영혼이 갇혀 버리게 된다는 두려움부터 관광객들이 자기를 찍어 대는 데 단순히 신물이 난다는 것까지 다양하다. 그 밖에도 사진을 찍는 관광객과 자신의 권력 차이를 의식해서 심하게 짜증을 내는 사람들도 있다. 이런 생각은 집단 간 경계 의식을 강화시킨다. 현지인들은 자기들을 상품화하는 데 반발하지만 이런 상품화가 근근이 생계를 이어 나가는 한 가지 방법이라는 것을, 즉 사막에서 굶어 죽거나 먹을 것을 찾아 헤매 다니는 것보다는 나은 생존 방식일 수 있다는 것도 알고 있다. 내가 보츠와나에서 열리는 쿠루 문화 축제(Kuru Cultural Festival)에 갔을 때 부시맨 족은 다음과 같은 기준으로 입장료를 받았다. 방문객은 5풀라(pula), 스틸 카메라를 가진 방문객은 20풀라, 비디오카메라를 가진 방문객은 80풀라.

사람들이 "사진을 찍는다(taking pictures)"는 표현을 쓴다는 사실은 의미심장하다. 수전 손태그(Susan Sontag)는 이런 의견을 제시했다.

사진을 찍는다는 행위는 어딘지 약탈과 같은 면이 있다. 사람들을 찍는다는 건 그들을 부당하게 침해하는 행위다. 찍히는 사람들 자신은 한 번도 본 적 없는 방식으로 그들을 보는 것이기 때문이다. 그렇게 그들은 절대 갖지 못한 그들에 대한 지식을 갖게 되면서 사람들은 상징적으로 소유할 수 있는 대상으로 바뀐다. [7]

손태그의 이런 지적은 대단히 부유한 사람들과 대단히 가난한 사람들 간에 역겨운 권력 불균형이 존재하는 상황에서 훨씬 더 큰 설득력을 가진다. 언제 어디서나 자기가 원하는 것을 볼 권리가 있다는 엘리트 계급이 느끼는 특권 의식, 즉 오만함은 자본주의의 일부다. 나는 이런 사람들을 "나는 내가 바라본 모든 것의 주인" 여행 분파라 부른다.

에드워드 브루너(Edward Bruner)가 말했듯이 카메라는 관광객이 쓰는 가면이다. [8] 현지인들은 때때로 사진 찍는 사람을 보지 못한다고 불평하곤 한다. 따라서 현지인들이 사진에 어떤 감정을 갖고 있는지 가능한 한 많이 알아야 한다. 한 친구는 사진 구도를 잡을 때 현지인들에게 적극적으로 조언을 구한다. 또 다른 친구는 현지인들에게 자기 카메라를 쥐여 준 후, 그들이 원하거나 그들과 그 장소를 내 친구가 이렇게 찍어 줬으면 하는 사진을 찍게 한다. 이런 전략을 이용하면 현지인들과 좋은 관계를 맺을 수 있을 뿐 아니라, 현지인들이 세상을 보는 방식에 대한 통찰도 얻을 수 있다. 요컨대 윈윈 전략이다.

이런저런 경험들에서 나온 다른 조언들도 있다. 나는 해외에 가져가는 모든 장비에 대해 그러듯이, 카메라도 "재분배"되거나 망가질지 모른다는 예상을 한다. 그래서 굉장히 아끼는 물건은 아무것도 가져가지 않는다. 그러다 보니 저가 카메라를 사는 편을 선호한다. 그런 카메라도 제몫을 충분히 잘해낸다. 사용법을 모르는 장비는 아무 것도 가져가지 말자. 가입한 가게 보험으로 장비에 보상을 받을 수 있는지 확인해 보고, 필요한 경우 특별 보험 혜택을 받을 수 있는지 문의한다. 좀 더 실질적인 차원의 조언을 하자면 선택이 가능한 경우엔 AA나 AAA 전지를 쓰는 장비를 가져가야 한다. AA나 AAA 충전기를 구입하는 게 가능하기 때문만이 아니라, 이런 크기의 전지는 거의 어디서나 구할 수 있고, 헤드라이트와 디지털 음성 기록 장치처럼 수많은 다른 전기 장치에도 쓸 수 있기 때문이다. 나는 메모리 카드도 여분으로 몇 개 더 가져가서 기회 있을 때마다 사진을 다운로드해 놓는다. 사진 촬영이 중요한 역할을 하는 여행이라면 보조 카메라를 가져가거나 카메라를 교체해야 할 경우를 대비해서 현지 구입처를 미리조사해 둘 수도 있다. 정기적으로 장비를 청소하고, 부딪히거나 떨어뜨렸을 때, 또는 이따금 만나는 폭우나 모래 폭풍에서 장비를 보호해줄 수 있는 주머니를 준비한다. 연구자로서 나는 이제는 문서를 복사하기보다는 사진으로 찍어 둔다. 그런 용도로 쓰려면 카메라에 클로즈업을 위한 확대 기능이 있는 게 중요하며, 오랜 노출 시간이 필요한 사진에 쓸 작은 삼각대도 유용하다. 플래시 촬영을 몹시 질색하는 나로선 특히 그렇다.

카메라 외에 현지 조사를 위해 민족지학자가 현장에 갖고 가던 다른 두 가지 장비가 녹음기와 타자기였다. 이제는 더 작고 더 성능 좋은 녹음 기구들이 둘을 대체하고 있다. 현재는 작고 성능이 뛰어날 뿐 아니라 튼튼하기도 한 상당히 저렴한 디지털 녹음기들이 나와 있다.

이런 녹음기는 전지도 훨씬 오래 가는 데다, 녹음을 메모리 카드나 컴퓨터에 쉽게 다운로드할 수 있다. 인터뷰와 사건을 녹음할 때도 유용하거니와, 여행할 때 혼자서 재빨리 관찰 소견이나 기록을 남길 때도 급하게 공책과 펜을 꺼내는 대신 쓸 수 있다. 녹음이나 녹화를 할 때는 언제나 상대방의 허락을 반드시 구해야 한다.

해외로 나가는 목적이 심층적인 장기간 연구라면 랩탑이나 작은 넷북은 당연히 중요한 도구가 된다. 랩탑은 아마도 현지 조사에서 쓰는 가장 비싼 도구일 것이다. 보조금이 굉장히 많아서 탈것을 구입할 게 아니라면 말이다. 어떤 랩탑이 해당 프로젝트 유형에 가장 적합한지는 신중한 고려를 요하는 중요한 문제다. 나는 내가 하는 유형의 조사에 특히 중요한 특성이 견고함, 전지 수명, 여분 전지를 쓸 수 있는지 여부라고 생각한다. 랩탑은 보호용 가방에 넣더라도 굉장히 강한 충격에 견딜 만큼 튼튼해야 한다. 기기가 고장 나지 않고 잘 쓸 수 있는가 하는 문제도 중요하다. 보증 기간이 아직 남았더라도 현지에서 통하지 않는다면 소용이 없으니 말이다. 이번에도 중요한 것은 언제나 제2의 안이 있어야 한다는 것이다. 랩탑이 망가진다면 현장 부근에 수리받을 곳이 있을까? 컴퓨터를 쓸 수 있는 전력도 중요한 고려 사항이다. 오지에서 장기간 현지 조사를 하는 동료들 중에는 랩탑에 태양열 전지판을 이용하는 사람들도 있었다. 그러나 일반적인 용도로는 보통 정도면 대개 충분하다. 여분 전지 이용과 충전이 가능한지가 관건이다. 충전이 가능한 경우에도 고국과 전압이 달라서 다른 전기 플러그들이 필요할지도 모른다.

어떤 방식이나 종류의 녹음을 하든지 황금률, 아니 늘 읊조려야 하는 주문은 "백업하라"이다. 현지 조사자가 현지 조사 메모와 관찰 노트를 날려 먹은 무서운 이야기들이 많이 돌아다닌다. 이런 이야기들을 단순히 항간에 떠도는 근거 없는 소문으로 치부해서는 안 된다. 컴퓨터에 있는 잘라서 붙이기 기능 덕분에 메모와 관찰 노트를 정서(淨書)하는 과정은 확실히 훨씬 덜 고된 일이 되었다. 물론 요새는 자료 백업도 메모리 카드에 다운로드한 다음 가장 가까운 인터넷 단말기에서 안전한 이메일 계정으로 보내면 되는 간단한 일이 되었다.

이런 꿈같은 녹음 기술 발전에도 불구하고 옛날 방식인 펜과 메모지도 여전히 장점이 많다. 고장이 나거나 도둑맞을 가능성이 적다는 이유만으로도 말이다. 한편 더 중요하다고까지는 할 수 없지만 또 한 가지 장점은 빠르게 잘라서 붙이는 기능을 이용하지 않고 공책에 직접 손으로 관찰 내용을 정리해서 적으면 쓸 내용에 대해 깊이 생각할 수밖에 없다는 것이다. 즉 생각을 체계화할 수밖에 없다. 개인적으로 나는 아주 튼튼한 공책 두 권을 이용하는 것을 좋아한다. 빌 미첼(Bill Mitchell)이 마가렛 미드(Margaret Mead)에게서 빌린 다음과 같은 전략이 합리적인 것 같다. 마가렛 미드는 언제나 표지가 딱딱하고 실로 철한 연습장을 사용했다. 참고로 실로 철한 게 스프링 제본보다 낫다. 딱딱한 표지는 종이를 대고 쓰기에도 좋다. 글이 끝난 지점을 고무줄로 표시하면 다음에 바로 그곳을 펼쳐 쓸 수도 있다. 고무줄은 속지가 떨어져 나가지 않게 보호하는 데도 유용하다. 이 외에도 미드는 이런 연습장들을 작은 크기로 잘라 만든 수첩을 주머니에 넣고 다니기도 했다.

이런 수첩은 돌아다닐 때 기본적으로 갖고 다닐 수 있을 만큼 작아야 한다. 모든 공책 표지에는 언제나 이름을 적어 놓는다. 실제로 도움이 된다면 주소 및 전화번호 같은 연락처도 맨 처음 사용할 때 적어 놓는다. 수첩을 잃어버리거나 깜박하고 다른 데 두고 오면 피해가 막심할 테니 말이다. 이런 수첩은 언제나 갖고 다니면서 흥미롭거나 대단한 건 아니더라도 소소한 관찰 소견이나 기록, 참조 사항이나 주소를 끼적여 놓는다. 그랬다가 나중에 이렇게 메모한 것을 발전시켜 사건과 관찰 소견을 일지나 일기로 작성한다. 이런 수첩과 함께 펜과 연필도 필수적으로 지참하라. 보통 뚜껑을 달아야 하는 펜보다 심을 넣었다 뺐다 할 수 있는 펜이 쓰기 더 편하고 더 튼튼하다. 뚜껑 있는 펜은 걸핏하면 뚜껑이 사라지는 단점이 있다.

이런 수첩은, 특히 속지가 백지인 경우 다른 용도로도 쓸 수 있다. 바로 스케치북이다. 최근까지 캐나다와 영국 군대에서는 장교들, 특히 포병대 장교들에게 스케치를 가르치는 게 관례였다. 스케치를 통해 관찰자는 사물을 전체적으로 올바르게 보는 법을 배울 수 있고, 재능 있는 화가가 아닌 사람들도 사진이나 글로 하는 묘사에서는 간과했을 많은 것들을 볼 수 있다. 연필은 돋보기 역할을 해서 평소 같으면 그냥 지나쳐 버렸을 것을 주목하게 만든다. 물론 스케치는 사람들이 잠깐 멈춰서 광경을 반추할 수밖에 없도록 만들기도 한다. 스케치를 시각적인 슬로푸드 운동으로 생각하자. 스케치는 또한 지루함을 해소하는 훌륭한 방법이기도 하며, 부록에서 다루겠지만 아이디어가 더 많이 떠오르도록 자극하기 때문에 느슨한 신속 평가(relaxed rapid appraisal)에 필수적일 때가 많다.

마지막으로 지퍼락 백에 소형 휴대용 컴퓨터(portable office. 전화, 팩스, 컴퓨터 통신 등이 가능한 주머니에 들어가는 크기의 컴퓨터 – 역자)를 갖고 다니면 유용하다. 휴대용 컴퓨터가 물에 젖으면 많은 자료가 못 쓰게 되거나 훼손될 수 있으니까 말이다.

8
현지인과 수다 떨기

"사람은 알지 못하는 것만을 두려워한다. 그러나 일단
알지 못하는 것을 대면하고 나면 공포는 아는 것이 된다."

– 앙투안 드 생텍쥐페리 *Antoine de Saint-Exu-péry* –

두려움은 상상력과 여행의 숨통을 죈다

　　　해외여행은 모르는 사람들이 베푸는 친절을 경험할 수 있는 값진 기회가 된다. 민감한 여행자라면, 해외여행이 삶을 더 풍요롭게 하고 잘하면 인생관 및 인생철학까지 바꿔 놓을 수도 있다. 반대로 이기적으로 굴고 '보랏' 같은 행동을 일삼는다면 해외여행이 순진한 현지인들을 착취하는 기회가 되기도 한다.

　단체 여행이 아니라면, 여행자는 한 가지 중요한 자유를 누릴 수 있다. 바로 어슬렁거릴 자유이다. 독립적이거나 반(半)독립적인 여행자라 하더라도 일정을 짤 때는 분명 어느 정도 제약이 따른다. 자금 위기가 생길 수도 있고 할 일이나 공부할 게 있기도 하다. 그래도 독립 여행자가 되면 시간을 융통성 있게 운용할 수 있다. 그러다 보면 뜻밖의 행운을 누릴 여유가 생겨서 대부분의 여행 경험이 비옥해진다. 예를 들면 알고 보니 흥미로운 사람들, 어쩌면 나중까지 소중한 친구가 될지도 모르는 사람들을 만날 기회를 가질 수 있다.

　낯선 사람에게 접근하는 능력은 조사 기술이기도 하지만, 해외에서 생존하는 데에도 중요하다. 의심이 많고 피해망상에 빠져 있고 웃음거리가 될까 봐 두려워한다면 사람을 만나고 관계를 발전시키기 어렵다. 해외에서 성공적으로 지낸다는 것은 모르는 사람들을 많이 믿어야 한다는 뜻이다. 다른 사람들의 선의를 믿고 일단 좋은 쪽으로 해석해야 한다. 히피 방랑객이었던 에드 번(Ed Buryn)은 평생의 경험에 입각해서 다음과 같이 단호하게 주장한다.

언제 어디서나 사람들을 갈라놓는 중요한 요소는 두려움이다. 해를 입을까 봐 두려워하고 거절당할까 봐 두려워하고 창피를 당할까 봐 두려워하고 두려워질까 봐 두려워한다. 따라서 사람들을 만날 때 지켜야 할 첫 번째 원칙은 그들을 덜 두려워하려고 노력하는 것이다. 때로는 퇴짜를 맞을 수도 있다는 걸 명심하자. 다만 그런 일이 일어나도 심각하게 우울해해서는 안 된다. 대수롭지 않게 넘겨 버리면 그뿐이다. [1]

두려움은 상상력과 여행의 숨통을 쥔다. 사람들은 걱정이 되면 불쾌한 생각을 떠올리게 마련이다. 분노가 일면 풍경을 봐도 음미하지 못한다. 불안해하거나 두려움에 찬 사람들에게 즐거운 것을 떠올린다는 것은 불가능에 가깝다. 머릿속이 온통 걱정으로 꽉 차 있기 때문이다. 두려움을 극복하기 위해서는 신뢰와 친밀감을 쌓아 가는 것이 좋다. 이는 효과가 검증된 전략이다. 주로 작지만 지속적인 일련의 교류를 통해 가능하다. 통계상으로 보면 역설적으로 미국은 여행하기에 가장 위험한 장소다. 이렇게 친근한 것은 착각을 불러일으키기도 한다.

자전거 타는 게 취미인 지인에게 들은 이야기이다. 어느 날 보스턴의 상당히 불량한 동네에서 그의 자전거 타이어에 펑크가 났다. 펑크를 때우려 애쓰고 있자니 아주 험상궂게 생긴 네 명의 갱이 다가왔다. "이런 젠장." 그는 생각했다. "큰일 났네." 그런데 그는 그들과 잡담을 나누기 시작했고 어느새 갱들은 그가 왜 이 동네에 오게 됐고 어디로 갈 것인지 등에 대한 대화에 빠져들었다. 그들은 그를 도와주겠다는 제안까지 했다. 겸손함과 약점을 드러내면 잠재적으로 위험해질 수 있는 상황을 무력화할 수 있다. 대부분의 노상강도는 생판 모르는 남을 상대로 벌어진다. 심지어 어쩌다 안면 정도만 익히게 된 사이라도 그런 일은 좀처럼 벌어지지 않는다. 때로 낯선 이의 친절에 자신을 맡기면 놀라운 결과가 생길 수 있다.

경계는 해야 한다. 그러나 동시에 마음을 열라. 두려움에 반드시 굴복할 필요는 없다. 그러나 대비책은 항상 세워야 한다. 친구들이나 호텔 종업원이나 민박집에 자기가 어디로 갈 예정인지, 또 대충 언제쯤 돌아올지 말해 두자. 모르는 동네에 간다면 친구와 같이 가고 호신술을 배우라. 핸드백을 갖고 다니지 말자. 아니면 몸에 가로질러 멜 수 있는 끈이 긴 백을 준비하라. 귀중품을 가득 넣고 다녀서도 안 된다. 그냥 신분증과 적은 현금만 지참하라. 그렇다고 꼭 현지인처럼 차리고 다녀야 한다는 말은 아니다. 때로는 현지인처럼 길게 흘러내리는 가운이나 다시키(dashiki. 주로 아프리카 서부 남자들이 입는 색채와 무늬가 현란한 넉넉한 셔츠 – 역자) 같은 옷을 입는 게 이방인이라는 사실을 더 부각할 수도 있다. 그냥 얌전하고 소박한 차림새면 된다.

어떤 민족지학 현지 조사자들은 자신이 현지인들과 살아가는 데 잘 적응했고 현지 사회에 받아들여졌다고 요란하게 장담한다. 하지만, 사실은 흥미롭고 호감 가고 믿을 만한 외부인으로 인정받았기 때문에 현지 조사에 성공하는 경우가 더 많다. 이와 관련해서는 지멜이 이방인에 대해 한 말이 핵심을 꿰뚫고 있다. 현지 사회에서 인정받은 이방인은 바보 같거나 하찮거나 순진하기 짝이 없는 질문을 하고, 낯 뜨거운 실수도 하고, 내부자라면 어울리지 않을 온갖 종류의 사람들과 사귈 수 있다. 이방인으로서의 지위를 강화하고 소중히 여겨라! 해외에 있는 동안 내부자가 될 가능성은 그리 높지 않다는 걸 명심하자.

일단 목적지에 도착하면 동네로 산책을 나가 장소에 점점 더 친숙해지는 작업을 시작해야 한다. 어디를 다니면 되는지 주인집과 확실하게 의논하고, 날씨와 시간대도 고려하자. 첫 번째 산책은 낮에 동네가 그리 번잡하지 않을 때 하는 게 이상적이다. 지도를 구했다면 자기가 있는 구역을 되도록 외워서 남들이 다 보는 데서 눈에 띄게 지도를 펼쳐들지 않도록 한다. 범죄자들은 길을 잃거나 불안해 보이는 여행자를 노리는 경향이 있기 때문이다. 도움이 될 만한 짤막한 상식을 하나 알아보자. 열 살짜리 여자애들이 자기들끼리만 밖에 돌아다닌다면 그 지역은 안전하다고 보면 된다.

산책은 중요하다. 사람들과 어울리는 방법일 뿐 아니라, 성찰을 하고 온갖 종류의 새로운 현상을 눈여겨볼 시간이 되기도 하기 때문이다. 주변에서 일어나는 모든 것에 주의를 기울이라. 썩은 하수에서 나는 악취, 음식 노점에서 풍겨 오는 군침 도는 냄새, 현지인이 보내는 짓궂은 야유 같은 것에 대해서 말이다. 탐험에 나서라. 어느 길모퉁이에서는 행인들이 무엇을 갖고 다니는지 주의 깊게 보라. 어쩌면 여행안내서에 나오지 않은 시장이 있을지도 모르니까 말이다. 동네가 익숙해지면 일부러 헤매 보거나 더 먼 곳을 답사해서 새로운 것을 발견하는 감식안을 기르자. 방황하는 느낌이 들면 관찰력이 더 예민해진다. 즉 인지 능력이 증가한다.

사람들을 만나면 공손히 대하라. 그러려면 어조와 어휘를 잘 조절해서 충돌이 일어날 여지를 최소화해야 한다. "어째서 이런 일이 일어나고 있는 건지 이해할 수 있게 도와주세요"가 퉁명스럽게 "왜 저러는 거죠?"라고 하는 것보다 낫다. 고정 관념은 잠시 접어 두라. 모든 사람은 각자 유일무이한 인생을 살면서 세상에 대해 다른 누구에게서도 배울 수 없는 뭔가를 알고 있다. 유력 인사뿐 아니라 사회적 지위가 낮은 사람과도 대화를 나누라. 정원사, 거지, 수위가 중요한 토막 정보를 알려 줄 수도 있다. 정중하게 대하는 게 어떻게 하는 것인지는 물론 문화에 따라 다르다. 따라서 멘토에게 묻거나 면밀한 관찰로 현지 에티켓을 익힐 때까지는 직감에 기대는 수밖에 없다. 좀 더 공공장소라 할 수 있는 시장 같은 곳 말고도, 개인적 배경과 관심사 때문에 나는 공공 도서관에 가는 것도 좋아한다. 공공 도서관에 가면 인터넷 접속이 가능할지도 모른다는 기대도 할 수 있다. 도서관에서 나는 이해하지 못하더라도 지역 신문들을 읽어 보려고 노력한다. 사진과 만화는 훌륭한 장소성을 제공한다. 읽을거리 중에 내가 가장 좋아하는 건 전화번호부다. 전화번호부를 훑어보는 것만으로도 그 지역에 대해 얼마나 많은 것을 알 수 있는지 놀라울 정도다.

또 내가 가기 좋아하는 장소는 인근에 있는 다양한 유스호스텔들이다. 그곳 게시판들에는 여행과 돌아다니는 데 도움이 되는 조언과 정보가 있다. 갖가지 예배에 참석해 보는 것도 사람들을 만나고 현지 분위기를 느껴 볼 수 있는 좋은 방법이다. 때로는 너무 질질 끄는 교회 예배가 고문처럼 느껴질 수도 있기는 하지만 말이다. 특히 외국어로 진행되는 예배는 더욱 그렇다. 그러나 예배에 참석하는 사람들은 보통 마음이 열려 있고 방문객을 쉽게 받아들인다. 특히 감정을 전혀 드러내지 않는 관광객이 아니고 현지인과 잘 섞이려고 애쓰는 사람을 말이다. 불가지론자로서 나는 퀘이커교 회합에 참석하기를 특히 좋아한다. 퀘이커 교도들이 가진 믿음과 종교 의식이 나와 철학적으로 더 잘 맞을뿐더러, 대체로 이런 회합에는 외국인과 지역민들이 적절히 섞여 있고, 한 시간 동안 침묵을 지킨 후에는 대화가 어느 때보다 즐거울 수밖에 없기 때문이다.

여행자들이 택할 수 있는 또 다른 방법은 어린이들과 친구가 되는 것이다. 어린이들은 보통 위협적으로 느껴지지 않는다. 그래서 많은 여행 사진과 여행안내 소책자에 어린이들이 그렇게 압도적으로 자주 등장하는지도 모른다. 회춘하는 기분과 가부장주의는 차치하고라도 말이다. 그렇지만 아이들에게도 정중하게 대해야 한다. 사진을 찍을 생각이면 주로 몸짓으로 허락을 구해야 한다.

방문객이 되는 게 범죄는 아니라는 점을 유념하자. 게다가 사실 외국인 방문객들은 오락과 가십거리가 되어 줄 수도 있다. 현지인들은 상징적으로 방문객을 죽일 수도, 먹여 살릴 수도 있다. 방문자는 분명 후자의 결과를 바랄 것이다. 그런 결과를 가져오는 데 도움이 되는 단계들을 살펴보자. 우선 적절한 인사말을 배워서 되도록 빨리 실제로 사용해 본다. 방문객이 현지에서 통용되는 중요한 표현들을 잘 사용하면 그들과 공통점이 있다는 느낌을 줄 수 있다. 작은 선물도 관계를 탄탄히 다지고 공동체와 강한 유대 관계를 맺는 데 도움이 된다. 이런 선물은 현지 시장이 아니라 자기 나라에서 마련해 가는 게 이상적이다. 나는 보통 양각 무늬가 들어간 펜과 연필을 많이 준비한다. 특별한 경우를 위해 작은 메이플 시럽도 몇 통, 그리고 특히 내가 그 지역에 대해 알거나 그곳에 친구들이 있는 경우는 적당한 CD도 좀 가져간다. 여행 준비를 할 때 염가 판매점을 방문해서 이런 선물을 미리 사 두라고 권하고 싶다. 요요, 페니휘슬, 그 밖에 작은 장난감 같은 것은, 특히 그 이용법까지 알고 있다면, 언제나 훌륭한 필수품이 된다.

멘토를 구하는 것도 중요하다. 멘토는 새로운 환경에서 돌아다니려 할 때 안내와 조언을 해 줄 수 있는 존재다. 멘토에는 다양한 종류가 있는데, 보통 뜻밖의 인물이기 마련이다. 멘토는 격식을 차리는 대상이기보다는 허물없는 사이이다. 어울리기 편하면서 시간이 한참 지난 후에 드러날 수도 있는, 어떤 숨은 목적에 여행자를 이용하려 하지 않는 사람이어야 한다. "주고받기"가 어떤 사회에서든 결속에 가장 중요한 요소라는 점을 잊지 말자. 주고받기는 원래 복합적인 것이어서 상호주의란 게 반드시 물품이나 선물로 즉각 답례하는 행위를 수반하는 것은 아니다. 말로나 상징적인 것으로도 가능하다. 어떤 여행자도 해외에서 지내다 보면 언젠가는 보답을 해야 할 때가 오게 마련이다. 그런 때가 오더라도 놀라지 말고 그냥 예의 바르게 대처하면 된다. 파푸아 뉴기니 이스트 세픽(East Sepik) 주의 어느 마을을 그곳 출신 젊은 학생과 함께 방문했을 때 나는 왕족 같은 대접을 받았다. 원로들이 정확한 에티켓을 내게 조언해 주었고, 내가 방문한 것을 기념해 돼지를 잡았다. 마을 사람들은 내 방문을 진심으로 감사히 여겼다. 내가 찾아가 준 덕분에 단조로운 생활에서 벗어날 수 있었다고들 말했다. 그러나 나중에 그들은 나에게 그 학생이 미국에서 반드시 장학

금을 받을 수 있도록 주선해 달라고 요구했다. 그러면 학생이 마을에 많은 "화물" 즉 물질적 부를 가지고 돌아와 줄 것이라는 기대 때문이었다. 멘토들은 더할 나위 없이 귀중한 안내자이긴 하지만, 멘토에게 꼼짝 못하게 되거나 노예처럼 되는 상황은 피하는 것이 중요하다. 내 멘토가 해당 지역 사회에서는 주변인일지도 모른다. 그런 경우 그 남자 또는 여자와 어울리는 여행자 역시 사회적으로 무시당하는 처지에 놓일 수 있다.

경험이 많은 인류학자 중에는 자존감을 지키는 것을 대단히 중시하는 사람도 있다. 이 문제는 좀 생각해 봐야 한다. 왜냐하면 자존감을 지킨다는 것은 기본적으로 일정 정도 거리감을 유지한다는 뜻인데, 그러면 현지인들은 방문객을 다르게, 아무래도 정중하게 대하게 된다. 사실상 이것은 체면을 차린다는 뜻이 되고, 이런 태도는 당연히 신식민주의적 색채를 띨 수밖에 없다. 이런 체면치레는 여러 가지 형태로 나타날 수 있다. 오스트레일리아 인류학자인 피터 로렌스(Peter Lawrence)는 자기 학생들이 현장에서 언제나 단정하게 차려입고 매일 구두에 광을 내야 한다고 주장했다. 자존감이란 그게 뭐라고 정의하기도 어렵고, 이런 자존감을 유지하려면 그 지방 특유의 뉘앙스에 민감해야 한다. 예를 들어 보자. 아프리카는 물론이고 전 세계 많은 빈곤 지역 어디에서나 픽업트럭을 볼 수 있다. 그런데 거기 태워 주겠다면서 운전석 옆에 앉으라고 하는 경우에, 뒷자리에 앉겠다고 당당하게 우겨서는 절대 안 된다. 그 자리가 더 위험할 뿐 아니라, 자리 배치는 사회적 지위와 크게 관련이 있기 때문이다. 나는 오래 전에 나미비아에서 술 취한 백인 광부가 다른 광부에게 자기를 픽업트럭 뒷자리에 태우고 탄광까지 데려다 주면 꽤 많은 돈을 주겠다고 하는 걸 본 적이 있다. 그 말을 들은 광부는 발끈해서 "누굴 멍청한 깜둥이로 알아?"라고 대꾸했다. 이런 유산은 아프리카 전역 및 이전에 식민지였던 다른 지방들에서도 찾아볼 수 있다.

가격 흥정은 단순한 경제적 행위가 아니다

식민지 시대에 학자들의 흥미를 끌었던 질문 중에 이런 것이 있다. 이런 식민지 사회들은 어떻게 해서 무정부 상태에 빠지거나 붕괴하지 않고 결속을 유지할 수 있었을까? 이런 사회들에서 이질적인 사람들을 하나로 묶어 준 것은 기관총이 아니라 결국 돈이었다. 여러 인종으로 구성된 복합 사회라는 새로운 개념이 문화적으로 다양한 사회들이 어떻게 특정 시장으로 통합되는지 이해하는 데 도움이 되었다. 많은 곳에서 시장의 특징은 가격 흥정이다. 미국인들은 비공식적 경제 활동으로 차고나 창고 세일에서 흥정을 벌일 때를 빼면 별로 하지 않는 게 이런 가격 흥정이다. 산업화된 사회일수록 대다수의 거래를 사무적이고 돈을 기반으로 해서 하는 데 익숙하다.

전 세계 대부분 지역에서 흥정은 일반적인 관행으로, 상당히 예술적인 행위로 발전하기도 했다. 특정 환경, 특히 이방인이나 동일한 "도덕 공동체"에 속하지 않은 사람들과 흥정을 할 때는 양측 모두 어떻게든 거래에서 자기가 가장 이득을 보려고 갖은 애를 쓰겠지만, 흥정은 흥겨움을 자아내고 사회적 관계를 형성하는 역할을 할 수도 있다. 미국의 차고 세일에서도 그렇지만 과거에 식민지였던 곳의 시장에서도 마찬가지다. 이 말은 여행자는 흥정 문화가 몸에 배어야 한다는 뜻이다. 많은 미국인들이 내키지 않아 하지만 타인의 인간성을 알아보는 데 이런 흥정은 긴요한 역할을 하니까 말이다. 흥정은 오래갈 수 있는 탄탄한 교환 관계를 만들어 낸다. 때로는 흥정과 정반대되는 상황이 벌어질 수도 있어서, 돈을 내겠다는 제안을 상대가 모욕으로 받아들일 수도 있다. 나미비아에서 내가 즐겨 찾는 곳은 선술집, 주막, 슈빈(shebeen) 같은 무허가 술집 등이다. 이런 곳에서는 누군가가 모든 여행객에게 술을 한 잔씩 돌리겠다고 할 가능성이 상당히 높지만, 만약 여행객들이 자기가 마신 술값을 내겠다고 하면 현지인들은 인심 좋은 자기 이미지를 모욕했다고 여길지도 모른다. 그런 상황에서는 대화를 해서 상황을 해결하려고 노력하는 게 중요하다.

흥정은 경제 행위를 극대화한 것이라기보다 의례일지 모른다. 해외에서 자본주의식 고객 만족 윤리는 기대하지 말자. 가끔 보기 좋게 당했다는 생각이 드는 것은 어쩔 수 없다. 화를 참고 터뜨리지 말라. 돈은 불화를 일으키는 주된 원인이다. 그러니 세상 돌아가는 이치로 보자면 내가 아무리 저가(低價) 여행자일지라도 나한테 바가지를 씌운 사람보다는 그래도 훨씬 부자라는 사실을 마음에 새기는 것이 좋다. 또 내가 그렇게 지출하는 돈은 십중팔구 저 사람이 가족을 먹여 살리는 데 쓰이지, 어떤 부자 나라에 본사를 둔 수상쩍은 다국적 기업으로 들어가는 게 아니라는 것도 명심하자. 나는 콜라나 펩시 대신 현지에서 생산하는 과일이나 청량음료를 사려고 일관되게 노력한다. 경험에 비추어 봤을 때 흥정에서는 전반적 사회 환경을 고려하는 게 기본 원칙이다. 관광객이 많이 찾는 곳인가, 아니면 관광객을 좀처럼 보기 힘든 곳인가? 현지인들이 하는 것을 관찰해서 그렇게 하고, 주인집 사람들에게도 자문을 구하라.

입에 맞지 않는 현지 음식 맛있게 먹기

　　　　사람들이 해외로 나가는 이유 중에는 낯선 음식을 즐기고 싶다는 것도 있다. 해외여행이 용기가 필요한 무언가가 되는 데는 요리도 분명 한몫을 한다. 여행자들은 평소 고국에서는 입에 댈 거라 꿈도 꾸지 않았을 온갖 음식을 먹어 보려 한다. 실제로 낯선 이국 음식이야말로 외국에 왔다는 징표 중 하나다. 외국에 가 본 사람들 사이에서 언제나 대화를 꽃피게 하는 화제가 바로 음식이다. 이런 대화에서 사람들은 자기가 먹은 음식이 얼마나 별나거나 역겨웠는지를 가지고 서로를 이기려 들곤 한다. 일반적으로 요리가 "역겨운" 것이었을수록 우위에 설 수 있다. 음식으로 모험을 해야 하는 경우는 보통 두 가지다. 하나는 여행자가 레스토랑이나 시장에서 그 요리를 우연히 발견한 경우로, 어디까지나 돈을 주고 사 먹는 상황이다 보니 여행자가 그 별미를 먹거나 거부할 선택권을 갖고 있는 경우다. 더 심각하고 중요한 것은 두 번째인데, 여행자가 묵는 곳 주인이 손님을 예우하는 의미에서 특별 대접을 하거나 잔치를 벌이기로 한 경우다. 그런 대접에는 딱정벌레 애벌레나 메뚜기에서부터 모파니 애벌레나 쥐나 동물 내장이나 황소 음경 등에 이르는 어떤 진귀한 지역 별미가 중요한 역할을 한다. 이런 별미를 거절했다가는 주인의 기분을 상하게 하기 십상인데 그건 그럴 수밖에 없는 연유가 있다!

이럴 때는 주인을 모욕하지 않는 것이 중요하다. 요리를 안 먹겠다고 하는 것이 왜 그렇게 모멸감을 주는 걸까? 의사소통을 하는 한 가지 방식으로서 음식이 하는 역할을 잠깐만 고려해 봐도 그 문제에 어떤 의미가 함축되어 있는지를 어느 정도는 쉽게 알 수 있다. 인간은 이방인과 음식을 나누는 유일한 종이다. 실제로 두 발 보행이 어떻게 등장했는지 설명하는 이론 중 하나로, 두 발 보행을 하면 사람들이 음식을 가져가서 다른 사람들과 나눠 먹을 수 있기 때문이라는 견해가 있기도 하다. 인간은 음식을 사이에 두고 모르는 사람들과 같이 나눠 먹기도 하는가 하면 음식을 먹으면서 서로 으르렁대기도 한다. 사람들은 먹을 때 말이나 다른 방법으로 이야기를 나눈다. 사회의 기원은 음식을 공유하는 것이라고 주장하는 사람들도 있다. "동반자(companion)"라는 단어는 문자 그대로 "빵과 함께"라는 뜻을 가진 라틴어 "콤 파넴(com panem)"에서 왔다. 먹는다는 것은 굉장히 사회적인 행동이다. 사회 복지사 및 노인을 돌보는 사람들의 관찰에 따르면 외로운 사람들은 보통 식욕을 잃는 경우가 많았다. 먹는다는 것은 칼로리 섭취가 다가 아니다. 먹는 것은 사회화의 중요한 한 형태이다. 파푸아 뉴기니의 싱싱(sing-sing) 축제에서 사람들은 선물 받은 음식을 허겁지겁 먹어 치운 다음 가까운 들로 나가 토해 버리고는 돌아와서 더 먹는다. 계속해서 사람들과 어울리고, 선물을 준 사람이 얼마나 인심이 후한지를 상징적으로 표현하기 위한 행동이다.

중요한 통과 의례에는 특별한 음식을 곁들인다. 결혼식, 장례식, 졸업식, 이 경우에는 해외로 나갈 때가 그렇다. 이럴 때 나오는 음식은 서로 다를 뿐 아니라, 따르는 규칙도 다르다. 특유의 에티켓이 적용되기 시작한다. 먹는 것에 적용하는 규칙은 문화마다 다르다. 예를 들어 어떤 문화에서는 접시에 있는 모든 음식을 남김없이 다 먹어야 한다. 다른 문화에서는 조금씩만 먹고 접시를 다른 사람들에게 넘겨야 한다. 어떤 문화에서는 주인이 먼저 내 접시 위의 음식을 먹어서 독이 들어 있지 않다는 걸 증명하는 경우도 있다. 이와 비슷하게 아프리카 많은 지역에서는 뚜껑이나 마개를 딴 청량음료는 절대 받지 않는다. 아니면 주인이 먼저 한 모금 마신 후에 준다.

비교 문화적 음식 에티켓과 관련한 무례라는 주제는 조금만 파도 쉽게 좋은 사례가 쏟아져 나오는 진정한 노다지라 할 만하다. 주된 예는 트림을 하거나 방귀를 뀌거나 팔꿈치를 식탁에 올려놓는 행위 등이다. 또 무슬림 국가에서 절대 금기시 하는 왼손으로 먹기, 인도에서처럼 식사 대접에 감사를 표해서 주인을 창피하게 만드는 경우 등도 있다. 문화적으로 비슷한 환경을 가진 나라끼리도 다양한 차이가 있다. 예를 들면 오스트레일리아나 남아프리카에서는 "배가 부르다"라고 말하면 절대 안 된다. 이 말이 성적인 의미를 담고 있기 때문이다. 같은 문화 내에서도 차이가 있다. 어떤 영국 가정에서는 음식을 더 원하더라도 상대가 세 번을 더 먹으라고 권한 다음에 수락해야 한다. 반면 다른 가정에서는 배가 꽉 찼다 하더라도 음식을 대접하면 반드시 먹어야 할 의무가 있다.

에티켓은 그냥 식사냐 잔치냐에 따라서도 다를 때가 많다. 잔치는 일반적으로 보다 공식적인 행사로 의전이 뒤따른다. 예를 들어 국빈 만찬에서 사람들은 무미건조한 말에 귀를 기울이기보다는 겉으로 드러나는 에티켓을 눈여겨본다. 즉 누가 어디에 앉는지와 건배사를 말이다.

음식과 음식 먹기가 생활 양식, 사회적 지위, 계급, 계층, 인종 집단을 알려 준다는 건 자명한 사실이다. 여러 가지 정교하고 중요한 사회적 메시지가 잔치 예절을 통해 실행에 옮겨진다. 음식은 친선 관계를 공고히 하는 접착제 구실을 한다. 따라서 구애, 정치, 사업을 할 때 누군가에게 식사를 대접하는 것은 당연한 일이다. 두 번째로, 음식과 잔치는 구별을 나타낸다. 먹는 행위는 가족, 교우 관계, 종교를 명확히 규정해서 사회적 결속을 낳는다. 명절은 특별한 음식을 먹는 때다. 세 번째로, 잔치는 주인이 인심이 후한지를 확인하는 자리다. 잔치에서 공연하는 음유 시인은 그가 얼마나 인색한지에 대한 노래를 지어서 한 사람에 대한 평판을 말 그대로 망쳐 놓을 수 있다. 또한 요리는 사회 분화의 한 형태이기도 하다. 엘리트 집단은 특별한 위상을 가진 음식을 먹어서 스스로를 차별화한다. 때로 음식은 민족적 배경뿐 아니라 성별과도 관련이 있다.

그러니 주인 기분을 상하게 하지 않는 것이 중요하기는 한데, 그럼 이제 어떻게 하면 입에 맞지 않는 역겨운 요리를 참고 먹을 수 있을까? 입맛은 복잡하다. 혀에 있는 수용체들은 짠맛, 단맛, 쓴맛, 신맛만 감지할 수 있다. 그보다 훨씬 더 중요한 게 냄새다. 우리가 맛보는 것 대부분은 휘발성 기름 냄새들로 이루어져 있다. 후각 중추는 하부 뇌에 있기 때문에 냄새와 기억은 밀접하게 연결되어 있다. 비위가 상한다거나 역겨움을 느끼는 것은 주로 학습된 행동이다. 어린아이들은 부모와 또래들한테서 알게 된 것은 거의 무엇이든 먹으려 한다. 어린이들은 특별한 선물이나 보상으로 주는 음식을 아주 좋아하고, 가난과 동일시되는 음식은 혐오한다. 사람들은 아플 때 죽이나 스프처럼 엄마가 끓여 준 친숙한 음식을 선호한다.

역겨운 음식에 대한 생각은 시간이 지날수록, 또 문화에 따라 달라진다. 불과 몇십 년 전만 해도 간과 콩팥 같은 고기 내장은 귀하게 여겼다. 돼지 곱창과 소의 양(胖)처럼 말이다. 말고기는 과거에는 미국에서 흔했지만 현재는 여러 주에서 금지하고 있다. 유럽 일부 지역에서는 여전히 진미로 치지만 말이다. 시간이 지나면서 캐비어와 훈제 연어처럼 일부 싸구려 음식도 고급 음식이 되었다. 한 문화에서 역겨운 음식이 다른 문화에서는 대단히 귀한 별미가 된다. 겉모습과 냄새가 식도락 경험을 결정짓는 주된 요인으로 보인다.

보통 해외에서 먹는 음식은 양념이 굉장히 강할 때가 많다. 구역질나는 상한 음식을 위한 대책이 아니라 맛을 내기 위해서이다. 향신료를 쓸 경제적 여유가 있는 사람들은 보통 신선한 식품을 구입할 경제적 여유도 있다. 동시에 식품 특히 고기가 질이 좋지 않다는 의심이 들면 양파, 마늘, 올스파이스(allspice. 서인도 제도산 상록 교목 열매를 말려 만

든 향신료 – 역자)를 넉넉히 곁들여 유독한 박테리아를 대부분 파괴한다.[2]

맛보기 수준의 설명이었지만 이걸로 부디 입에 맞지 않는 요리를 꾹 참고 삼킬 수 있기를 바란다. 대접한 사람이 그걸 먹고 죽지 않는다면 여러분도 죽지 않을 것이다![3] 식사 자리는 대화에 안성맞춤이라는 것을 명심하라. 그리고 대화를 계속해 나가는 방법 중 하나는, 화답하는 의미에서 자기 나라 전통 음식을 만들어 주겠다고 하는 것이다. 분명 큰 인기를 끌 것이라고 장담한다!

언어 문제에 대한 또 한 번의 잔소리

전형적인 민족지학적 현지 조사 상황에서 민족지학자는 처음 몇 달은 언어를 몰입해서 집중적으로 배우는 데 보낸다. 어떤 언어 학습 방법도 원어민들에게 둘러싸여 있고, 살아남기 위해 적어도 몇 마디는 어떻게든 배워야만 하는 상황보다 좋을 수는 없다.

현지 언어를 배우기 위해 가장 먼저 할 일은, 언어를 가르쳐 줄 멘토를 구해서 도움을 받는 것이다. 이미 현지어를 배우려는 시도를 해 본 경우에도 마찬가지이다. 이때 멘토는 같이 있으면 편한 사람이어야 하지만, 내가 성공하기를 바라는 사람, 그래서 서로 서먹해질 위험을 무릅쓰고라도 틀리는 것을 자진해서 고쳐 줄 수 있는 사람이어야 한다. 과외 서비스에 돈을 지불하겠다고 말한 다음, 언어 교습 시간을 정하라. 가급적 매일 하는 게 좋다. 예습을 해 가고 꾸준히 성실히 임하라. 멘토를 정보 제공자로도 이용해서 같이 산책을 하거나 짧은 현장 학습을 나가 실습을 통해 언어 구사력을 늘리라. 어학 연습은 말 그대로 성심을 다해서 하라. 따라 하고 반복하고 또 비언어적 의사소통에도 주의를 기울이려 노력하라. 이야기를 만들어 보려고 노력하라. 공부를 해 나가면서 발음 사전을 만들어 나중에 더 능숙해지면 정확성을 확인해 본다.

언어 학습은 어디서부터 시작해야 할까? 어떤 어휘부터 배워야 할까? 에티켓과 관련한 단어와 관용구부터 배우는 게 중요하다는 데는 이론의 여지가 없다. 당연히 중점을 둬야 할 분야가 또 있다. 처음 만났을 때와 헤어질 때의 인사법, 특히 모르는 사람에게 하는 인사법, 질문을 하고 답을 알아듣는 법, 도움을 청하는 법, 지시에 따르고 물건을 구입하는 법, 경의를 표하는 법, 실수했을 때 사과하거나 감사를 표하는 법이다. 언어 교습 멘토는 이런 분야와 관련해서 중요한 어구를 골라내는 데 아주 값진 도움을 준다. 어휘를 늘려 갈 때는 어느 정도 자기 연구나 관심사와 관계가 있는 핵심 단어들에 초점을 맞추자. 이렇게 해 두면 나중에 통역을 쓰더라도 연구에 도움이 된다. 이런 단어들이 우연히 들리면 통역사에게 그 말을 한 사람과 이야기를 나누도록 주선해 달라고 할 수 있기 때문이다. 그게 아니라도 최소한 이런 단어들을 알아들은 것에 대한 자부심은 느낄 수 있을 테고 말이다.

혼자 힘으로 실천할 수 있는 다른 학습 전략들도 있다. 신문과 잡지를 읽고 현지 텔레비전 방송을 보는 방법이다. 만화책과 아동 도서도 아주 유용하다. 쓰이는 언어가 보통 아주 단순한 편이기 때문이다. 물론 어린이들과 말을 나눠 보는 방법도 있다. 아이들은 보통 위협적이지 않고 "그렁고"나 "음중구"나 그 밖에 어떤 호칭을 붙이든 간에 그런 이방인을 돕는 것을 정말 즐기니까 말이다.

현지 언어를 배우는 데 유용한 책은 여러 가지가 있다. 내 언어 인류학 동료들은 로빈스 벌링(Robbins Burling)이 쓴 《현지 언어 배우기(Learning a Field Language)》(2000)를 추천한다. 이 분야는 내 친구 리알 놀런(Riall Nolan)이 쓴 더없이 값지지만 아쉽게도 절판인 《서로 다른 문화 간에 소통하고 적응하기(Communicating and Adapting across Cultures)》(1999)의 덕을 크게 보고 있기도 하다. 다시 한 번 경고하고 싶다. 언어 학습은 정말 힘이 든다. 대학교에서 이게 인기 있는 과목이 아닌 주된 이유이다. 그러나 일단 어떤 언어가 가진 내적 논리를 파악하고 나면 상당히 열중하게 될 수도 있다. 언어 학습은 자기가 틀렸다는 걸 인정하고 불완전해도 만족하는 용기를 필요로 한다. 실수를 하면 보통은 원어민들이 웃으면서 반드시 고쳐 줄 것이다. 초보자가 발음을 얼토당토않게 하는 바람에 생긴 무시무시한 일화들이 잔뜩 있다. 코이코이고왑(KhoeKhoegowab)은 나미비아에서 쓰는 복잡한 흡착음이 들어간 언어다. 어떤 단어를 잘못된 흡착음으로 발음하면 뜻이 완전히 달라진다. 유럽에서 집중적으로 언어 공부를 시작해서 마침내 그 언어로 첫 설교를 하게 된 어느 헌신적인 선교사에 대한 진위가 의심스러운 이야기가 하나 있다. 그가 첫 설교에서 한 말은 "타조의 질 교회(the Ostrich Vagina Church)에 오신 것을 환영합니다"였다. 당연히 신자들은 일제히 폭소를 터뜨렸다. 그럼에도 불구하고 중요한 것은 분명 현지 언어를 배우려고 노력하는 것이야말로 현지인들에게 그들을 존중하고 그들 삶에 관심이 있다는 걸 보여 주는 최선의 방법 중 하나이자 유대감을 형성하는 최고의 방법이기도 하다는 것이다. 꾸준히 연습하라.

통역사와 함께하는 여행의 방법

물론 아주 소수의 여행자만이 어떤 공동체에 들어가 현지 언어를 몰입해서 배울 시간이 있다. 대부분은 통역사에게 의지하는 게 현실이다. 통역사는 여행자와 현지 주민들의 인식 형성에 어마어마한 힘을 발휘한다. 게다가 부와 권력의 불균형을 감안하면 충분히 일어날 가능성이 있는 갈등을 피하기 위해, 때로는 통역사가 양측에서 실제로 어떤 말이 오고 갔는지를 숨길지도 모른다. 그런 사실은 아주 나중에 다른 인터뷰 및 대화와 교차 분석을 해 봐야만 드러난다.

두 개 국어를 구사하는 사람들은 여행자에게 예외 없이 강하게 끌리는 경향이 있다. 언어 실력을 연마하기 위해서라도 말이다. 일반적으로 이런 사람들은 영어를 하는 젊은이들이기 마련이라, 나이가 많고 은퇴한 선생이나 관료보다는 또래 집단인 여행자들과 더 쉽게 친해지곤 한다. 어느 쪽이든 통역사가 가진 지위가 그를 통해 얻게 되는 정보의 성격과 유형을 결정짓는다. 젊은 여성 통역의 도움으로 나이 많고 가부장적인 사람들을 인터뷰하면, 존경받는 연장자가 통역할 때 얻는 정보와 크게 다른 결과가 나온다.

통역과 일하기 전에 가능하면 폭넓은 대화를 나눠 보는 게 바람직하다. 몇 가지 질문으로 이해력과 언어 구사력을 알아내자. 즉 무슨 일을 하는지, 관심사는 무엇인지, 어떤 곳을 여행해 보았는지, 어디서 또 어떻게 언어를 배웠는지, 지역 사회에서 어떤 위치에 있는지, 즉 내부자인지 주변인인지, 또 이런 점이 통역에 어떤 영향을 미칠 것인지를 물어본다. 연구 목표에 대해 이야기를 나누고, 통역 후보자가 내가 어떤 존재이고 나와 또 이 프로젝트를 위해 일하는 것이 어떤 것인지 감을 잡을 수 있도록 한다. 만약 산아 제한에 대한 프로젝트라면 독실한 가톨릭 신자를 통역사로 뽑아서는 절대 안 된다! 통역사가 언제 얼마나 일을 할 수 있는지 알아보라. 언제나 이용 가능한가, 아니면 퇴근한 후에만 가능한가? 통역만 맡아서 하는가, 아니면 문서 번역도 포함되는가? 보다 장기적 관계가 된다면 어떤 보상을 해 줄 것인가? 기본급에 합의를 본 다음엔 서비스가 만족스러우면 보너스를 지급하겠다고 약속하라. 일회성 서비스의 경우에는 약간의 사례나 선물이 적절하다. 십중팔구 통역사와는 상당히 친밀한 관계로 발전하므로 이따금씩 선물을 주고 호의를 베푸는 것이 좋다.

기본 원칙을 몇 가지 정할 필요도 있다. 수준 높은 국제 컨퍼런스에서 보통 볼 수 있는 통역 유형인 동시통역으로 할 것인가, 아니면 화자가 몇 문장을 말하고 잠깐 멈출 때마다 통역하는 순차 통역을 하게 할 것인가? 대개 후자는 주제에 따라 직역이거나 요약 통역이 되며, 보통은 언어 구사력이 떨어질 때 이렇게 한다. 마지막으로 해설 통역이 있다. 이 경우에는 통역사가 들은 것을 간단히 요약해서 전달한다. 어떤 방식을 사용할 것인지는 상황에 따라 달라진다. 어떤 통역

방식이 필요한지 미리 합의를 보고, 대화가 흥미로워지거나 또는 주제에서 벗어나는 것처럼 보이면 통역 방식을 바꾸기로 하는 게 제일 좋다. 효과적으로 하려면 언제 통역을 잠시 중단해야 할지, 사람들이 얼마나 길게 말을 하게 할지, 통역사가 말한 것을 이해하지 못하는 경우 어떻게 할 것인지에 대해 기본 원칙과 신호를 정해 놓아야 한다. 이런 원칙과 신호는 인터뷰 진행자와 의견을 들을 통역 대상자들 양측 모두에게 적용한다. 한 가지 유용한 기본 원칙은 통역사에게 직역보다는 의미를 중심으로 통역해 달라고 하는 것이다. 이해가 안 되면 나중에 통역사가 한 해석에 의존하지 말고 그 자리에서 명확한 설명을 요구하라.

언제나 알기 쉬운 말을 쓰고 전문 용어, 속어, 특히 은유적 표현은 피하라. 또 무례를 범하지 않는 선에서 통역사를 정기적으로 관리 감독하는 것도 필수적이다. 통역을 하는 것이 너무 고단한 일이 되지 않게 주의하자. 통역사에게 메모할 시간을 주고, 질문과 답을 어떻게 표현하면 좋을지 조언을 구하고, 인터뷰 후에 업무 결과 보고 시간을 갖는다. 품질 관리 차원의 감시도 중요하다. 보통은 인터뷰 전반을 보고 추론을 하면 된다. 즉 이 정보가 타당한지, 또 일관성이 있는지 말이다. 이런 모니터링은 통역사를 거북하게 만들 가능성도 있기 때문에 요령이 필요하다. 통역사가 없는 자리에서 누군가에게 그 사람이 보기에는 어떤 것 같은지 귀띔해 달라고 하는 게 가장 좋을 것이다. 통역사에게 일을 잘해 준 데 대해 아낌없이 감사를 표하는 것도 중요하다. 통역은 뼈 빠지게 고된 일일 수 있기 때문이다. [4]

현지인의 이야기에 귀 기울이기

많은 인류학자들에게 현지 조사에서 제일 중요한 것은 "현지인이 가진 관점"을 알아보고 그들의 경험을 우선시하는 것이다. 이런 원대한 목표는 아마도 대부분의 사람들에게 실현 불가능할 것이다. 현지인들의 자연 범주들(포유류 및 조류 같은 생물 및 금속 같은 무생물을 비롯해서 일상적으로 접하는 사물들을 구분하는 범주 – 역자)을 알아내겠다는 목표를 이루는 데만도 적극적인 경청이 필요하다. 그리고 연구에 따르면 그런 시도만으로도 사람들은 타인에게 더 관대하고 긍정적이 된다고 한다. 실제로 적극적 경청은 통역의 첫 단계로 여겨진다. 통역학교 응시자 대부분은 적극적 경청 여부를 알아보는 입학시험 단계에서 탈락한다.

연구자들은 인터뷰를 보통 해외에 있는 동안 정보를 얻는 가장 빠르고 간편한 방법이라 여긴다. 분명 그렇기는 할 것이다. 하지만 나는 대체로 인터뷰를 싫어한다. 일방적이고 권위적이기 때문이다. 내가 현지 조사 초기 단계에서 선호하는 방법은 좋은 대화를 나누는 것이다. 전반적으로 전 세계 엘리트들은 대화의 기술을 잃어버렸다. 언젠가 누군가는 현대 미국에서 대화는 동시에 하는 두 개의 독백이라고 정의한 적이 있다. 내가 말하는 대화는 이런 것이 아니다. 내가 생각하는 대화의 기술은, 사방팔방으로 자유롭게 뻗어 나간다는 점에서 오히려 즉흥 재즈 연주에 가장 가깝다. 누구나 귀 기울여 음악을 듣다가 엔도르핀이 자극되면 넋을 잃고 빠져든다. 마찬가지로 이런 대화가 이루어진 후에는 가장 중요한 부분들을 제외하고는 대화가 정확히 어떻게 흘러갔는지 기억해 내기가 어렵다. 좋은 대화는 모두를 몰입하게 하고, 이해의 폭을 넓히고, 상상력을 자극한다. 좋은 대화의 비결은 당사자들이 단순히 정보를 일방적으로 얻어 내는 게 아니라, 정보를 제공하고, 사실상 공유하고, 경청하는 것이다. 연구자를 이국 문화에서 새로운 정보를 의연히 수집하는 일종의 외로운 탐험가로 보는 것은 확실히 한물간 개념이다. 좋은 대화를 발판으로 해서 현지인들과 협력하기 위해 노력해야 한다. 그런 협력은 귀중한 "두 배의 눈(double eye)"을 제공한다. 특히 박학다식한 사람들이나 현지 학자들과 함께할 만큼 운이 좋은 경우에 그렇다.

다들 모여 앉아 "문화란 무엇인가"에 대해 동일한 대화를 나눈다는 것은 불가능하다. 저마다 사건과 삶에 대해 자기만의 관점을 갖고 있기 때문이다. 중요한 것은 단순히 대화를 몇 번 하는 게 아니라, 사회 각계각층 사람들과 폭넓고 다양한 대화를 나누는 것이다. 사람들의 면면은 다양하면 다양할수록 좋다. 연령대, 성별, 직업에 따라 사람들은 저마다 다르게 구성된 이야기를 갖고 있을 것이다. 틀림없이 어떤 공통된 이야기를 두고 저마다 다르게 내놓는 다양한 이설이나 변형된 이야기를 들을 수 있을 것이다. 이건 중요한 일이다. 사실과 견해를 교차 검토하는 방법이기도 하기 때문이다. 여러 대화에서 똑같은 질문을 한 후에 왜 사람마다 대답이 다르게 나왔는지 알아내기 위해 노력하라. "그런데 지금 그 말은 잭한테 들었던 것과 다르네요"라고 말해서는 안 된다. 이런 식으로 무안을 주지 않고 물어보는 방법이 있다. "다른 사람들은 어떻게 볼 거라 생각합니까? 그들이라면 뭐라고 할까요?"

초보 연구자와 여행자는 "초(超)커뮤니케이션(metacommunication. 말 외에 몸짓이나 태도나 시선 등으로 이루어지는 커뮤니케이션 - 역자)"을 모르고 지나칠 때가 많다. 즉 대화나 인터뷰는 특정한 맥락에서 일어나며, 이런 맥락이 문답의 종류를 결정짓는다는 것을 말이다. 이런 사람들은 똑같은 신호도 맥락 및 경험에 따라 해석이 달라진다는 점을 간과한다. 초커뮤니케이션이 일어나는 경우는 상황에 따라 달라질 수 있을 뿐 아니라, 이때 듣게 되는 이야기는 특정 시간, 특정 관심사에 적합한 특정한 방식으로 구술된다. 이런 이야기는 청자에게 사회적 정체성을 부여하고, 현 상황을 정당화하고, 규범적인 도덕적 가치관을 고취하는 방식으로 말해지기도 한다. 어느 젊은 역사가가 이 문제에 대해 설명한 것을 보자.

정보를 얻으려고 혈안이 된 연구자는 언제나 아프리카에서 호의적 반응을 얻고 어떤 답을 얻긴 얻을 것이다. 그런데 그렇게 얻은 건 과연 어떤 답일까? 옷 입는 방식이나 머리 길이, 먹는 법 같은 사소한 표현이 이런 초커뮤니케이션 범위 내에서 특정한 신호로 해석되며, 연구자가 대화를 더 이어 나갈 만한 가치가 있는 사람인지 상대방이 판단하는 근거가 될 수 있다. 카메룬에서 내가 처음 진행했던 공개 인터뷰는 재앙이었다. 여자들이 나를 비웃기 시작했는데 나중에서야 알고 보니 나처럼 머리가 긴 남자는 도적으로 여기기 때문에 귀 기울일 가치가 없는 사람으로 치부됐던 것이다. 당시 나는 머리가 길어도 아주 길었다. 현지 풍습을 어기는 것은 굉장히 흥미로운 사건으로, 수 세기 동안 함께 살아온 인종 집단들은 언제나 경험하는 일일 수 있다. 한 그바야(Gbaya) 족 친구는 너무 많이 먹는다는 이유로 풀라니(Fulani) 족 이웃들과의 거래에 실패했다. 그바야 족의 경우, 음식을 맛있다고 인정하는 가장 좋은 방법은 많이 먹는 것이다. 풀라니 족은 그들이 지키고 살아가는 문화적 원칙인 "풀라아코(pulaako)"의 핵심으로 중용을 중시한다. 결국 그바야 족 이웃들은 풀라니 족 사람들이 동업자에게 기대하는 존중을 보여 주지 않은 것이다. [5]

이야기와 구술 전승은 그 자체로 여러 용도에서 가치가 있다. 이야기와 구술 전승은 사람들을 즐겁게 하고 가치를 재생산하며 과거를 정당화한다. 동시에 사람들에게 정체성을 부여한다. 이야기나 구술 전승이 계속 이야기되는 이유는 청중과 관계가 있기 때문이다. 이야기는 보통 세상에 대한 상징적이고 은유적 표현으로서 가치가 있다. 따라서 이런 이야기들을 실증적으로 분석하거나 사실인지 입증해야 하는 대상으로 삼는 것은 이런 이야기가 가진 의도를 훼손하는 것이다. 남아프리카 공화국의 인종 차별 정책인 아파르트헤이트 종식을 위해 애쓰던 무렵에 일어난 한 사건이 좋은 실례다. 남아프리카 공화국 케이프 주 동부에 있는 소도시 그레이엄즈타운에서 "동지들"이라 알려진 흑인 사회 운동가들이 백인이 운영하는 상점에 대한 불매 운동을 펼쳤다. 그러자 어떤 흑인 할머니가 쇼핑백에서 보이콧 대상 가게의 제품이 나왔다는 이유로 이들에게 귀를 잘렸단 소문이 돌았다. 그러나 그 지역의 병원을 찾아가 귀가 잘려서 치료를 받으러 온 사람이 있는지 확인하려는 사람은 아무도 없었다. 백인 측도 흑인 측도 이 소문이 마음에 들었기 때문이었다. 백인들에게는 이 이야기가 흑인들이 얼마나 야만적인지에 대한 증거가 되었다. 한편 "동지들" 집단에게 이 이야기는 사회에 대한 지배력을 강화하는 유용한 도구가 되었던 것이다.

자기가 들은 어떤 이야기들을 평가하고 이런 이야기의 상징적인 역할과 그 밖의 역할을 올바르게 인식하려면 현지에서 은유와 맥락을 어떻게 사용하는지, 즉 현재의 사회 문화적 맥락과 과거의 역사를 모두 제대로 이해하는 게 필수적이다. 이런 이야기들이 반드시 경험 세계를 반영하는 것은 아니다.

최근에 나는 현지 나미비아 인권 단체 초청으로 "재산 수탈(asset stripping)"이라 알려진 현상을 조사했다. 우리는 나중에 부록에서 따로 다루게 될 "간이(quick and dirty)" 조사 기법을 이용했다. 일반적으로 포커스 집단 토론과 신속한 농촌 평가(rapid rural appraisal; RRA)라 불리는 이런 간이 조사 기법으로 연구자들은 에이즈 유행으로 많은 사람들이 목숨을 잃었고, 이렇게 에이즈로 남편을 잃은 과부들의 나이가 점점 더 어려지고 있으며, 이들이 죽은 남편의 친척들에게 재산을 빼앗기는 일이 벌어지고 있다는 언론 보도가 사실이라는 것을 입증했다. 친척들은 남편에게 에이즈를 옮긴 게 아내일 뿐 아니라, 여자가 아직 젊어서 재혼을 할 수 있기 때문에 자기들로서는 자기 가문의 재산을 지키는 것뿐이라는 이유로 재산 강탈을 정당화했다. 이런 풍습은 나미비아뿐 아니라 아프리카 다른 지역들에서도 광범위하게 보고되고 있었다. 페미니스트와 NGO 집단은 이를 심각한 문제로 규정했다. 그러나 우리가 조사해 본 결과 이런 현상은 모계제를 따르는 지역들에 주로 국한되어 나타났다. 모계제 사회에서는 남성의 자손이

상속을 받는 게 아니라 그 남성의 형제자매가 상속을 받는다. 즉 그 남성과 같은 어머니에게서 난 사람들이 상속을 받는다. 이 문제에 대해 다른 연구자들과 정부 관료들이 강력하게 추진했던 손쉬운 해결책은 의무적으로 유언을 남기게 하는 방법이었다. 그러나 유언장이 문제를 해결해 줄 거라고 주장하는 교양 있는 엘리트 계급 시민들로 이루어진 다양한 집단에게 실제로 유언장을 작성한 사람이 있는지 물어봤지만 좌중에는 침묵만이 가득했다. 내가 얼마나 당황스러웠을지 상상해 보라. 누구도 유언장을 쓰지 않았을 뿐 아니라, 심지어 왜 유언장을 안 썼는지에 대해 어떤 이유도 대지 못했다.

이런 당혹감은 역사 연구를 통해 더욱 깊어졌다. 이미 19세기 말에 선교사들이 아이들이 아버지로부터 상속을 받지 못한다는 사실을 걱정해서 자식들을 결혼시키기 전에 반드시 유언장을 작성해 이런 "비기독교적 상황"을 시정해야 한다고 오랫동안 주장했다는 사실이 드러났던 것이다. 선교사들의 이런 주장이 먹히지 않았던 것도 아니었다. 이 지역은 선교 활동이 굉장히 성공적이어서 현재 인구 중 루터교도 밀도가 세계 1위라는 특별한 위상을 뽐내고 있으니 말이다. 이보다 더 흥미로운 사실은 부족 당국이 유럽인 관료들 및 선교사들 명령에 따라 유언장 작성을 강제하는 법안을 만장일치로 통과시키기까지 했다는 것이다.

그러다가 우리는 마침내 그곳 사람들이 실제로는 유언장 작성에 반대하는 이유들을 명확하게 밝힌 문서를 찾아냈다. 부족 입법 회의 내용을 타자로 기록한 문서였다. 알고 보니 전통적인 지도자들은 유언장으로 아내가 자기가 상속을 받을 거라는 걸 알게 되면 남편을 독살할 것이고, 상속을 받지 못할 거라는 걸 알게 되면 남편을 버리고 떠나버릴 거라 우려했던 것이다!

이 문제와 더 직접적인 관련이 있는 사실도 발견했다. 실제 과부 재산 수탈 사례를 추적하다 보니 몇 가지 유명한 사례들이 몇 번이고 재탕되고 있다는 걸 알아낸 것이다. 요컨대 과부 재산 수탈 문제는 실제보다 굉장히 부풀려져 있었다. 그렇다고 이런 상황이 동시다발적으로 발생하고 있고, 해결을 위해선 유언장이 꼭 필요하다고 입을 모아 강조하던 정보 제공자들이 거짓말을 하고 있는 건 아니었다. 그들에게는 어디까지나 그게 엄연한 사실이었다.

나는 이런 재산 수탈 이야기를 현지 남녀 관계에서 일어나고 있는 전방위적 변화에 대한 사회적 반응으로 해석했다. 정부가 양성평등 정책을 적극적으로 추진했고, 이에 따라 여성들이 사회적, 경제적, 정치적 발전을 이룩하기 시작하면서 남성의 권위가 약화되는 변화가 일어나고 있었던 것이다. 이런 상황에서 이런 이야기가 여성에게 어떤 메시지를 은연중에 전달하고 있는지는 누가 봐도 명백했다. 즉 전통적인 아내처럼 행동하고 남편에게 순종하지 않았다가는 남편이 죽고 나서 엄청난 손해를 볼 거라는 메시지였다.

이렇게 이야기 수집에 따르는 제약은 분명히 존재한다. 나로서는 바라는 바다. 따라서 해당 문화에서 쓰이는 은유 및 속담뿐 아니라, 이야기가 등장한 미묘한 맥락을 감지할 줄 아는 능력이 절대적으로 필요하다. 그렇다고 이야기를 수집하려는 의욕을 잃어버려서는 안 된다. 이런 이야기가 언제쯤 가치 있는 통찰을 던져 줄지 절대 알 수 없기 때문이다. 그런 일은 보통 이야기를 기록하고 한참이 지난 후에야 일어난다.

좋은 대화를 나누는 방법에 대해

나이가 들수록 대화를 시작하기가 쉬워진다. 흰머리 덕분에 사람들이 나를 덜 위협적으로 느끼기 때문이기도 하고, 한편으로는 전 세계 많은 지역에서 연장자들을 공손하고 정중하게 대우한다는 추가적 이점도 있기 때문이다. 대화를 어떻게 시작하면 되는지에 대해서 정해진 규칙은 없다. 그러나 집단 역학과 신체 언어를 주의 깊게 관찰하고 특히 성별에 따라 사회에서 그 사람에게 가지는 느낌과 수용 태도가 다르다는 데 유의하자. 즉 젊은 여성은 파이프 담배를 피우는 연로한 남성 집단에 가면 중년 남성 인류학자와 다른 대접을 받을 것이다. 성별에 따른 이런 감수성 차이가 가지는 중요성은 강조할 필요가 있다. 서구에서는 양성평등을 당연시하는 곳이 많다. 비록 내 여성 동료들 중에는 양성평등이 실제로는 존재하지 않는다고 느끼는 사람들이 많기는 하지만 말이다. 해외 수많은 곳에서 이 문제는 현지인들과 교류하는 방식에 큰 영향을 미칠 것이다. 그러니까 연구자가 개인적으로는 동의하지 않는다 해도, 해당 공동체가 가진 문화적 성별 기준을 존중해야만 한다. 그리고 성별이 어떤 종류의 정보를 입수하게 될지에 영향을 미칠 것이라는 점도 인식하고 있어야 한다. 연구자가 특정 장소에서는 도저히 그렇게 못 하겠다고 느낀다면 거기에 가는 것을 피하는 것이 상책이다.

좋은 대화를 위해서는 당면한 물리적 환경도 염두에 두어야 하는 건 물론이다. 의미 있는 대화가 디스코장이나 기차역에서 밤늦게 일어날 리는 없을 테니 말이다. 따라서 서로가 상대방에게 집중할 수 있는 환경이어야 한다. 의미 있는 대화를 시작하기 위해서는 자리를 마련한 사람뿐 아니라 가능하면 상대방도 중요하다고 생각하는 화제가 필요하다. 그러나 이렇게 처음 대화를 시작하려면 안전지대에서 벗어나 많은 시행착오를 겪을 수도 있다.

대화를 시작할 때는 먼저 인사를 건넨 다음 조언과 정보를 청하라. 언어 장벽이 있을 수 있다는 걸 감안해서 천천히 말하라. 또 두문자어(頭文字語)와 은유나 거창한 단어는 쓰지 말라. 가능하면 간단하게 말하라. 적어도 상대방의 언어 능력에 대한 판단이 설 때까지는 말이다. 공격적으로 보여서는 안 된다. 대화를 발전시키려면 "네", "아니오"로 간단히 답할 수 없는 질문을 던져야 한다. 나는 내 스승이었던 교수 한 명이 유명한 오페라 속 바람둥이의 이름을 따서 돈 후앙 식 접근법이라고 불렀던 전략을 따른다. 즉 흥미가 가는 것이면 뭐든 일단 운을 띄워 본 후 대화가 어디까지 갈 수 있는지 지켜보는 방식이다. 이런 접근법은 발의자와 응답자 모두가 대화를 함께 구체화해 나가는 방식이기 때문에 상대방에게 정보를 얻는 동시에, 자기가 중요하다고 생각하는 것만이 아니라 그들이 중요하다고 생각하는 것도 알게 된다는 이점이 있다.

만나는 모든 사람이, 겉으로는 따분해 보일지 몰라도 내가 모르는 뭔가를 알고 있다는 것을 명심하자. 따라서 언제나 귀 기울여 듣고 새로운 뭔가를 알아내려고 노력하자. 설명을 구하는 것을 두려워하지 말자. "내가 제대로 이해했는지 잘 모르겠네요. 더 자세히 말해 주시겠어요?"처럼 말이다. 논의 중인 주제에 흥미를 보이고, 혹시 지루해지면 흥미롭게 만들기 위해 노력하라. 물론 특정 주제에 유독 관심이 갈 수도 있다. 그럴 때는 대화를 서서히 그 방향으로 몰고 가자. 부끄러움을 타거나 입을 열도록 부추길 필요가 있는 사람들도 있을 수 있다. 잡담은 사람들을 편안하게 만들므로 자기 자신에 대한 이야기를 꺼내도 좋겠다. 자기를 비하하는 발언은 다른 사람들이 긴장을 풀게 하는 데 도움이 될 때가 많다. "나도 참 바보 같죠. 어떻게 같은 말을 또 하나 몰라요." 상대방에게 다른 많은 사람들이 들으면 좋을 만한 뭔가를 알고 있을 거라고 말해 주자. 아부와 칭찬은 효과가 좋다. 하지만 일부 국가들에서는 어떤 물건을 칭찬하면 그 물건의 소유자가 그것을 칭찬한 사람에게 줘야만 하는 경우도 있으니 조심해야 한다. 칭찬은 너무 사적인 것이어서도 안 되고, "고결한 야만인"의 생활 방식을 영위하는 사람들이라는 식으로 찬양해서도 안 된다. 그들 중에는 어디까지나 가난한 것에 불과한 삶에 만족하지 못하는 사람들도 있으니까 말이다.

정반대도 중요하다. 즉 자기가 만나는 사람들에게 흥미로운 사람이 되어라. 이 말은 여행자라고 하면 떠올리는 전형적인 고정 관념을 깨뜨리라는 의미이다. 때로는 옷으로 이렇게 할 수도 있다. 그러나 행동으로 가능할 때가 더 많다. 이때 신중하게 계획한 별난 행동을 하는 게 좋다. 예를 들어 한 젊은 미국인이 미국에서 출발해 아메리카 대륙 최남단 지점까지 도보로 종단하고 있었다. 낯선 사람들의 친절에 의지해야 했던 그는 당나귀와 함께 여행한 덕분에 다른 사람들에게서 여러 가지 도움을 받을 수 있었다. 주민들은 "그가 우리에게 좋은 기운을 나눠 줬다"고 믿었다.

이름을 기억하는 것은 상대방에 대한 관심을 보여 준다는 의미만으로도 아주 중요한 일이다. 그렇지만 특히 해외에서는 이름을 기억하는 게 아주 힘들 수 있다. 외국인 귀에는 길고 이상하게 들리는 이름을 가진 사람들이 많기 때문이다. 이름을 기억하려면 처음 들었을 때 몇 번 반복해서 따라 해 보고, 가능하다면 명함을 달라고 해서 이름을 들리는 대로 받아 적는다. 이름이 너무 특이하고 어렵다면 상대방에게 이름을 직접 쓰고 천천히 발음해 달라고 한다. 나이, 성별, 직업, 어디서 어떻게 만나게 되었는지 등, 의미가 있거나 흥미로울지도 모르는 그 사람에 대한 모든 정보를 상세히 열거한 메모를 해 둔다. 그러면 이름을 기억하는 데 도움이 된다. 이름을 기억하는 또 다른 전략은 이름을 기억 증진 장치로 이용하는 것이다. 즉 피클 피터(Pickled Peter)나 정글 짐(Jungle Jim)처럼 말이다. 당연하겠지만 이렇게 기억을 돕기 위해 만든 이름을 무심코 입 밖에 내는 일이 있어선 안 된다. 그 밖에 그 사람의 언어적 심상(verbal image. 어떤 단어를 말했을 때 자기에게 들리거나 보이거나 느낀 대로 떠올린 이미지 - 역자)을 만들어 내는 방법도 있다. 다시 만났는데 이름이 생각나지 않으면 솔직히 인정하고 즉시 다시 말해 달라고 부탁한다. "당신을 기억하지만 유감스럽게도 이름을 잊어버렸네요." 또 다른 전략은 상대방이 내 이름을 잊어버렸을지 모른다고 가정하고 자기 이름을 먼저 언급하는 것이다. 즉 "안녕하세요, 내 이름은 베수비어스에서 온 조애너예요"라고 말하며 상대방도 본인 이름을 말해 주기를 바라는 방법이다. 적어도 이 전략은 보편적인 인간성을 시인하고 있다. 이름을 잊어버리는 것은 보편적인 문제니까 말이다! 한편 그 자리에 제삼자가 있다면 "로라를 소개할게요"라고 말한 후, 상대방이 자기소개를 다시 해 주기를 기다리는 방법도 있다.

그저 잡담을 나누든, 연구 안건을 염두에 두고 대화를 나누든, 진지하게 생각하게 만드는 질문을 적어도 다섯 가지는 준비해야 한다. 때로는 중립적이거나 보편적인 주제와 관련 있는 질문으로 시작하고, 적어도 맨 처음에 정치와 종교 이야기를 하는 것은 피하는 게 좋다. 사적인 주제를 피해야 하는 건 물론이다. 예를 들어 대화를 시작하기에 좋은 질문은 "왜 그렇게 많은/적은 여행자가 이곳을 찾을까요?"가 될 수 있다. 나는 특히 "○○에 대해 사람들이 뭐라고 하는가"라는 말로 운을 띄우기를 좋아한다. 그러면 개인에게 초점을 맞춰서 자기 의견을 개인적 요인과 연관 지어 잘못 해석할 수 있는 위험을 피할 수 있기 때문이다.

대화에 아무 진척도 없으면 "맞아요. 그래서 …"라는 말을 유도해 낼 수 있는 방법을 쓰거나, 대화가 계속 이어지다 결국엔 크게 한 바퀴 돌아서 관심 질문으로 돌아오게 할 수 있는 주제를 공략해야 한다. 현지인들은 때로는 사람들이 불쾌해하거나 반감이 들게 할 수 있는 답을 하기도 한다. 주로 인종 차별적이거나 성차별적 발언들이 그런 경우다. 전 세계적으로 얼마나 악의적이고 근거 없는 시온주의(유대인 국민 국가 건설 운동 – 역자) 음모론이 널리 퍼져 있는지 기가 막힐 노릇이다. 나는 보통 "그렇군요. 하지만 …"으로 대답한다. 상대방을 인정하기는 하지만 동시에 그가 한 말에 동의하지 않는다는 의사를 나타내는 방법이다. 아니면 이렇게 답할 수도 있다. "어, 그래요? 유대인들을 많이 아시나 보죠?"

화를 돋우는 발언을 피하고 주제를 바꾸려 노력하라. 잡담은 주제가 너무 무거워지거나 주제에서 벗어날 필요가 있을 때 이용하면 좋다. "감사해요. 얘기가 정말 즐거웠고 많이 배웠어요. 근데 버스를 타러 가야 해서요./화장실이 급해서요."

언제나 감정을 억제해야 한다. 분노를 나타내거나 너무 법석을 떨지 말라. 대부분의 사람들은 〈보랏〉에서 충분히 보여 주었듯이, 이방인들에게 정중하며 무례하게 굴지 않는다. 현지 풍습을 멋대로 재단해서 비난해서는 안 된다는 건 말할 것도 없다. 사람들은 개인적 차원에서뿐만 아니라 문화적으로도 저마다 소통 방식이 다르다는 것을 유념하자.

대화 방식들이 서로 상당히 다를 수도 있다는 것을 명심하고 현지 특유의 대화 방식에 대한 감을 기르려고 노력해야 한다. 앞서 말했듯이 일부 사회들에서 아부는 사람을 난처하게 만들 수 있고, 의류에 대해 칭찬하면 상대방은 그 옷을 칭찬한 사람에게 줘야 한다는 의무감을 느낄지도 모른다. 물론 이런 풍습은 반대 방향으로 작용할 수도 있다. 즉 세네갈에서는 세계 많은 지역에서 그렇듯이, 어쩌다 알게 된 친구와 지인이 혹시 자기에게 주지 않을까 하는 마음에 여행객이 입은 셔츠를 칭찬할 수 있다. 이런 곤란한 상황에서 벗어나기 위한 한 가지 대응 방법은 상대방 이름을 셔츠에 붙이겠다고 제안하는 것이다. 멘토에게 어떤 화제는 이야기해도 되고 어떤 것은 안 되는지 물어보라. 다시 한 번 강조하자면 성, 정치, 종교 얘기는 최소한 처음에는 피해 가는 게 안전할 것이다. 어떤 주제에 대해서든 공연한 충고는 삼가라. 우월감을 드러내거나 자신이나 친척들에 대해 괜한 자랑을 늘어놓지 않도록 하라. "끝내준다", "훌륭하다", "기가 막히다"같은 과장된 단어는 대체로 피해야 한다.

경청은 아주 중요하다. 사람들은 때로 자기가 무슨 말을 들었는지보다 자기가 무슨 말을 할지를 더 많이 생각한다. 귀 기울여 듣는다는 걸 증명하는 한 가지 방법은 들은 말을 바꿔서 다시 말하는 것이다. 그러면 들은 것을 기억하는 데도 도움이 된다. 어떤 대화에서 기억나는 것은 되도록 많이 적어 놓는다는 규칙을 정해 두고 지키면 특히 도움이 된다. 관찰 기록은 구체적일수록 좋다. 이것은 믿음직한 현지 조사 전략이기도 하다. 나중에 가치 있게 쓰일지도 모르는 데이터를 기록하는 것이기 때문일 뿐 아니라, 친구나 정보원이나 아는 사람을 다시 만났을 때 유용한 기억 환기 장치도 될 수 있기 때문이다. 즉 이런 기록을 토대로 이전에 그들과 나눴던 대화에서 뭔가를 기억해 내서 그렇게 기억해 낸 정보를 이용해서 공통된 관심사를 일깨울 수 있기 때문에 현지 조사에 도움이 되는 것이다. 또 이렇게 가능한 한 많은 것을 기록하는 전략은 상대가 하는 말을 주의 깊게 들을 수밖에 없게 만든다. 어떤 경우에는 대화를 하는 동안 공책을 급히 꺼내 메모를 하는 게 여의치 못할 때도 있다. 이런 식의 문제가 생길 때는 당연히 나름대로 알아서 판단을 내려야겠지만 되도록 어떤 일이 일어나든 일단 메모를 하려고 노력하자. 나이가 들수록 기억이 어떻게 농간을 부려 관찰 내용과 대화에 착각을 일으킬 수 있는지 점점 더 절감하게 마련이다. 되도록 젊을 때부터 바로 바로 기록을 남겨 놓는 습관을 들이도록 하자.

대화를 계속하다가 관계를 지속해 나가면 좋겠다는 느낌이 들면 조금씩 단계적으로 신뢰를 쌓아 나가자. 이럴 때 좋은 방법은 상대와 무언가를 공유하는 것이다. 즉 뭔가를 함께 하라. 일을 돕거나 함께 산책을 나간다. 수다를 떨고 함께 뭔가를 하는 동안 얼마나 더 많은 것을 배울 수 있는지 끊임없이 놀라게 된다. 누구도 완벽하지는 않다는 걸 명심하자. 그러니 비밀을 지키고, 험담하지 말고, 분별 있게 처신하고, 친구에게 조촐하게 존경과 애정을 표현하라. 때때로 짧은 편지나 엽서를 보내라. 특히 예상치 못한 때에 말이다. 이따금 맥주나 작은 선물을 사 주고, 생일이나 기념일을 기억하라. 평소에 기록을 잘 해 놓으면 이런 경우에 도움이 된다. 이런 후속 조치는 친구들에게 그들을 소중히 여기고 있다는 걸 보여 준다.[6]

작은 도구도 좋은 대화를 이어나가는 데 이용할 수 있다. 음악가라면, 특히 플루트나 페니휘슬을 연주할 줄 아는 사람이라면 반드시 악기를 가져가서 다른 음악가들을 찾아내자. 그들과 함께 하는 즉흥 연주가 언어로 소통이 어려운 상황에서도 서로 간에 훌륭한 다리 역할을 해 줄 수 있다. 나도 이런 상황이 벌어지는 걸 얼마나 자주 보았던지, 이 방법은 아무리 강력 추천해도 지나치지 않다. 어떤 이유에서인지 음악은 자신이 평화를 원한다는 것을 보여 주고 사람들을 하나로 만드는 것 같다.

카메라도 디지털카메라든 비디오카메라든 모두 이런 가교 역할을 할 수 있다. 내가 가장 좋아하는 전략 하나는 사람들을 초대해서, 만약 자기들 생활이나 사는 곳을 앨범이나 동영상으로 제작한다면 그 안에 넣고 싶은 것을 직접 찍게 하는 것이다. 사진과 영상은 대화를 시작하는 데 이용할 수 있다. 요즘 카메라 값이 점점 더 싸지고 있는 덕분에 어떤 연구자들은 일회용 카메라를 많이 사서 친구들에게 나눠 주고, 그들 스스로 중요하다고 생각하는 것을 뭐든지 찍게 한 후, 그렇게 찍은 사진들에 대해 사진을 찍은 사람들과 이야기를 나누기도 한다. 비용이 적게 드는 이와 비슷한 또 한 가지 전략 또는 보완책은, 사람들에게 자기가 사는 지역의 지도를 그려 달라고 하는 것이다. 이 지도에 어떤 게 들어갔고 어떤 게 배제되었는지를 가지고 얼마나 많은 것을 알아낼 수 있는지 알게 되면 아마 깜짝 놀랄 것이다.

해외여행에서의 섹스

가장 은밀한 형태의 대화는 물론 섹스다. 이전 장들에서 나는 해외에서 하는 성적 모험을 매력적으로 만드는 몇 가지 요인을 언급했다. 외국에서 가지는 섹스는 유한하고 문턱적인 일시적 관계를 기본으로 할 때가 많다. 그래서 다른 유형의 관계를 탐색해 볼 수 있는 기회가 된다.

옛날 내가 했던 강의 시간에 외국에 있는 동안 성관계를 갖는 것의 장단점에 대해 토론을 한 적이 있다. 토론을 마친 후에 해외에서 섹스를 하는 것에 찬성하는지 반대하는지 간단한 여론 조사를 했다. 서른두 명이 수강한 수업에서 한 명만이 해외에서의 성관계는 좋은 생각이 아니라고 답했다. 그 학생이 이런 대답을 한 이유는 부분적으로는 섹스 상대에 대해, 즉 상대가 동료 여행자냐 현지인이냐에 대해 우리와 다르게 생각했기 때문인 게 분명했다. 이 학생이 떠올린 대상은 후자였다. 요즘은 그런 게 전혀 문제될 게 없다는 생각이 일반적인지, 어느 인기 있는 멕시코 여행안내서에는 현지인과 섹스를 하는 방법이 당당히 실려 있으며, "더 빨리", "더 천천히", "콘돔 갖고 왔어요?"처럼 성적 접촉에 유용할 만한 단어와 표현도 나와 있다.

해외에서 하는 섹스는 보통 금전에 기초한 관계가 압도적으로 많다. 물론 때로는 비슷한 경제적 문화적 배경을 가진 동의성년(同意成年, consenting adult. 법적으로 성관계에 동의 여부를 결정할 수 있는 나이인 사람이나 성관계에 동의한 사람을 가리킴 – 역자) 간의 정사와 여성이 먼저 제안하는 성관계도 존재한다. 많은 남반구 국가들에서 여성 여행자는 상대에게 애정의 표시로 작은 선물이나 심지어 현금을 주기도 한다. 이런 경우를 보면 그런 상황에서 누가 누구를 착취하고 있는 것인가 하는 의문도 생긴다. 카리브 해에서 일어나는 상황을 보면 현지 남성과 여성 관광객 모두에게 이득이라는 걸 알 수 있다. 즉 여성 여행자는 사랑과 애인을 얻고 통념과 다른 성 역할을 시도해 볼 수 있었고, 현지 남성은 금전적 보상과 함께 지위와 사랑을 얻은 경우였다.

내가 학생들에 대해 우려했던 것은 그들과 현지인 간에 존재하는 권력 차이에 대해 제대로 알지 못하고 있다는 거였다. 현지인이 여행자에게 성적으로 끌리는 건 그들이 매력적이라서가 아니라, 그들보다 돈과 권력이 많기 때문이다. 어느 교수가 물었다. 그러면 교수가 학생과 자는 건 괜찮은가요? 아뇨! 학생들은 대답했다. 그건 교수가 자기 지위를 이용해서 이득을 보려는 것이기 때문입니다. 바로 그거죠! 교수는 동의했다. 더욱이 성관계로 옮을 수 있는 질병 문제는 제기되지도 않았다는 점도 우려스러웠다.

"국보"라고 불린 브루스 패리(Bruce Parry)는 큰 성공을 거둔 BBC의 인기 TV 프로그램 〈부족(部族, The Tribe)〉의 주인공이다. 이 프로그램은 "부족" 사회들과 함께 살아가려는 그의 노력을 매일 담아낸다. 여기서 그는 그들과 함께 생활하고 먹고 심지어 마약까지 한다. 그럼에도 불구하고 그가 분명히 선을 긋는 것 한 가지가 섹스다.

> 이 문제에 대해 내 입장은 처음부터 아주 명확했다. 거기 들어가 그들과 친구가 되어 그들 방식대로 생활하고 그들에게 배운다 해도, 내가 절대로 하지 말아야 하는 것은 바로 부족 여자들에게 수작을 걸어 남자들의 질투심을 불러일으키는 것이다. [7]

9

건강과 안전 문제

"죽을 가능성이 없다면
모험은 애초에 불가능하다."

– 라인홀트 메스너 *Reinhold Messner* –

아무도 가르쳐 주지 않는 해외여행에서의 배변 문제

전 세계적으로 이른바 에어백 문화가 엘리트층에서 나타나고 있는 것 같다. 위기관리는 주요 성장 산업이 되었다. 안전에 대한 우려를 폄하하려는 것은 절대 아니다. 예방 의학이나 선제적 조치로 인해 건강과 안전에 대한 염려가 많이 불식된 것은 분명한 사실이다. 여행 전 계획을 잘 세우는 것이 결정적으로 중요해지는 게 바로 이 지점이다. 예방이 치료보다 훨씬 낫기 때문이다. 현지인 눈에는 아주 바보 같아 보일 수도 있는 위험을 감수하고라도 말이다. 통계에 따르면 여행 중 최대 단일 사망 원인은 질병이나 살인이 아닌 교통사고이다. 이런 점도 도보 여행과 느린 여행을 해야 하는 또 한 가지 좋은 이유가 아닐까!

이번 장에서는 해외여행 중 예기치 않게 일어날 수 있는 상황에 대해 다루며, 건강 및 안전과 관련된 몇 가지 문제에 대해 자세히 설명한다.

해외에 나가서 겪는 가장 충격적인 경험 중 하나가 대변 누기와 몸의 청결 유지일 수 있다. 배변을 하지 않는 사람은 없다. 그러나 놀랍게도 여행안내서들은 배변과 청결 문제에 대해 아무 말이 없다. 신체적 기능들은 무시해서는 안 된다. 이 문제를 본격적으로 살펴보면 아주 유용한 정보를 얻을 수 있다. 배변과 관련된 외국 관습이 자기 나라의 위생에 대한 관념과 대조를 이루는 경우에 특히 그렇다. 배변과 청결 유지는 중대한 건강과 안전 문제이기도 하다. 한편 의약 문제에 한해서는 현지인들에게 조언을 얻는 게 바람직하지 않을 수도 있다.

유명한 다큐멘터리 〈퍼스트 콘택트(First Contact)〉는 1차와 2차 세계 대전 사이, 뉴기니 고지대에서 벌어진 "첫 만남"을 찍은 영화를 바탕으로 만들어졌다. 다큐멘터리에서는 당시 있었던 첫 만남에 대한 원주민들의 경험과 해석을 인터뷰하기 위해 이곳을 다시 방문한다. 전에 한 번도 본 적 없는 유럽인들은 과연 누구였는가에 대한 질문이 제기되자 인상적인 장면이 펼쳐진다. 원주민들은 궁금해한다. 우주에서 온 외계인이었나? 다시 돌아온 조상들이었나? 그러다 용감한 부족민 하나가 유럽인들 대변을 몰래 살펴본 후 자기네 대변과 똑같다는 것을 알아내고 나서야 유럽인들은 인간으로 분류된다.

배변은 인간에게 없어서는 안 될 행위로, 여행안내서들은 무시하고 넘어가지만 여행자들이 하는 이야기로 짐작해 보건대 큰 걱정거리인 게 분명하다. 배변 문제는 점잖은 대화거리로는 분명 적절치 않기 때문에 좀처럼 화제가 되지는 않지만 중대한 문제이다. 대부분 인도와 아프리카에 살고 있는 세계 인구의 3분의 1이나 되는 사람들이 고상하게 표현해서 "공개 배변"으로 알려진 행위를 한다고 추산된다. 이런 관습은 심각한 보건 위생상 문제가 되기도 한다. 믿을 만한 추산에 따르면 열악한 하수 설비로 인해 매년 200만 명 이상의 사람들이 죽는다고 한다. 대부분의 여행자들은 언젠가는 설사를 겪는다. 설사는 "트롯츠(the trots)"나 "몬테주마의 복수(Montezuma's revenge)"나 "델리 설사(Delhi belly)"처럼 다양한 이름으로 알려져 있다. 설사와 장티푸스를 일으키는 주된 원인 하나는 배설물인데, 보통 더러운 손으로 조리한 음식에서 옮아 몸속으로 들어간다. 배설물 1그램에는 바이러스 1000만 개와 박테리아 100만 마리, 1000개의 기생충 낭과 100개의 기생충 알이 들어 있을 수 있다. 관광 명소를 벗어난 여행자는 보통 비닐 백에 싸여 있는 온갖 인간 배설물 무더기를 마주칠 때가 많다. 우아한 서구식 만찬 자리에서 보랏이 변소가 어딘지 물은 다음, 이윽고 두둑해진 비닐 백을 갖고 돌아와 사람들이 경악하던 장면을 떠올려 보자. 아프리카와 아시아 많은 지역에서는 서양식 공중변소가 가장 당혹스러운 장소가 될 수 있다. 냄새가 지독하며 휴지가 없어 벽, 특히 왼쪽 벽에는 똥칠이 되어 있기 때문이다.

인류는 흔히 배설물을 품위 있게 처리하기 거북한 폐기물이자 수치심의 근원으로 취급한다는 면에서 거의 모든 동물 종과 차별화된다. 변소와 관련된 풍습은 전 세계적으로 아주 다양하며 대소변에 대한 이런 문화적 신념은 여행자의 신체적 건강은 물론 쾌적함에도 영향을 미칠 수 있다. 예를 들어 베트남 전쟁 때 많은 군인들이 밖에서 들여다보이는 개방형 공중변소에서 변을 보지 못하는 바람에 의가사제대를 하기도 했다. 남아메리카로 모험 여행을 떠났던 내 여성 친구는 변소라고 있는 게 현지 안내원들이 모여 잡담을 하는 곳 가까이에 세워 놓은 작은 텐트였다고 회상한다. 이런 상황이 너무나 곤혹스러웠던 친구는 결국 변비에 걸려 변비약을 먹어야 했다. 다른 곳에 갔을 때는 돼지우리 안에서 쪼그리고 앉아 변을 보라는 말을 듣기도 했다고 한다.

청결에 대한 개념은 문화마다 다르며, 심지어는 한 문화 안에서도 차이가 있다. 미국인들은 청결을 맹목적으로 숭배해서, 미국을 여행하는 사람들은 흔히 미국인들의 질 세정, 제모, 방취 습관과 더불어, 미국인들이 머스크, 페퍼민트, 심지어는 솔잎 냄새를 선호하는 취향에 눈살을 찌푸리곤 한다. 샤워는 반드시 매일 해야 한다는 개념도 최근에 와서야 생긴 것이다. 역사적으로는 경제적 여유가 있는 사람들조차 되도록 삼갔던 게 목욕이었다. 엘리자베스 1세는 한 달에 딱 한 번만 목욕을 했고, 그다음 왕이었던 제임스 1세는 심지어 손가락만 씻었다는 말도 전한다. 당시 의료계에서는 목욕을 하면 피부 모공이 열려 그리로 병균이 침투한다는 설을 주장했기 때문이다. 나폴레옹은 닷새 후 귀환했을 때 황후의 냄새를 맡고 싶다는 이유로 황후에게 목욕을 하지 말라는 명령을 내렸던 것으로 유명하다. 청결함과 경건함이 연계된 건 19세기 사회 개혁가들 때문이다. 세계 많은 곳에서 매일 하는 샤워는 터무니없는 사치다.

완벽한 청결은 보통 실현 불가능한 목표다. 반면 신체 특정 부분들, 즉 구멍들과 무엇보다 손은 가능하면 깨끗하게 유지해야 할 필요가 있다. 그래서 나는 샴푸, 비누, 세탁 세제를 겸할 수 있는 농축 살균 세정제 작은 병과, 젖은 옷을 싸거나 스카프나 숄로도 쓸 수 있는 중간 크기의 잘 마르는 타월을 가져갈 것을 권한다.

인간 배설물에 대한 사고방식은 나라마다 극단적인 차이를 보인다. 여러 선진국들처럼 어떤 사회들은 배설물을 부정적으로 보고 폐기물로 정의한다. 중국을 포함한 많은 나라들에서는 비료로 쓰는 반면에 말이다. "알랑방귀 뀌는 사람(brown-nose)"이라든가 "내 똥이나 먹어라(kiss my ass)"같은 표현을 보면 배설물에 대해 미국인들이 어떤 태도와 가치관을 가지고 있는지 알 수 있다. 배설물은 매력적이면서도 혐오감을 느끼게 한다. 프로이트가 반색을 하며 부르주아가 대변에 보이는 태도를 분석했던 것도 이 때문이다. 그는 이 연구에서 어린아이들은 자기 대변을 가지고 재미있게 논다는 점에 주목했고, 대변이 황금과 같은 색이며 대단히 사적인 산물이라는 소견을 내놓았다. 지금도 독일 변기는 변기에 물을 내려 대변을 흘려보내기 전에 눈으로 관찰할 수 있도록 변기 바닥면을 높인 구조를 갖고 있다. 대변 검사는 몸의 건강 상태를 진단하기 위해 여전히 사용하고 있는 방법이다. 프로이트 학파는 사람들이 대변을 혐오하는 이유는 몸에서 나오는 썩은 물질이라는 사실과 관계가 있다고 주장했다. 하지만 프로이트 학파와 후기 프로이트 학파를 제외하면 대변은 마땅히 누려야 할 관심을 받은 적이 없다.

소변과 대변에 대한 태도는 세월이 흐르며 변한다. 고대 로마 여성들은 얼굴에 대변을 발랐다. 젊은 피부를 간직할 수 있는 방법이라 믿었기 때문이었다. 많은 사회에서 대변, 구체적으로는 왕과 그 밖의 귀한 신분을 가진 사람의 대변은 약효가 있다고 여겨 다친 상처나 염증 부위에 바른다. 로마 여성들은 소변으로 목욕을 하고 입을 헹구기도 했다. 중세 유럽에서 태피스트리가 인기를 끈 이유는 궁정에서 귀족 남자들이 튀지 않게 소변을 볼 수 있었기 때문이다. 소변은 커튼과 옷을 빼는 데 사용하는 다목적 액체였다. 지금도 미군 생존 수업에서는 소변을 응급 살균제로 쓰라고 한다. 사실 인도 일부 지역에서는 자기가 눈 소변을 마시는 게 장수 비결로 통하기도 했다.

일부 사회들에서는, 예를 들면 뉴기니에서는 바람을 피운 남편의 오두막집 문에 아내가 대변을 문질러 망신을 준다. 전 세계적으로 배변에 대한 많은 믿음과 미신이 존재한다. 마다가스카르 일부 지역에서는 땅은 조상들을 품고 있기 때문에 배설물로 더럽혀서는 안 된다고 주장한다. 아프리카 일부 지역에서는 구멍 위에 쪼그리고 앉아 변을 보면 유산을 하게 된다거나, 못된 사람이 나쁜 약물을 변소 구덩이 속에 넣어 가족에게 마법을 걸 수 있다고 믿는 사람들도 있었다. 실제로 사람 몸의 일부는 머리카락이나 손톱뿐 아니라 대소변까지도 다양한 흑마술에 쓰일 수 있으므로 복구가 불가능한 정해진 방식으로 버려야 한다. 세계 많은 곳들에서 항문과 연결되는 생식기들은 "수치스러운 기관"으로 알려져 있다. 성교도 옷을 다 입은 채로 하기도 하지만 배변이야말로 수치심을 일으키는 더 큰 원인이 될 때가 많다. "대변을 누는 게 창피한 사람들에게는 덤불도 알리바이가 되어 줄 수 있다. 마체테(날이 넓고 무거운 칼. 무기로도 쓰임 - 역자)를 어깨 위로 휘두르며 나가면 땔감을 모으러 가는 길인 척할 수 있다. 야외 임시 변소를 찾아가는 건 뭘 하러 가는 건지 너무 확실하게 티가 나니까 말이다."[1]

부르주아식 프라이버시 개념과는 달리 똥 누기도 사회적 사건이 될 수 있다. 동남아시아 일부 지역에서는 대변을 볼 때는 자기가 남들 눈에 보이지 않는다고 믿어서 누가 봐도 부끄러워하지 않는 사람들도 있다고 한다. 많은 인도인들은 노벨상 수상자 V. S. 나이폴(V. S. Naipaul)이 윈스턴 처칠(Winston Churchill)에 필적하는 단호한 어조로 쓴 다음과 같은 글이 지나치게 가혹하다고 생각한다. "인도 사람들은 아무 데서나 대변을 본다. 그들은 주로 철로 옆에서 대변을 눈다. 해변에서 대변을 눈다. 언덕에서 대변을 눈다. 강둑에서 대변을 눈다. 길거리에서 대변을 눈다. 몸을 숨길 곳을 찾는 법은 절대 없다. … 얼마간 시간이 흐르면, 로댕의 생각하는 사람처럼 쪼그리고 앉은 인도 사람들의 모습은 여행객들에게 흠도 아니다. 인도인들은 이렇게 쪼그리고 앉은 사람들을 보지 못하며 심지어 이들이 존재한다는 것조차 진심으로 철저히 부인할지도 모른다"[2]

많은 인도 시골 지방에서는 여성들이 삼삼오오 모여 아침 일찍 집을 나서 밭에 가서 똥을 누고 수다를 떤다. 남자들은 다른 곳으로 가서 그렇게 한다. 그때 흔히 창밖을 내다보는 승객들을 태운 기차가 칙칙폭폭 지나가곤 한다. 이들은 각자 왼손에 물을 담은 작은 놋쇠 그릇을 들고 가서 왼손을 씻는다. 어떤 인도 사람들은 이런 관습 덕분에 귀한 비료가 생기고 휴지 쓰레기도 나오지 않는다고 주장하면서, 화장실 휴지는 물만큼 깨끗하지 않고, 이미 다른 누군가가 쓴 변기 시트에 앉아야 하므로 미국인들은 비위생적이라는 생각을 내비치기도 한다.

내 지인 한 명이 안내원이 인솔하는 안데스 산맥 하이킹을 했던 이야기를 해 준 적이 있다. 안내원에게 변소에 가야 한다고 말하자 바로 옆에 있는 돼지우리로 가서 변을 보라고 했다고 한다. 세계 많은 지역에서 돼지와 개가 폐기물 제거 전문가 역할을 한다. 서구 사람들은 화장실 휴지에 열광하는 것 같다. 내 친구인 한 세련된 여성은 아프리카 여행 계획을 세우면서 가방 하나를 화장실 휴지로 채워가는 게 좋을지를 알고 싶어 했다. 그 친구는 내가 현지에서도 화장실 휴지 구입이 가능하며, 내가 일하던 대학교에서는 배급을 받아서, 매주 직원이 와서 의식처럼 내 책상에 두루마리 휴지를 한 통씩 놓고 갔다고 하자 깜짝 놀랐다. 두루마리 화장지가 1928년에야 도입되었고, 부드러운 화장지는 1932년이 지나서야 시판되었다는 사실을 알면 틀림없이 더 놀랐을 텐데 말이다. 지금도 가난한 사람들은 옥수수 속대, 나뭇잎, 이끼, 돌, 막대기, 또 물론 왼손을 이용한다. 이때 왼손은 뒤처리를 한 후에 모래에 문질러 닦는다.

화장실(toilets)은 수세식 변소(water closets)의 약자인 WC, 야영지 등에서 구덩이를 파서 만든 임시 변소(latrines), "씻다"라는 뜻을 가진 라틴어 "라베르(laver)"에서 유래한 공중화장실(lavatories) 등 다양한 이름을 갖고 있다. 형태와 크기도 나라의 "일('business'엔 뒤, 즉 대변이란 뜻도 있다.-역자)"을 처리하는 국회 의사당에 있는 으리으리한 곳에서부터, 배수구 위로 널조각들을 이어 붙여 만든 긴 투입구까지 여러 가지이다. "국회 의사당"이라는 언급은 순전히 비꼬는 뜻에서 한 정치적 발언만은 아니다. 왕이 변기를 왕좌에 올려놓고 변을 보면서 나랏일을 보던 유구한 앵글로-유럽 역사에 근거한 얘기였다. 실제로 보통 공작이 맡았던 중요 관직인 시종장의 주된 직분은 왕이 사용한 요강을 치우는 일이었다.

유럽 위생 설비의 역사는 대단히 흥미로우며 의미심장한 변화를 보여 준다. 도미니크 라포르테(Dominique Laporte)의 주장에 따르면 남이 보지 않는 데서 변을 누게 된 변화가 서구 문명에서 하나의 전환점이 되어 현재와 같은 구성의 가족과 가정이 확립되었다고 한다.[3] 그는 모든 것이 냄새와 관련이 있다고 말한다. 똥이 풍기는 썩는 냄새가 부패하는 시체와, 그에 따른 죽음을 연상시키기 때문이다. 화장실이라는 공간과 침실이라는 공간이 따로 만들어졌다는 사실이, 유럽 사람들의 몸, 침대, 무덤에 대한 개념을 바꿔 놓았다고 한다.

후각 즉 냄새는 아주 중요하다. 많은 사람들이 배설물 냄새로 신체 내부 상태를 추정할 수 있다고 믿는다. 이게 아마도 독일 변기에서 물을 내리기 전에 똥이 일단 돌출된 선반 같은 곳 위에 떨어지게 해 놓은 이유일 것이다. 여행자에게 혐오감을 느끼게 하는 것은 대변이 눈에 보이는 것보다는 냄새다. 사실 프랑스 향수가 발달한 주된 요인 중 하나가 이것이기도 했다. 많은 화장실이 악취를 줄이는 것을 목표로 하고 있다. 그럼에도 불구하고 공중변소와 또 일부 집 안 화장실에서 나는 악취는 도저히 참을 수 없는 정도일 수 있다. 그래서 어떤 여행자들은 화장실을 쓸 때 맨소래담을 코 밑에 살짝 바르라고 권한다.

쪼그리고 앉는 방식의 변기가 가장 냄새가 안 날 뿐 아니라, 가장 위생적일 가능성이 높다. 일반적으로 이런 변기는 열쇠 구멍 모양으로, 때로는 발 놓는 자리를 높여 놓기도 한다. 자기로 만든 고급 변기도 있다. 물로 씻어 내리는 메커니즘은 배설물뿐 아니라 냄새도 쉽게 제거한다. 땅을 수직으로 굴처럼 파서 만든 변소에서는 구더기나 모래가 이런 역할을 할지 모른다.

세계 많은 지역에서, 특히 동남아시아에서 물은 용변을 씻어 내리는 것뿐 아니라 뒤를 닦는 데도 아주 중요한 역할을 한다. 쪼그려 앉는 변기는 사용 전에 물로 적시는 게 현명하다. 그러면 변을 물로 씻어 내리기가 더 쉬워지기 때문이다. 수도꼭지가 있다면 작동이 잘 되는지 점검해 보자. 보통은 변기 옆에 물병이 있을 것이다. 이 물병은 물로 변을 씻어 내릴 때뿐 아니라 일을 본 후에 손을 씻는 용도로도 쓴다. 이런 풍습을 따르는 데는 기술이 좀 필요하며 연습을 해야 한다. 왼손을 오목하게 구부려 안에 물을 담고, 뒤를 닦은 후에는 왼손을 흙에 비비고 나서 마지막으로 물로 씻어야 하기 때문이다. 때로는 둘 다 하기도 한다. 즉 화장지를 적셔서 닦은 다음 화장지로 물기를 닦아 낸다. 의사들은 물로 씻는 게 화장지로 닦는 것보다 더 위생적이라고 본다.

어떤 경우든 손을 씻는 게 제일 중요하다. 물이 없을 경우 흙에다 문질러 씻더라도 말이다. 손에 묻은 세균은 문지르는 과정에서 제거되기 때문이다. 그러나 이런 일은 도시 환경에서는 불가능할 것이다. 대형 NGO인 워터에이드(WaterAid)는 변소에 다녀온 후 손을 비누와 물로 씻는 간단한 행동만으로도 설사병을 40퍼센트 이상 줄일 수 있다고 주장한다.

물로 씻는 것과 쪼그리고 앉는 변기 이용은 연습이 좀 필요하지만 쪼그리고 앉는 게 고관절에 좋다는 데서 위안을 얻자. 용변을 보기 전에 하의는 벗고 귀중품은 반드시 충분히 떨어진 곳에 두도록 하자. 그런 점에서 상하의가 붙어 있고 멜빵이 달린 오버올은 최악이다.

변소가 없는 곳에서는 어떻게 해야 할지 궁리해 두는 것도 중요하다. 청바지나 반바지보다 치마나 사롱을 입는 게 확실히 유리한 게 바로 이럴 때다. 쪼그려 앉아 용변을 볼 때 품위를 지킬 수 있으니까 말이다. 야외에 혼자 있다면 약 15센티미터 깊이의 구덩이면 충분할 것이다. 일을 본 후 흙과 나뭇잎으로 덮으면 분해 과정을 촉진할 수 있다. 몸놀림이 그리 날랜 사람이 아니라면 나무나 바위를 등지고 일을 보는 게 스트레스가 덜할 것이다. 당연히 사람들이 사용하는 유수지 근처에서 일을 봐서는 안 된다. 질병을 퍼뜨릴 수 있기 때문이다. 인류학자처럼 여행하는 데는 사려 깊은 행동이 제일 중요하다. 개 주인이 자기 개가 싼 똥을 집어가듯이 사려 깊은 여행자도 자기 똥을 적절히 치우고 처리해야 한다. 요새 아웃도어 장비 가게들에서는 분뇨를 집어넣어서 갖고 다닐 수 있는 상당히 정교한 인간 분뇨 처리 시스템을 팔고 있다. 예를 들어 비닐로 되어 있고, 안에 배설물을 넣고 잠근 후 갖고 나와 쓰레기통에 버릴 수 있는 WAG 봉지처럼 말이다. 그러나 비상시에는 현지인들처럼 하라. 즉 가급적이면 비닐봉지 두 장을 겹쳐서 이용한 후 적당한 곳에 갖다 버린다.

변소가 옥외에 있는데 밤에 용변이 마려우면 문제가 커질 수 있다. 이럴 때는 손을 자유롭게 해 주는 헤드램프가 유용하다. 쪼그리고 앉기 전에 주변이 안전한지 살피는 게 중요하니까 말이다. 변소가 없는 곳에서는 입구가 넓고 마개가 있는 플라스틱 용기가 급한 대로 쓸 만하며 아침에 적당히 처리하면 된다.

물론 인류학자에게 똥은 비옥한 연구 분야일 수 있다. 공중변소는 보통 "숨은 사본"에 대한 귀중한 통찰을 던져 주는 낙서를 발견할 수 있는 곳이기 때문이다. 뿐만 아니라 분변학과 공중변소 풍습을 묘사하는 데 쓰는 비유는 현지 문화에 대한 값진 통찰을 제공하기도 한다. 미국인들처럼 똥을 "폐기물"이라고 부르는 것에 어떤 함축적 의미가 담겨 있을지 생각해 보라. 인류학자 메리 더글러스(Mary Douglas)는 "더러운 것(dirt)"이란 문화적으로 만들어진 범주로, 어떤 맥락에 놓였는지에 따라 의미가 달라지는 "제자리에 있지 않은 것(matter out of place)", 즉 부적절한 것이라고 주장했다. 똥이 공개된 영역에 놓여 있으면 "더러운 것"을 상징하고, 따라서 굉장히 수치스럽고 상징적 전염성을 가진 것이 된다. 똥은 개인 정체성에서 가장 중요한 상징적 영역이다. 똥은 대단히 사적인 생산물이라 육체적 경험을 강력한 감정들과 연결할 수 있기 때문이다. 똥은 끈적거리므로 달라붙었다 옮겨가서 모든 것을 더럽힐 수 있다. 즉 똥은 경계를 뛰어넘는다. 똥이 "제자리에 있지 않은 것"인 이유가 바로 이것이다.[4]

그렇기는 하지만 배변과 관련한 이번 논의에서 강조해야 할 점은 건강에 유해한 요인으로서 똥이 하는 역할이다. 설사는 그중에서 가장 불쾌할 수 있는 경험으로, 보통 오염된 음식 때문에 발생한다. 예방만이 살길이다! 모든 물은 일단 오염되었다고 가정하라. 오염되지 않은 물이라는 정보를 제공받은 경우가 아닌 이상 말이다. 심지어 일부 나라에서는 병에 든 생수조차 문제가 있을 수 있다. 예전에 3개월짜리 남아메리카 횡단 여행을 할 때 나는 물은 한 방울도 입에 대지 않았다. 코카콜라 만세! 차(茶) 만세!

상황에 따라서는 안전하게 처리되지 않은 물로 이를 닦는 것도 다시 생각해 봐야 한다. 있는 곳에 따라서 때로는 커피도 피하는 게 바람직하다. 커피는 이뇨 작용을 하기 때문이다. 시장에서 파는 패스트 푸드는 반드시 피해야 한다. 상추를 비롯한 익히지 않은 채소와 크림이 들어간 디저트와 계란 노른자와 크림이 주재료인 기름진 소스도 피하라. 껍질을 벗겨 먹으면 되는 과일과 채소만 먹어야 한다. 요컨대 제대로 조리한 음식만 섭취해야 한다!

기어이 설사병에 걸리고 말았다면 수분 보충이 아주 중요하다. 구할 수만 있으면 게토레이나 기타 전해질 강화 음료가 보통 도움이 되며, 경구 수분 보충제도 마찬가지다. 의약품으로는 이모디움(Imodium)이 내가 선호하는 지사제다. 그런 지사제를 쓰는 게 바람직한지에 대해서는 의학 전문가들 사이에서 확실히 의견이 분분하긴 하지만 말이다. 어떤 의사들은 항균제인 노르플록사신(norfloxacin)을 권한다. 중증인 경우에는 의사에게 진료를 받아야 한다. 두루마리 화장지는 설사병에 걸렸을 때 편리하게 이용할 수 있다. 공간에 여유가 없으면 마분지로 된 속의 통을 빼 버린 후 안쪽에서부터 화장지를 풀어내서 쓰면 된다. 물휴지도 설사병에 걸렸을 때 유용하게 쓰인다.

설사병과 증상이 반대인 변비도 새로운 환경에 적응해야 할 때 생기곤 한다. 변비는 지극히 흔한 증상으로, 치료법도 간단하다. 수분을 충분히 섭취하고 섬유질이 많은 음식을 먹으면 된다. 어떤 사람들은 세노코트(Senokot) 같은 변비약을 갖고 다니기도 한다.

나에게 맞는 구급상자 챙기기

구급상자는 여행자 각자의 필요에 맞춰 꾸리고 의사와 상의해서 보충하는 게 좋다. 내용물은 여행 기간, 행선지, 병력, 현지 의료 서비스 질에 따라 달라지겠지만 일반적으로 응급 처치용 필수품과 흔한 질병을 위한 치료제가 들어가야 한다. 사람마다 권장하는 게 다르다. 내 추천은 다음과 같다. 어디에 가든 구급상자는 최소한 다음과 같은 것을 갖춰야 한다.

- 네오스포린(Neosporin)이나 바시트라신(bacitracin) 같은 항균 연고와 가능하면 3M에서 피부 상처 봉합용으로 나온 가느다란 반창고인 스테리스트립(Steri-Strips) 몇 통. 베이고 긁히고 가려운 곳에는 패혈증이 쉽게 올 수 있다.
- 두통이나 열이 날 때를 위한 아세트아미노펜(타이레놀)이나 아스피린. 인후염일 때 양치질을 할 수 있도록 가급적 물에 녹여 쓸 수 있는 게 좋다.
- 소형 야전용 붕대 적당량. 품질이 좋은 엘라스토플라스트(Elastoplast)를 선택하라.
- 지사제. 이모디움과 로모틸(Lomotil) 등.
- 정수용으로도 쓸 수 있는 빨리 마르는 살균제인 요오드(Iodine). 요오드팅크, 또는 테트라글리신 하이드로페리오다이드(tetraglycine hydroperiodide) 정제. 포터블 아쿠아(potable Aqua), 또는 코글란(Coghlan's)은 스포츠용품점과 약국에서 살 수 있다.
- 벌레 물린 데 바르는 작은 튜브에 든 히드로코르티손(hydrocortisone) 크림.
- 이부프로펜(ibuprofen) 같은 소염제 약간.
- 베나드릴(Benadryl) 같은 항히스타민제 일정량과 호흡기 감염에 쓰는 항생제도 가능한 대로 준비.
- 특히 열대 지방에 갈 때는 무스콜(Muskol)이나 디트(DEET) 같은 방충제. 이런 방충제가 전혀 없는 상황에서 벌레 때문에 골치라면 오렌지 껍질을 피부에 문질러 보자. 하지만 많은 방충제가 몸속에 들어가면 유독하다는 점을 명심해야 한

다. 따라서 손에 발랐을 때는 입과 눈에 들어갈 가능성이 있으니 조심하자.

- 자외선 차단제. 나는 최소한 SPF 30짜리를 선호한다. 왜 사람들이 태닝을 해서 일부러 자기 피부 세포를 대량으로 죽이는지 도통 이해를 못하겠다. 선글라스도 당연히 준비해야 한다. 햇볕이 이글거리는 혹독한 환경에서 일하는 나는 역시나 안경테가 굵고 네모나고 알이 커다란 괴짜 노인 풍 구식 선글라스를 선택한다. 안경 위에 덧씌우는, 얼굴을 감싸는 형태인 이런 선글라스는 저렴하고 효과적일 뿐 아니라 독특한 개성을 발휘하는 데도 도움이 된다.

나는 가혹한 환경을 감안해서 때로는 플래티퍼스(Platypus)처럼 접을 수 있는 수통과 비타민 C 정제를 가져가기도 한다. 비타민 C 정제는 건강을 위해서뿐 아니라, 정수를 위해 물에 요오드를 넣었을 때 물맛을 좋게 하는 데도 쓰인다.

말라리아가 유행하거나 벌레가 많은 지역에 갈 때는 방충제 외에도 약품 처리된 모기장도 항상 가져가고, 옅은 색으로 된 긴소매 셔츠와 긴 바지를 입어야 한다. 특히 해질녘을 조심하기 바란다. 이때가 벌레들이 약동하는 신선한 피를 찾아다니는 때인 것 같으니 말이다. 야외 변소는 이 시간대를 피해서 가도록 하라.

이런 것들 외에도 내 구급상자에는 작은 거울과 소형 강력 접착테이프, 작은 칼, 족집게, 치실, 작은 손전등이나 헤드램프, 콘돔, 작은 지퍼락 봉지에 넣은 작은 바늘이 들어간다.[5] 여기서 말한 일부 물품에 대해 의아해하거나 눈살을 찌푸릴지도 모르겠다. 특히 콘돔과 치실에 말이다. 이런 것들이 여행지에서 실제 쓰이는 용도는 원래 용도와는 한참 거리가 멀다. 치실은 튼튼하고 내구성이 좋아서 가방과 옷을 간단히 수선하는 데 쓸 수 있다. 내가 주로 쓰는 가방은 6년 전에 손잡이가 떨어져 나가기 시작했을 때 치실로 꿰매 놓았는데 여전히 멀쩡한 상태를 유지하고 있다.

콘돔은 경우가 완전히 다르다. 콘돔은 가볍고 신축성이 좋기 때문에 비상시 수많은 용도로 쓸 수 있다. 나는 콘돔을 비상용 물통으로, 카메라와 휴대 전화 보호용으로, 지혈대로, 구강 대 구강 인공호흡용으로 쓰는 걸 본 적이 있다. 부시맨 족은 콘돔을 장신구로도 이용한다. 팔찌와 귀걸이로 말이다. 하이킹 때 언제나 대화가 끊이지 않는 주제가 콘돔을 얼마나 많은 용도로 쓸 수 있는지 상상해 보는 것이다. 현재까지 내가 생각해 낸 용도는 원래 사용 목적 외에 일흔두 가지나 된다.

아마도 해외에서 의사를 찾게 되는 주된 이유는 집에 약을 두고 왔기 때문일 것이다. 기내 휴대용 가방에는 약을 충분히 챙겨 넣고, 부치는 짐에는 휴대용 가방에 넣은 것과 똑같은 약을 하나씩 꾸린다. 문제가 생겼을 경우를 대비해서 처방전 사본과 주치의 연락처를 갖고 다니라.

해외에 있는 동안 최악의 상황이 벌어지고 심각한 병에 걸리거나 사고가 난다면 평판이 좋은 의사에게 진찰을 받을 수 있도록 해야 한다. 보통 현지 대사관을 통하면 된다. 또 시간이 있으면 고국에 있는 주치의에게 전화나 이메일로 연락해서 조언을 청하자. 다른 것보다도 의학 용어 몇 가지는 현지어로 반드시 알아 놓는 게 도움이 된다. 해외에서 치료를 받았다면 해당 질환과 치료법에 대해 가능한 한 많은 서류를 가지고 귀국하도록 하자.

여행자 특히 여성 여행자를 위한 안전 대비책

가장 우선적으로 관심을 기울여야 하는 것은 옷이다. 튀지 말라. 어떻게든 주변과 잘 어우러지도록 눈에 띄지 않는 수수한 옷차림을 하려고 애쓰는 게 바람직하다. 고급 시계를 차지 말라. 돈이 많아 보여서 강도의 표적이 될 가능성이 높다. 6장에서 말했듯이 나는 헐렁한 옷을 선호한다. 헐렁한 옷은 추가적 이점이 있다. 현금과 여권을 강도가 발견하지 못할 곳에 넣고 다닐 수 있으니까 말이다. 벨트에 고리로 걸어서 바지나 팬티 속에 쑤셔 넣을 수 있는 특수한 여행용 파우치도 살 수 있다. 하지만 물론 강도가 속지 않을 때도 있으니 약간의 현금과 옛날에 쓰던 도서관 회원증이나 기한이 만료된 신용 카드도 넣은 미끼용 지갑을 갖고 다니면 좋다. 만약에 소매치기나 강도를 당하게 되거든 공손하게 굴어라! 공격적으로 대응했다가는 상황이 더 나빠질 수 있다.

노출이 심한 옷을 입은 여성 여행자들이 안전과 관련해서 논란거리가 되고 있다. 옷차림이 강간을 유발하지는 않을지 모르지만 문제는 야기할 수 있다. 고국에서 뭔가를 할 권리가 있다고 해서 반드시 해외에서도 똑같이 할 수 있는 건 아니다. 결국 이것도 여행이 안겨주는 시련이자 즐거움이다. 그저 모든 게 고국에서와 더없이 똑같기만 하다면 무엇하러 굳이 해외여행을 하겠는가? 여행에는 자기 자신과 현지 사회에 대한 책임이 뒤따른다. 여봐란듯이 노출이 심한 옷차림이 외국의 가부장제에 맞서는 페미니즘적 표현일지는 모르지만 현지 여성들에게는 모욕적일 수도 있다. 아프리카 일부 지역들에서는 최근까지도 미니스커트나 심지어 청바지를 입고 밖을 돌아다닌 젊은 현지 여성들이 윤리 자경단들 손에 발가벗겨지는 수모를 당하곤 했다. 이 글을 쓰고 있는 시점에도 우간다 윤리 도덕부 장관은 여성들이 미니스커트와 딱 붙는 바지를 입지 못하게 하라고 요구했다. 그런 옷이 교통사고를 유발한다는 게 이유였다. 또 아프리카 최고 명문대 중 하나인 마케레레 대학교(Makerere University)는 여성들에게 엄격한 복장 규정을 적용하고 있다. "우리는 아프리카의 품위를 지키고 있어요"라고 한 여학생은 말했다. 여성 여행자들은 길이가 무릎 이상 오는 긴 치마나 원피스를 단정하게 차려 입어야 한다. 현지 복장 규정을 존중해야 더 안전할 뿐 아니라, 현지 여성들에게 더 쉽게 접근할 수도 있다. 현지에 도착하기 전에 여성들에 대한 문화적 태도를 세심하게 조사해 두는 게 아주 중요하다. 서구권에서 일어난 페미니즘 혁명은 아직까지 세계를 완전히 휩쓸지 못했다. 일반적으로 도시가 작은 마을보다 혼자 있는 여성에 대한 포용력이 높다. 그러니 상황에 맞춰 옷차림을 조절하라.

많은 여행서가 여성이 남성에게 길을 물어봐서는 안 된다고 충고한다. 그러나 문제는 선택권이 없을 때가 많다는 것이다. 공공장소에 있게 될 가능성이 높고, 현지 여성보다는 현지 남성이 영어를 더 잘하는 경우가 많기 때문이다. 하지만 먼저 접근하는 남자들은 의심해야 한다. 남자에게 길을 물어봐야 한다면 공무원이나 아이들을 데리고 있는 남자를 찾으려고 노력하라. 여자 혼자 있는데 질이 안 좋아 보이는 사람들이 접근한다면 배를 한껏 내민 후 문질러라. 임신한 척하면 불량배들을 단념시킬 수 있기 때문이다. 물론 싸구려 결혼반지를 끼고 있는 것도 잠재적 구혼자들을 물리치는 데 도움이 된다. 남성이든 여성이든 모르는 사람이 건네는 음료는 약을 탔을 수도 있으니 조심해야 한다. 아프리카 많은 지역에서는 주인이 내가 보는 앞에서 병이나 캔을 딴다. 음료에 독이 들어 있지 않다는 것을 보여 주는 좋은 풍습이다. 이미 마개를 연 음료수를 받는다면 주인과 바꾼 후에 이게 "우리나라 풍습"이라고 말하라.

인상을 관리하는 게 중요하다. 언제나 자기가 뭘 하는지 잘 알고 있다는 인상을 풍겨라. 스스로 알아서 잘할 수 있다는 듯 행동하라. 당면한 상황에 주의를 기울이라. 길을 잃어 당황한 기색을 보여서는 안 된다. 출발하기 전에 목적지를 조사하고 지도를 꼼꼼히 살펴본다. 숙박지로 돌아올 때 택시를 탈 수 있을 만큼 돈을 챙겨 가라. 떠나기 전에 호신술 수업을 듣는 것 외에도 크게 소리 지르는 법도 배워 두자. 언제나 효과가 있는 건 아니지만 내 여자 동료 한 명은 양팔을 넓게 벌린 다음 가해자가 손 닿는 범위에 들어왔을 때 양쪽 귀를 동시에 세게 후려치라고 조언한다. 이 기술은 가장 무시무시한 흉악범도 쓰러뜨릴 수 있지만 연습이 어느 정도 필요하다. 하지만 직접 연습 상대가 되어 줄 지원자를 찾기가 좀 어려울지 모르겠다.

적절한 옷차림을 하고, 비싼 장신구는 하지 말고, 가능하면 크고 튼튼한 어깨끈이 달린 훔치기 어려운 가방을 메고 다닌다. 앞서 말했듯이 돈 넣는 비밀 주머니가 달린 혁대를 사는 것도 도움이 된다. 안전은 휴대 전화가 유용하게 쓰일 수 있는 분야이기도 하다. 7장에서 언급했듯이 어디를 여행하는지에 따라 해외에서 중고 휴대폰을 구입해 현지 심(SIM) 카드를 까는 것을 추천한다. 세상 물정에 밝은 어떤 여성 여행자는 택시 운전사가 바가지를 씌우고 있다는 생각이 들면 휴대 전화를 이용한다. 큰 소리로 통화를 하기 시작해서 자기가 누군가를 목적지에서 만나기로 했고 지금 택시를 타고 가는 중이라고 말한 후에 운전석 쪽으로 몸을 숙이고는 기사에게 차량 등록 번호를 묻는다.

여성이 엄격한 복장 규정을 지켜야 하는 국가는 보통 가족의 가치를 대단히 강조하는 곳이기도 하다. 따라서 이런 면을 희롱을 당할 때 효과적으로 이용할 수 있다. 상대방 남자에게 자기 어머니나 누이를 대하는 것처럼 자기를 대해 달라고 부탁하라. 전하는 말들에 따르면 이러면 남자를 물러나게 할 수 있으며 때로는 사과까지 받게 되는 경우도 있다고 한다. 그러나 이런 전략이 효과를 발휘하려면 당연히 누이나 어머니답게 옷을 입고 있어야만 한다. 길거리에서 젊은이나 취객에게 희롱을 당한다면 현지어를 못하더라도 현지 여성들 틈에 끼어들어라. 그들은 이쪽에서 하는 말을 하나도 못 알아듣겠지만 어떤 상황인지는 이해할 것이다. 무조건 수가 많은 편이 안전하다는 말도 있지 않은가. 이쪽이 젊든 나이가 들었든 반드시 성적인 유혹은 있게 마련이다. 한 사회에서는 성적인 유혹으로 해석하는 행동이 다른 사회에서는 그저 친근감의 표시일 뿐일 수 있다는 데 유의해야 한다. 현지 어법으로는 남녀 간에 어떤 식으로 수작을 거는지 알아 놓으면 쓸

모가 있다. 현지 바람둥이들이 자기를 거절한 여자를 인종 차별주의 자라 비난할 때도 있다. 자칫 이런 곤란한 상황으로 번지는 것을 막 으려면 결혼반지나 약혼반지를 끼고 다니거나 자기는 상대방 남자를 친오빠나 아버지로 생각한다고 암시하는 방법 등을 쓰면 된다.

여행은 무모한 행동을 부추기는 것 같다. 자기 나라 어디에서도 후 미진 골목을 혼자 걷거나, 교회에 갈 때 노출이 심한 옷을 입거나, 모 르는 사람 차에 선뜻 올라타지 않듯이 해외에서도 그런 짓은 절대 해 서는 안 된다. 대체로 해외에 있는 동안에는 혼자든 동행이 있든 끊임 없이 경계를 게을리하지 않아야 한다. 그러면 관찰력이 날카로워진 다! 미리 조심해야 하는 다른 문제들도 있다. 나는 택시를 이용할 때, 특히 공항에서 대기하고 있는 택시의 경우에는 정식 등록된 택시를 타고 모든 문을 잠근다. 강도 사건은 교통 신호에 걸려 정차했을 때 일어난다고 알려져 있기 때문이다. 가짜 경찰이나 부패 경찰도 조심 하자. 만약 경찰이 체포하려 하면 신분증을 보여 달라고 요구한 후 휴 대 전화로 친구나 연고가 있는 사람에게 전화를 하자.

밤에 호텔 방에 있을 때도 언제나 경계를 풀지 말아야 한다. 의자 를 문에 기대 놓아서 누가 억지로 들어오려고 하면 쐐기 역할을 해서 문이 열리지 않게 하거나, 요란한 소리를 내며 앞으로 넘어지게 한다. 그러면 불청객은 보통 겁을 먹고 튀게 마련이다. 어떤 여행자들은 심 지어 작은 나무 쐐기를 갖고 다니기도 한다. 특히 의자가 없는 데서 불편하게 지내야 할 때를 대비해서 말이다. 마지막으로, 매트리스에 핏자국이 있는지 살펴보자. 핏자국은 빈대가 있다는 확실한 증거다.

빈대 때문에라도 침낭 라이너를 가져가는 게 좋다. 침낭 라이너는 얇은 천으로 되어 있고 보통은 침낭 속에 깔고 그 안에 들어가 자게 되어 있다.

물론 이런 안전을 위한 예방책 중 일부는 귀찮기 짝이 없을 게 틀림없다. 그러나 이런 것들을 해외여행이 가진 매력의 일부로 보고, 사람들에게 늘어놓을 이야깃거리라 생각하자.

10

좋은 여행 이야기 쓰는
능력을 높이는 방법

"진정한 여행자는
걸어 다니는 사람이다."

― 콜레트 *Colette* ―

글쓰기의 중요성

많은 사람들이 글쓰기를 해외여행에서 가장 어려운 부분으로 여긴다. 그러나 가치 있는 통찰을 많이 얻을 수 있는 게 바로 글을 쓸 때다. 여행 경험을 글로 작성하는 이유는 여러 가지다. 자기 과시와 출세를 위해서부터, 이해나 소통에 기여하고자 하는 바람은 물론 단순한 즐거움까지 다양하다. 다른 사람들과 소통하고 나누지 못한다면 해외에서 멋지거나 풍부한 경험을 한다 해도 딱히 쓸모가 없다. 대체로 사람들은 해외에서 생긴 이야기에 관심을 갖는다. 그게 아니라면 어째서 기행 문학과 인류학에 대한 수요가 그렇게 활발하겠는가? 중요한 것은 이런 이야기들이 윤리적으로 어떤 영향을 미칠지 고민해 봐야 한다는 것이다. 이런 이야기들이 강력한 힘을 발휘하는 이유는 바로 사람들이 그런 이야기를 하기를 좋아하기 때문이다. 그렇지만 이런 이야기들은 사람들과 장소를 손쉽게 소비해 버릴 수 있는 흥밋거리로 만들고 지역 유산을 역사적으로 고착된 단순화된 형태로 제공한다는 문제가 있다. 그럼에도 불구하고 더 중요한 것은, 아니 가장 중요한 것은 글을 쓴다는 행위가 더 깊은 성찰을 할 수밖에 없도록 만든다는 점이다. 여행 경험을 질적으로 향상시키는 행동이 있다면 그것은 자기가 겪은 것을 글로 써서 되돌아보는 것이다.

연구 활동 중에서 쫓기듯 서둘러 해치우게 되는 것이 바로 문서 작성이다. 즉 메모를 하고 매일 일지를 작성하는 일이다. 현지 조사를 할 때나 해외에 있는 동안 이게 언제나 가장 어려운 일 같다. 사람들이 글을 잘 못 써서거나 게을러서가 아니라 시간에 제약이 있기 때문이다. 이 문제는 현지 조사가 반드시 필요한 모든 직종에서 직무상 곤란을 초래하는 요인인 듯하다. 인류학자뿐 아니라 지질학자와 동식물 연구가도 관찰 노트 작성에 대해 불평을 늘어놓는 것을 보면 말이다. 진정한 해결책은 오직 투지와 자제력뿐이다.[1] 기록 작성은 처음에는 괴롭고 귀찮아서 어떻게든 뒤로 미루고만 싶겠지만 일단 습관이 되고 나면 비교적 쉬운 일이 된다. 마가렛 미드는 아침 일찍 세 시간씩을 글쓰기에 배정해서 이게 평생 습관이 되게 해야 한다고 주장했다. 굉장히 장수했던 미드가 말년까지도 그렇게 생산적일 수 있었던 이유 중 하나다. 때로는 특히 노트북 컴퓨터를 갖고 해외에 나간 경우에는 두 가지 과제를 한꺼번에 할 수 있다. 즉 매일 일지를 쓴 다음 웹에 정기적으로 올려 두는 것이다.

자기 취향과 선호에 상관없이 일지나 기록 작성을 꼬박꼬박 규칙적으로 하는 습관을 들이는 게 좋다. 가급적이면 최소한 매일 일정 시간을, 예를 들면 한 시간씩을 오직 이 일에만 할애하는 것이다. 나는 아침 일찍 글 쓰는 것을 선호하지만 어떤 사람들은 점심을 먹은 후나 정오나 밤에 잠자리에 들기 전을 선호한다. 또 다른 좋은 기회는 휴식 시간이나 잠깐 시간이 빌 때, 말하자면 기차나 비행기로 이동 중일 때나 아는 사람을 기다릴 때 등이 될 것이다. 대화 상대가 슬슬 지겨워지는 느낌이 들 때 그 자리를 모면하는 데 안성맞춤인 핑곗거리가 되기도 한다.

글쓰기에 시간을 어느 정도 할당할 것인가는 개인 취향에 달린 문제다. 몇 가지 증거에 따르면 단시간씩 몇 번에 나눠서 쓰는 게 오랜 시간 동안 몰아서 쓰는 것보다 더 생산적일 수 있는 것 같다. 이치에 맞는 소리다. 두뇌는 언제나, 심지어 잠을 자고 있을 때도 활동하고 있기 때문이다. 미루지 않는 게 중요하다. 그런 면에서 사람들의 도움이 중요할 수 있다. 친구들이나 주인집 사람들을 시켜 글을 쓰라고 닦달하게 하라. 윽박지르거나 뭔가 끔찍한 짓을 해 달라고 요구하라. 예를 들면 보상이나 선물을 주지 않는 것처럼 말이다. 일단 어떤 전략을 택하고 나면 반드시 지켜라!

경험을 기록하고 작성하는 데 올바르거나 일반적으로 용인된 방식은 없다. 다음은 내가 대체로 유용하다고 느낀 방식이다. 하워드 베커(Howard Becker)처럼 내가 존경하는 저자들에게서 빌려 온 아이디어들도 있다.[2]

사람은 오직 자기 자신의 인생만 경험할 수 있다. 하지만 사람들은 여러 가지 단서들을 이용해서, 보통은 이야기를 통해서 다른 사람들의 경험을 미루어 짐작한다. 성공적인 여행자는 틀림없이 좋은 이야기꾼이기도 해서 그들에게서 듣게 되는 이야기는 복잡하게 마련이다. 그들이 거둔 성공은, 청중이 이야기를 통해 삶을 대리 체험할 수 있도록 해서 "마치 그 시간 그곳에 있었던 것 같은 느낌"을 받게 하는 능력 덕분이다. 물론 여행의 기술에서는 영웅적인 면을 부정하는 게 관건이다. 좋은 이야기를 하려면 단순히 행위를 고쳐서 말하는 것에 그쳐서는 안 된다. 그런 행동들에 살을 붙이는 과정이 필요하다.

좋은 이야기는 안성맞춤인 상태로 하늘에서 뚝 떨어지지 않는다.

물론 어떤 사람들은 재능을 타고나지만 글 쓰는 재주를 가지려면 대개 연습이 필요하다. 좋은 이야기와 통찰은 빈틈없는 기록에 달려 있다. 기록을 상세히 하면 분석과 분류가 가능하다. 기록과 성찰이 빈약하면 설득력 있는 논문이나 이야기를 전개해 나가는 데 쓸모가 없다. 기록이 뛰어나고 철저할수록 더 좋은 이야기가 나올 수 있다. 학위 논문 지도 교수가 초보 현지 조사자에게 건네는 대표적인 조언은 모든 것을 빠짐없이 기록하라는 것이다. 물론 그것은 불가능한 일이다. 사람들은 관찰한 것 중에서 자기가 중요하다고 믿거나, 나중에 중요해질지 모른다고 생각하는 정보만을 기록하기 때문이다.

내 전략은 잡동사니 수집가가 되는 것이다. 내 느낌에 시사적이거나 흥미로운 모든 것을 모아서 정리해 보관한다. 그중에는 팸플릿, 신문 스크랩, 심지어 전화번호부까지 있다. 얼마가 지나, 즉 몇 주나 몇 년 후에 나는 이렇게 보관해 둔 자료 중에서 논문이 될 만한 흥미로운 정보가 들어 있는 것을 발견한다. 내가 비록 고등학교도 간신히 졸업한 그저 그런 학자이기는 하지만 이런 습관 덕분에 흔들림 없이 꾸준히 생산적인 연구를 계속해 나갈 수 있었다.

철두철미한 현장 노트가 관건이다

앞서 말했듯이 철두철미한 현장 노트가 관건이다. 나는 제보자나 정보 제공자의 이름과 주소를 정보를 입수한 날짜와 함께 적어 놓는다. 어떤 사람들은 그 자리에서 정보를 바로바로 써 놓는다.

반면 다른 현지 조사자들은 종이에 적기 전에 정보를 음미하는 편을 선호한다. 이런 것은 개인적인 방식이나 상황에 달린 문제이다. 관찰한 것을 바로 적지 않으면 생각이나 관찰을 못 하는 사람들도 있다. 그런가 하면 어떤 사람들은 생각과 관찰을 다른 형식으로 고쳐 쓴다. 물론 기록하는 것을 미뤘다가 나중에 하면 현장감을 잃어버려서 흥미로운 세부 사항을 잊어버리는 문제가 생길 수도 있다. 나이가 들수록 사람의 기억이 얼마나 틀리기 쉬운지 점점 더 깨달은 나는 점점 더 가능한 한 빨리 기록하는 방법에 의지하고 있다.

내가 선호하는 방식은 인터뷰나 대화를 나누는 동안 아니면 직후에 수첩에 간단히 기록을 하는 것으로, 중요한 특징과 이름, 잊어버리고 싶지 않은 말을 써 놓는다. 인터뷰를 테이프에 녹음하고 있더라도 그렇게 한다. 얘기 중에 더 철저히 파고들어 보고 싶은 점들이 있지만 정보 제공자가 하고 있는 이야기의 흐름을 깨고 싶지 않을 때가 그럴 때다. 나는 사물과 사람을 사건과 연관 지어 기억하려고 노력하는 편이라서 기억 증진 장치들을 이용하기도 한다. 나는 내가 경험하고 본 것이나 흥미롭다고 느낀 것이나 가장 중요한 부분이라 생각한 것을 주의 깊게 듣고 관찰해서 수첩에 기록하는 경향이 있다. 이때 물음표를 찍거나, 동그라미를 치거나, 밑줄을 그어서 더 고민해 봐야 할 부분을 표시해 둔다. 예식을 관찰하고 있는 경우에는 해당 행사에 대한 감을 잡기 위해 사실(fact) 수집은 철저히 자제하고, 내가 관찰한 것을 기초로 해서 나중에 해박한 지식을 가진 사람들과 따로 대화를 나누기도 한다.

흥미로운 질문이나 아이디어는 조깅을 할 때나 샤워를 할 때처럼 의외의 순간에 떠오른다. 내가 수첩에 적어 놓은 이런 질문과 아이디어는 나중에 더 중요한 일지로 발전할 수도 있다. 보통 휴식 시간에, 예를 들어 점심시간에 나는 흥미로운 사람이나 장면을 묘사하는 단어와 문구를 끼적거리곤 한다. 일부 동료들은 처음 들은 외국어 단어들을 일단 메모해 놓았다가 이것을 어휘력 향상에 이용하라고 권하기도 한다. 처음에는 관찰 기록이 산만하기 짝이 없겠지만 차츰 무엇을 기록해야 하는지에 대한 자기만의 감이 발달한다. 여행의 목적과 자기 관심사에 계속해서 초점을 맞추는 것이 중요하다.

노트북 컴퓨터가 등장한 후로 나는 저녁이나 아침 일찍, 수첩에 적어 놓은 암호 같기만 한 아리송한 내용을 고쳐 쓰고 다듬는 데 시간을 보낸다. 이때 다양한 글꼴을 이용해서 개인적으로 붙인 주석과 견해를 구분한다. 나는 낙서와 메뉴, 신문 헤드라인, 심지어 선술집이 여는 시각과 닫는 시각 같은 특이한 것들도 기록한다. 나는 단순한 어휘를 쓰는 문체를 선호한다. 그날 하루 동안 조우한 사건과 문제를 생동감 있게 묘사한 그림 및 그런 기억을 환기시키는 몇 단락들로 물리적 세부 사항을 간단히 표현해서 맥락에 대한 감을 살리려고 노력하기도 한다. 이런 맥락에서 나는 난무하는 갖가지 냄새들을 강조하고 간결하지만 함축적인 언어적 소묘를 하려고 노력한다. 냄새는 기억을 환기하는 역할을 한다는 점을 감안할 때 가장 중요하다. 그리고 간략하지만 함축적인 단어들로 묘사하려고 노력한다. 그날의 사건들을 기록하면 그런 사건을 머릿속으로 다시 체험하는 데 도움이 된다. 그날의 사건을 다시 떠올리게 하는 기술로 사람들이 추천하는 방법은 그 날 활동들을 가장 잘 표현하는 동사들을 모두 열거한 다음 자유 연상을 하는 것이다. 나는 의미심장한 사건과 관찰 내용을 발생한 순서대로 열거한 다음, 상세한 설명을 덧붙이는 쪽을 선호하기는 하지만 말이다.

일지는 개인적으로 이용하려고 쓰는 것이다. 보는 사람이 나 혼자뿐이라 맞춤법과 문법에 구애되거나 너무 걱정하지 않아도 된다. 이런 것에 신경을 써야 하는 것은 나중의 일로, 명확한 대상을 상정하고 이야기를 쓰거나 말을 할 때다. 물론 여기에는 재미있는 모순이 있다. 남에게 보여 주려고 쓴 것과 일기에 내밀히 기록한 것을 비교하는 데 이상하리만치 집착하는 사람들의 태도다. 아마도 이런 가장 유명한 예라면 "참여 관찰(participant observation)"을 대중화한 인류학자 브로니슬라프 말리노프스키의 사례가 아닐까 싶다. 말리노프스키가 쓴 현장 일기는 사후에 《가장 엄밀한 의미로서의 일기(A Diary in the Strictest Sense of the Word)》라는 거창한 제목을 달고 출간되었다. 독자들은 말리노프스키가 보여 준 공적인 페르소나와 사적인 페르소나가 서로 일치하지 않는다는 것을 알아차리고 흥분하고 분개했다. 이렇게 된 것은 모든 스토리텔링과 글쓰기가 특정한 청중을 염두에 두고 있기 때문이다. 조지 오웰(George Orwell)이 예리하게 지적했듯이, "자서전은 뭔가 수치스러운 것을 드러내 보일 때만 믿을 만하다. 자화자찬 일색인 사람은 아마도 거짓말을 하고 있는 게 분명하다. 속을 들여다보면 어떤 삶도 그저 실패의 연속일 뿐이니까 말이다."[3]

자기가 이야기에서 염두에 두고 있는 청중을 언제나 고려해서 그에 맞게 이야기를 흥미롭고, 심지어 흥분되게 만들라. 학생들 여행담이 자기 자신을 영웅시하는 방향으로 단조롭게 흘러가는 이유는 서로 다른 종류의 청중들이 그들 이야기에 각기 어떻게 다르게 반응할지를 상상해 본 경험이 없기 때문이다. 학생들은 여전히 자기중심적인 세계에 갇혀 있다.[4]

또 다른 중요한 이야기 출처는 현장에서 작성한 편지다. 편지는 고단하고 판에 박힌 일과에 긴박감과 뉴스거리를 던져 주기 때문에 여러 가지 의미에서 특별하다. 편지는 멀리 떨어져 있어도 친밀감을 불러일으킨다. 물론 편지는 멀리 있는 사람들과 사건에도 영향력을 발휘하고 기존의 사회적 관계망을 원활히 돌아가게 하려는 시도이기도 하다.

성찰과 퇴고

자기가 한 기록을 다시 살펴보는 것은 언제나 힘든 일이다.[5] 연구 주제뿐 아니라 자기 자신과도 관련이 있는 문제이기 때문이다. 하지만 이야기를 하거나 논문을 쓸 사람에게는 필수적인 작업이다. 나는 첫 현지 조사에서 쓴 현장 노트들을 다시 읽으면서 때로는 지나치게 단순화한 관찰 소견에 창피해했다가, 연관성을 발견하는 내 능력에 감탄했다가 하곤 했다. 성찰 과정은 현장 노트를 정서하는 동안 시작해야 한다. 하지만 대체 성찰은 어떻게 하는 것이며 과연 무엇일까? 사전에서는 보통 성찰을 세심한 고찰의 결과로 나온 이미지나 생각이나 아이디어라 정의한다. 그러나 성찰이 가진 또 다른 의미도 흥미를 자아낸다. 즉 반사면이 되비추는 이미지라는 정의다. 이 경우에는 반사면이 되는 게 현지 조사 경험이다. 인류학자들은 차이와 유사성에 관심을 기울인다. 그러니 누구든 여기서부터 성찰을 시작하는 게 좋겠다. 특히 이런 관찰 내용에 대해 대안적 해석들을 검토하는 경우라면 말이다.

성찰 대상은 자기 자신부터 타인까지 모든 영역을 아우른다. 개인적으로 어떤 상황을 어떻게 다루는지부터 자기가 방문한 곳과 그곳 사람들에 대해 알아낸 것까지 다양하다. 성찰은 또한 양측이 어떻게 서로 쌍방향적으로 영향을 주고받는지도 보여 줘야만 한다. 그러려면 이전에 가졌던 기대치와 목표를 검토해서, 그게 얼마나 만족되었는지 또는 아닌지, 그리고 왜 그랬는지 자문해 봐야 한다.

자기 성찰이 중요하기는 하지만 포스트모더니스트 현지 조사자에 대한 이런 농담이 있다는 사실도 명심하자. 이 현지 조사자의 정보 제공자는 대화를 시작한 지 네 시간이 지난 후에 이렇게 절규했다고 한다. "그만 알았으니까 이젠 내 얘기 좀 해도 될까요?" 현지 조사의 일차적 목표는 다른 사람들에 대해 배우고, 이런 이해가 어떻게 자기 자신에 대한 이해도 향상시키는지를 깨닫는 것이다. 양측을 연관 짓기 위해 현지인들이 여행자나 연구자를 어떻게 보는지, 또 그들이라면 어떻게 방문자를 인터뷰할지 곰곰 생각해 보자. 해외여행의 경험이 자기에게 미친 영향뿐 아니라, 자기가 현지인들에게 어떤 영향을 미쳤는지, 그래서 현지인들이 어떤 변화를 겪었는지도 고찰해야 한다. 관찰 가능한 상호 작용 패턴인 사회적인 영향과 함께 문화적 영향도 동시에 고려해야 한다. '이것은 무엇을 입증하는 사례인가?'라고 자문하자. 해외에 있는 동안 가장 연마하기 어려운 기술은 자신이 외국에 온 여행자라는 특권을 가진 이방인이기 때문에 자기에게 벌어진 일들과, 자기 성별이나 출신 민족이나 방문자 신분에도 불구하고 벌어진 일들을 구분할 줄 아는 능력이다.

자기가 쓴 기록을 훑어볼 때는 나타나는 패턴과 법칙, 즉 주제에 따라 관찰 내용과 데이터를 분류해서 기록을 재구성한다. 그렇게 해서 전후 순서뿐 아니라, 패턴이나 주제와 관찰 내용들 간의 연관성도 반영하도록 노력하라. 그런 점에서 컴퓨터에 있는 잘라서 붙여 넣기 기능은 참으로 멋진 발명일 수밖에 없다! 일상적이거나 습관적인 행동과 특이한 행동을 구별하려 노력하라. 비슷한 행동들을 반복해서 관찰한 결과들을 비교해도 그렇게 할 수 있다. 행동을 정형화하지 않는 게 대단히 중요하다. 특히 그런 행동을 근거로 가치 판단을 하지 말아야 한다. 참고로 그런 가치 판단은 보통 부정적이지만 때로는 긍정적인 것도 있다. "고결한 야만인 증후군"에서 볼 수 있듯이 말이다. 예를 들면 "여성들은 여성 성기 절제술(여성 성기의 일부나 전체를 제거하거나 음부를 꿰매어 버리는 등의 시술 – 역자)이 여성에 대한 차별이라고 느꼈다"라는 모든 주장은 실증적 증거로 뒷받침해야 할 뿐 아니라, 할 수만 있다면 반증도 제시해야만 한다. 예로 든 앞의 문장에는 누군가가 실제로 이렇게 말했다는 어떤 관찰의 기록이 없다. 표본 집단에 여성은 몇 명이나 있고, 그중 몇이나 동의를 했는지도 알려주지 않는다. 이 문장은 글쓴이가 자기가 들은 말을 해석한 것을 단순히 요약하고 있을 뿐이다. 일이 그런 식으로 벌어진 것에 대해 "피해자 탓"을 하지 않는 것도 꼭 필요하다. 모든 관찰 내용은 "왜, 언제, 어떻게, 그리고 누가 득을 보는가(why, when, how, who benefits)"라는 질문을 통해 부연 설명이 되어야 한다. 나는 이를 2WHoB 원칙이라 부른다.

보이스카우트 증후군도 피해야 한다. 보통 이런 증후군은 정의감에 찬 강렬한 분노에서 생기며, 이럴 때 여행자는 구원자라도 된 것 같은 태도를 보인다. 이런 태도는 보통 잘못된 우월감을 보여 주는 증거일 뿐이다.

그럼 성찰을 어디서부터 시작해야 할지 궁금하다면 단순한 비교나 대조에서 출발하자. 이런 환경을 고국에서의 환경과 비교하면 어떤가? 이 상황은 아침과 오후, 낮과 밤에 따라 어떻게 달라질까? 관찰자의 성별이 이 상황에 어떤 영향을 미칠까?

흥미로운 "문제"를 만들어 내려고 노력하자. 이런 문제가 꼭 사회적 문제는 물론 지적인 문제일 필요도 없다. 비록 "사회적 문제"가 다른 사람들에게 그 문제에 대해 어떤 관점을 갖고 있는지 알려 달라고 하기가 쉽다는 점에서 유용하기는 하지만 말이다. 이런 문제들은 분명 자기가 작성한 기록에서 모습을 드러냈을 모순들과 관련이 있을 때가 많다. 예를 들어 내 박사 학위 과정 연구에서 가장 중요한 기본 틀이 되었던 모순은 왜 빈곤한 상황에서도 내가 연구한 광산에서 이직률이 높았는지에 대한 의문이었다. 시골 지방에서 나타나는 폭력

사태에 대한 내 파푸아 뉴기니 연구 보고서에서 뼈대가 된 결정적인 모순은 왜 모두가 폭력에 반대하는데도 폭력이 그토록 만연하는지에 대한 질문이었다. 내 부시맨 연구에서 연구 대부분의 뼈대가 된 모순은 왜 "고결한 야만인"이라는 부시맨에 대한 고정 관념이 현실에서는 그들이 집단 학살 피해자들인데도 불구하고 끈질기게 지속되는지에 대한 의문이었다. 다음 단계에서 이런 주요 모순점 각각은 무수히 많은 더 작은 모순들로 쪼개질 수 있다.

이런 모순점은 관찰한 것을 자기가 읽었거나 배웠던 것과 비교해 볼 때 드러날 수 있다. 여행안내서, 심지어는 학술 교과서조차도 명백히 틀린 것 같은 때가 많다. 역시 활자화된 말은 아무리 여행안내서나 학술 연구서에 나온다 해도 절대적 진리로 받아들여서는 안 된다. 이런 글들에 나오는 이야기를 단순히 앵무새처럼 복창해서는 안 된다. 자기가 직접 관찰한 것과 개념을 연관 지어 보지 않고 개념을 무조건 도입하기만 해 봐야 쓸모가 없다. 독서와 토론에서 얻은 개념은 그게 그렇다더라고 말하거나 그냥 추가해 버리고 마는 게 아니라, 구체적 문제에 적용을 해 보아야만 한다. 이런 개념을 적용했을 때 현장 노트에 등장하는 해당 쟁점을 더 잘 파악하거나 이해하는 결과를 가져오는지 알아봐야 한다.

이야기 매만지기

스토리텔링은 매우 성찰적이고 직관적인 경험이 될 수 있다. 스토리텔링은 자기 경험을 다른 사람들과 논의하려면 반드시 필요하기 때문이다. 이때 "다른 사람들"은 고국에 있는 친한 친구들뿐 아니라 전문가 동료들과 그곳에 사는 현지인들도 포함하므로, 이런 논의는 직접 만나거나 이메일이나 전화나 학술 논문을 통해 이루어질 수 있다. 그런 피드백은 자기 관점을 자각하게 만들기 때문에 관찰 내용과 이야기에 대해 다른 사람들이 하는 평가는 성찰을 위해서도 중요하지만 대화를 위해서도 아주 중요하다. 스토리텔링에서 가장 중요한 것은 그저 남을 즐겁게 하는 것만이 아니라, 다른 사람들의 생각과 대화를 자극하는 것이기도 하다. 독일 희곡 작가인 베르톨트 브레히트(Bertolt Brecht)는 이렇게 잘 표현했다. "그는 다른 사람들 머릿속에서 생각했고, 다른 사람들은 그의 머릿속에서 생각하고 있었다. 진정한 사고란 바로 이런 것이다."[6]

이야기를 쓰거나 말하는 것은 절대 논리정연한 과정이 아니다. 클리퍼드 기어츠가 평했듯이 "발생이 먼저고 명확한 표현은 나중에 이뤄지는, 의식이 가진 사후(事後)적인 즉 언제나 뒤처지는 본성 때문에 인류학에서는 보통 현재 벌어지고 있을지 모르는 일을 어느 정도는 그 즉시 알 수 있게 해 줄 담론 체계들을 고안해 내려는 지속적인 노력을 하게 된다." 실제로 그렇다.

그때그때 임기응변으로 1000년짜리 역사들을 3주간의 대학살들과 끼워 맞추고, 국제 분쟁을 도시 생태학과 끼워 맞추는 작업을 한다. … 결과물은, 아니나 다를까 미흡하고 볼품없고 미심쩍고 엉성한 모양새를 하고 있다. 즉 장엄하고 정체를 알 수 없는 기묘한 발명품인 것이다. 인류학자나, 어쨌든 이런 기묘한 발명품을 스스로 폐기하는 게 아니라 더 복잡하게 만들기를 바라는 사람은 누구나 자기 재주에 도취된 광기에 찬 서투른 땜장이 같은 존재일 수밖에 없다.[7]

그래도 시작은 어디서든 해야 한다. 많은 전문 작가들이 글쓰기 슬럼프를 두려워한다. 글쓰기 슬럼프란 영감이 솟아오르거나 창의력을 베풀어 달라는 소리 없는 간구에 뮤즈가 답을 해 주기를 날이면 날마다 한정 없이 기다리는 상태다. 내 생각엔 글쓰기를 미루는 버릇이 생기는 제일 큰 이유 중 하나는 손가락이 키보드를 두드리기 시작하면 어떤 게 나올지 알 수가 없어서 막막해지기 때문이다. 많은 작가들이 글쓰기를 시작하는 데 도움이 될 만한 의식에 공을 들이는 것도 이 때문이다. 그들은 글을 쓰기 전에 더블 에스프레소 한 잔을 마시거나 조깅을 해야 한다고 주장한다. 인류학자들은 잘 알겠지만, 이런 의식은 예측할 수 없는 것을 통제하려는 의도를 갖고 있다. 사람들이 어떤 의식들을 만들어 내든, 내가 반드시 지키려고 하는 의식이기도 하면서 제일 중요한 것은 문장과 문단을 일단 종이에 쓰는 것이다. 글쓰기가 하는 일은 생각을 강제로 체계화하는 것, 즉 논리적 일관성이 없다면 일관성을 갖도록 하는 것이기 때문이다.[8]

이야기를 구성해 가는 일은 여기저기를 어수선하게 땜질하는 것과 같다. 머릿속에 있는 단 하나의 초안을 키보드로 바로 옮긴다는 생각은 버려야 한다. 보통 이야기나 논문이나 책은 끊임없이 이곳저곳을 손봐야만 하는 여러 초안이 필요하다. 따라서 결과는 절대 전적으로 만족스러울 수 없다. 사실 완벽한 설명이 가능하다고 믿는 것부터가 바보 같은 생각이다. 해결책이나 균형 잡힌 설명은 제시하지 않아도 된다. 모든 분석은 불완전하며, 따라서 문제를 회피하는 것보다는 문제를 솔직하게 드러내는 게 최선이다. 이런 문제들은 씨름해야 할 골칫거리의 본질이 무엇인지에 대해 중요한 단서를 제공할 수 있다.

개요가 유용하다고 믿는 사람들도 있지만 나는 개요는 언제나 바뀌기 때문에 별로 도움이 되지 않는다는 것을 깨달았다. 나는 논문이나 이야기가 가진 간략한 목표를 적은 다음, 내가 생각하기에 논문에 넣으면 좋을 만한 흥미로운 점이나 관찰 내용을 몽땅 늘어놓는 편이다. 보통은 글이 발전해 가는 데 맞춰 조금씩 다듬어 가면서 물론 다른 요점들도 전개시켜 나간다. 이런 주요 요점이나 사건들은 보통 추상적인 개념과 구체적인 개념부터 일반적인 관찰과 미묘한 함의를 가진 관찰에 이르기까지 굉장히 다양하다. 이런 것들을 일단 쭉 열거한 다음에는 이들 사이에 존재하는 연관성을 찾아내려 노력한다. 즉 이런 것들은 서로 어떤 관련이 있고, 그렇다면 어떤 순서로 배치해야 할지를 말이다.

나는 순서도와 도표가 연관성과 관계를 파악하는 데 유용하다는 사실을 발견했다. 좋은 순서도란 충분한 데이터를 포함하고 있어서 따로 글을 덧붙이지 않아도 그것만으로도 모든 설명이 가능해야 한다. 그런 다음에는 물론 순서도를 더 구체화해서 맥락과 관련지어 논리적 일관성을 갖게 하는 게 목표다. 독일어로는 "연계성(sinn zusammenhang)"이라 부르는 것을 말이다. 이런 주장의 요지를 이해하는 데는 많은 말이 필요 없다. 도표 1과 도표 2의 순서도 두 개만 보면 된다. 첫 번째 순서도는 내가 나미비아 구리 광산에서 한 현지 조사에서 나온 것이다. 이 현지 조사에서 나는 해당 광산에서 왜 이직률이 그렇게 높은지 알아보려 했다. 두 번째 순서도는 폴 듀런버거(Paul Durrenberger)와 수전 에렘(Suzan Erem)이 만든 것으로, "개발은 어떤 영향을 미치는가"를 설명해 보려는 연구였다.[9] 순서도의 장점은 어떤 과정을 전체적으로 더 넓은 맥락 안에서 검토할 수밖에 없게 한다는 데 있다.

나는 때로 순서도를 이용해서 소주제를 발굴하기도 한다. 비슷한 전략을 택했던 하워드 베커가 만든 순서도처럼 이런 순서도는 보통 둘이나 세 가지 주제를 융합하고 있는 편이고, 베커가 하듯이 나도 이 중 가장 쉬운 부문부터 시작한다. 물론 모든 주장이나 관찰은 신중하게 배치하고 연결해야만 한다. 이런 순서도는 장소에 대한 느낌을 전달하는 게 아주 중요하며 관찰이나 주장을 하나의 맥락 속에 엮어 넣기 위해 지리학, 개인적 경험, 역사, 전기(傳記)를 섞어 놓은 형태가 될 수 있다. 한 세대 전에는 이런 것을 경험적 증거에 근거해 주장을 전개하는 것이라 표현하기도 했다.

이런 이야기나 논문에서 제일 중요한 부분은 서론과 결론이기 때문에 나는 보통 둘을 맨 나중에 작성한다. 서론은 독자나 청중을 혹하게 해서 다음에 나올 내용에 관심을 집중하게 만들어야 한다. 서론은 독자나 청중에게 "공사다망들 하신 건 잘 알고 있지만 이제부터 나올 이야기는 굉장히 중요하고 흥미롭답니다"라는 암시를 줘야 한다. 그런 다음에는 이게 무슨 이야기인지에 대한 간략한 지침을 전달해야 한다. 결론에서는 이게 무엇에 대한 이야기였고, 교훈은 무엇인지를 말한다.

도표1 │ 광산에서 일어나는 노동의 퇴행적 악순환

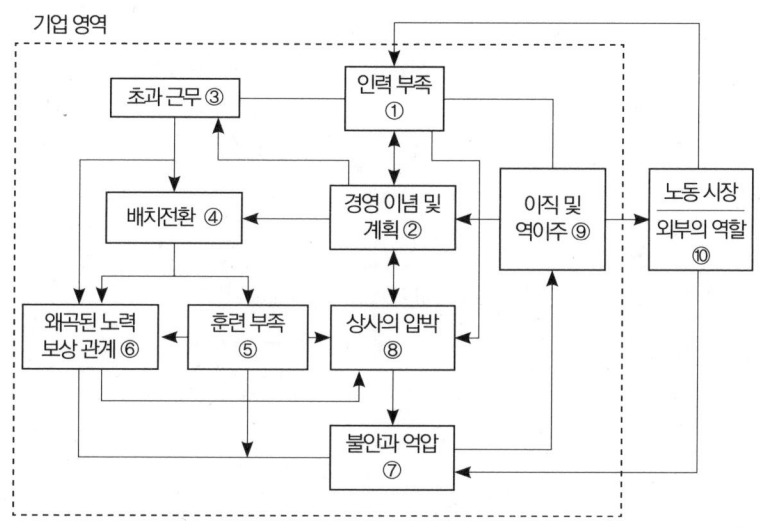

다른 방법들로도 이야기 심지어는 학술 논문까지 만들어 낼 수 있다. 한 가지 방법은 자기 고장 신문에 낼 기사를 쓰는 척하거나 실제로 쓰는 것이다. 이런 상황에서 화자 또는 저자는 이 글을 듣거나 볼 사람들은 다들 자신이 묘사할 장소에 대해 아는 게 별로 없다고 가정할 수밖에 없다. 따라서 일반적으로 화자(저자)에게는 색깔과 냄새를 떠올리게 하고, 사건과 경험을 맥락화하기 위해 어떤 장소성을 만들어 낼 임무가 주어진다. 아니면 완전히 낯선 외국 문화권에서 온 사람에게 읽힐 글을 쓰고 있는 척하거나, 자기 경험을 시각 장애인에게 묘사하고 있는 척해도 좋다.

이야기를 종이에 쓰는 것은 힘든 작업이다. 처음에는 고통스럽지만 일단 글 쓰는 리듬이 몸에 붙고 나면 아주 신나고 중독성 있는 일이 된다. 한번 덤벼 보자!

도표 2 │ 어떻게 '개발'이 불평등을 증가시키는가

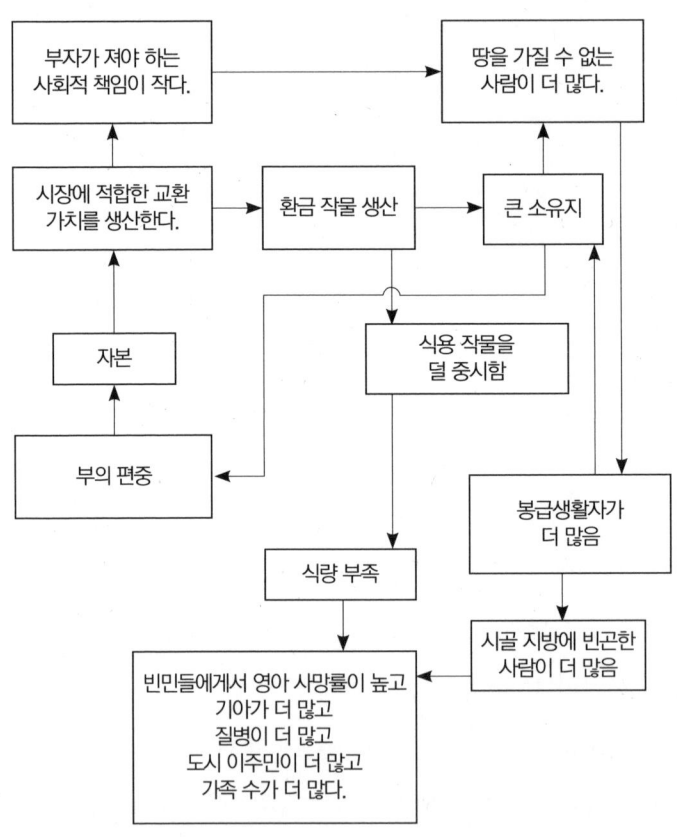

여행을 끝내며

인간은 우주 속 티끌 같은 존재

여행이 실제로 시야를 넓혀 준다면 우리는 인간으로서 그저 우주 속 티끌 같은 존재에 불과하다는 것, 그래서 결국 우리는 미미한 존재라는 것을 깨닫게 될 것이다. 여행을 떠나볼까 생각하면서 점점 흥분될 때 자기도 이런 점에서 예외가 아니라는 것을 알고 있어야 한다. 해외여행은 대형 산업이 되어 가고 있다. 현재 가치가 연간 7330억 달러로 추산되므로 하루에 20억 달러 가치가 있는 산업인 셈이다. 유엔 세계관광기구(The United Nations World Tourism Organization, UNWTO)가 내놓은 가장 최근 자료에 따르면 세계 여행은 극적인 증가 추세를 보이고 있다. 2007년에 8억 9000만 명의 해외여행객이 출현했으며, 이 숫자는 2020년에는 11억 명까지 증가할 거라고 예상하고 있다. 대부분의 관광은 여전히 유럽에 집중되어 있고 아프리카와 아시아가 신흥 시장으로 확실히 두각을 드러내고 있다.

골턴 얘기로 다시 돌아가 보자. 놀랍게도 인류학의 선구자가 쓴 작품치고 《여행의 기술》에는 토착민과 어떻게 교류하면 좋은가에 대한 일반적인 에티켓이나 인터뷰 방법 같은 조언은 거의 실려 있지 않다. 이 작품이 탐험가/모험가를 근사해 보이게 만들려는 의도를 가진 무대 배경의 일부인 것은 분명하다. 일반적으로 빅토리아 시대에는 당시 유럽에서 지배적이던 이론들 때문에 토착민을 미숙한 정신을 가진 어른으로 보았다. 반면 여행자는 다소 나이 든 보이스카우트처럼 행동하라는 조언을 받고 있었다. 애석하게도 사람들은 요즘도 해외에서 여전히 이런 식의 태도를 보일 때가 많다.[1] 골턴은 "모험에 대한 열망을 불러일으키는 건 진보에 필수적인 것이었다"고 믿었다. 많은 영향을 끼친 저서 《유전되는 천재성(Hereditary Genius)》에서 그는 이런 의견을 밝혔다.

다행히도 여전히 모험을 할 여지는 남아 있다. 그래서 방랑기 가득한 모험심으로 인한 열망이 도저히 억누를 수 없을 정도로 강렬한 사람은 식민지나 군대나 화물선에서 그런 열망을 발산하기에 적합한 수단을 찾아낼지도 모른다. 그러나 대체로 그런 모험심은 참을 수 없는 불안감을 불러일으키고 새장을 벗어나기 위해 날개를 자꾸만 퍼덕거리게 하는 대대로 물려받은 가보(家寶)와 같다. 교양 있는 사람들이 쉽게 이해할 수 있는 것이 아니다. 그래서 이런 기질은 우리가 가진 도덕성 중 보다 근대적인 부분과 곧장 불화를 일으킨다. 어떤 사람이 뼛속까지 순전히 방랑기로만 가득하다면 방랑자가 되면 된다. 그러면 본능이 만족된다. 그러나

19세기의 어떤 영국인도 뼛속까지 순전히 방랑자이기만 할 순 없다. 그들 중에서 가장 그런 기질이 강한 사람도 방랑자가 되고 나면 반드시 못내 그리워하게 될 많은 고상한 욕구들도 물려받았다. 집에 눌러 앉아 있자면 방랑자적 본능이 굶주리게 되는 것과 마찬가지로 그런 욕구들도 그렇다. 결과적으로 그들이 가진 본성은 모순된 갈망을 갖게 된다. 그런 갈망은 어떤 아주 예외적인 상황 전환을 통한 우연에 의해서가 아니면 절대 만족될 수 없다. [2]

해외로 나가는 것은 모험을 한다는 뜻이다. 현존하는 세계에서 가장 오래된 자본주의 조직인 허드슨 만 회사(Hudson's Bay Company)가 모험가의 회사(Company of Adventurer)라고 알려진 것은 우연이 아니다. 모험과 현대 국제 자본주의 체제의 원동력인 위험 부담 자본(venture capital) 간에는 분명한 연관성이 있다. 많은 사람들이 반드시 그런 것은 아니지만 모험심이 자본주의가 가진 영향력과 전 세계적인 자본주의 확산에 결정적인 역할을 한다고 주장했다. 마이클 너리치(Michael Nerlich)는 뚜렷한 모험 '정신(mentalité. 한 사회 구성원들이 공유하는 가치관과 신념 – 역자)'이 서구 문명 발전에 필수적인 요소였다는 것을 대단히 설득력 있게 입증했다. 고결하고 용맹무쌍한 모험에 대한 의도적인 미화 작업이 이런 결정적인 변화를 가져왔다. "평민 상인들이 기사도 이념을 흡수해 자기들 식의 전(前) 자본주의나 자본주의적 관행을 상징하게 했다는 사실은 … 의심할 여지 없이 인간 역사에서 가장 결정적인 순간들 중 하나다." 이런 모험 '정신'은 변화, 미지의 것, 위험, 기회 수용, 그리고 타자와 타지에 대한 인식, 그리고 마지막으로는 가능성에 대한 추산과 위험 최소화, 보험의 정교화를 수반한 "조사 체계(search systems)"의 완성 같은 요소들을 포함하고 있었다.[3] 자본주의는 일단 미래를 하느님의 뜻이나 운이 아니라, 부기(簿記)와 부기 발달에 토대를 둔, 위험 부담을 직접적인 수익과 연계시키는 추계(推計)의 발전이 낳은 결과로 보게 되면서 번창했다. 미래에 어떤 일이 일어날지를 알아내고 대안들 중에서 최선의 안을 선택할 줄 아는 능력이 현대 자본주의의 본질이다.

모험과 자본주의의 관계에 대한 유서 깊은 논의를 주도한 사람이 막스 베버다. 그는 모험가를 지리적 경계는 넘어서지만 어디까지나 사회적 경계, 즉 자기 사회 내에서 부와 명성을 추구하는 독특한 유형의 이주자로 취급했다. 이런 의미에서 보면 모험은 성공하기만 하면 상당한 사회적 정치적 경제적 수익을 낳는, 결과를 미리 계산할 수 없는 위험 감수 행위이다.[4] 모험에서 말하는 위험은 자본주의에서 말하는 모험과는 질적으로 다르다는 주장도 가능하다. 자본주의에서 위험은 장기적이고 계산이 가능한 반면, 모험에서 위험은 비합리적이고 단기적이다. 더욱이 본질적으로 확률과 요행수에 기대는 성질 때문에 모험에서 말하는 위험과 부르주아 자본주의에서의 위험은 다르다.

베버가 평했듯이, "자본주의 사회의 모험이라 할 수 있는 이윤 취득(acquisition)은 온갖 종류의 경제적 사회에서 익숙한 것이다. … 마찬가지로 모든 윤리적 제약을 비웃는 모험가가 가진 내면적 태도는 [그러나] 사람들이 정해진 부르주아 자본주의 경제 조건들에 순응하려 할 때 어디서나 맞닥뜨리게 되는 가장 강력한 내면적 장애물 중 하나였다."[5]

실제로 베버는 모험주의가 부르주아적 자본주의 질서를 저해했다고 주장했다. 성공 확률을 계산할 수 없어서 불확실성을 최소화하는 게 불가능했기 때문이었다. 더욱이 모험주의에서 탄생한 조직들은 자본주의적 적응이나 재생산에 힘을 쏟지 않는다. 자본주의 정신은 만족감을 유예하는 능력, 즉 개인적 욕망을 하위에 놓는 능력을 중시한다. 반면 모험주의는 그 사람의 찰나적 기분과 야심에 완전히 몸을 내맡기는 것이다. 비합리적인 위험 감수는 "자본주의 정신"에 해로운 것이기는 하지만 모험주의는 좀 더 확실하게 약탈적 자본주의와 관계가 있다. 모험주의는 전통에서 탈피하는 한편 카리스마와 세속적 이익을 동시에 추구하고 있지만 여전히 이 세계에 순응하고 있다. 그런 의미에서 모험주의는 대체로 수익을 기대하고 수익을 내는 데 필요한 자원을 투자할 수 있는 상류층이나 중산층 사람들이 수행하는 일종의 사회 유동성 전략인 게 확실하다.

인류학적 관점에서 보면 골턴이 열심히 독려했던, 탐험가들이 자기실현을 위해 의식처럼 나섰던 여행에도 결정적으로 어두운 이면이 존재했다. 19세기에 중부 아프리카로 떠난 유럽의 과학자–여행자들, 즉 골턴이 칭송했던 바로 그 집단에 대한 흥미로운 연구에서 요하네스 파비앙(Johannes Fabian)은 그들이 두른 과학이라는 그럴듯한 외피와 부르주아적 태도에도 불구하고 그런 탐사 여행이 비합리적이고 폭력적이며 확실히 비과학적이었다는 것을 입증했다. 이런 할 일 없는 중산층 유럽인들 대부분은 약에 절어 광적으로 자기 파괴적인 무모한 방랑에 나서 결국 그들과 동행한 아프리카인들에게 큰 피해를 입히고야 말았다. 실제로 이들이 과학 연구와 탐사 여행을 무리하게 추진한 결과 절도가 만연하고, 단기 연쇄 살인, 유괴, 기근, 강제 노동과 함께 빈번한 전염병 확산이 심심찮게 나타났다.[6] 골턴은 해외여행이 현지 대중에게 가져오는 결과를 간과했던 것 같다.

물론 자본주의는 모험을 가치 있게 여기지만 다른 문화들은 그렇지 않다. 실제로 이전에 공산주의 국가였던 곳들에서 "모험가"라 불리는 건 무뢰한이거나 "공산주의 노선에서 벗어난 자"라는 뜻이었다. 일부 아시아 문화권에서 "외국인 모험가"라는 말은 상당히 나쁜 욕이었다. 심지어 서방 세계에서도 이 단어를 여성을 조롱하는 데 쓴다. "여성 모험가(adventuress. 수단과 방법을 가리지 않고 지위와 부를 차지하려하는 여성을 경멸적으로 이르는 말 – 역자)"라는 말에 담긴 온갖 부정적인 의미를 생각해 보라. 일반적으로 "금맥을 찾는 사람(gold digger. 보통 미모를 이용해서 돈을 보고 남자와 사귀거나 결혼하는 여자를 가리킴 – 역자)"이나 부도덕한 기회주의자라 일축해 버리는 존재를 말이다.

그렇다면 여행을 하지 말아야 한다는 말일까? 경험에서 말하건대 그건 아니다! 인류학자처럼 여행하면 비판적인 자의식을 갖게 된다. 여기에는 변증법이 작용한다. 인류학이 전 세계적 불평등을 심화하고 유지하는 역할을 했던 것은 틀림없다. 그러나 사람이 할 수 있는 일 중에 가장 그런 상황을 약화시킬 수 있는 게 또 인류학이기도 하다. 많은 사회 운동가들이 인류학 분야에서 배출된 것은 우연이 아니다. 실제로 학자들을 대상으로 한 투표 성향 조사에서 인류학 집단이 모든 사회 과학 분야 중에서 가장 진보적인 것으로 드러났다. 그렇다면 인류학을 배우는 과정에서 무슨 일이 일어났던 게 틀림없다. 인류학자들이 이런 후기 자본주의 시대에 가장 진지하게 맡고 싶어 하는 것이 트릭스터 역할이다. 즉 권력을 가진 사람들이 당연시하는 가정들에 도전하는 것이다.

그렇지만 이런 역할을 성공적으로 해내려면 여행에 필수적이면서 실제로 여행이 강화해 줄 수 있는 가장 중요한 자질이 필요하다. 바로 스스로를 너무 심각하게 받아들이지 않는 태도이다. 이런 자질을 갖는 것은, 대체로 우리 모두는 평균 이상이며 거의 완벽에 가까울 정도

Roohd Halpec 겸손 파이

의 존재라는 믿음을 갖기를 장려하는 우리 사회에서는 아주 어려운 과제다. 성공적인 해외여행을 위한 중요한 열쇠는 여행자가 자기 자신의 교육과 경험에 스스로 책임을 지고, 떠먹여 주기만 바라는 사람이 되지 않는 것이다. 사람을 옴짝달싹 못하게 목을 죄는 두려움에서 벗어나는 데는 용기가 필요하다. 해외로 나간다는 것은 자기가 이미 갖고 있던 것과 곧잘 상반되는 새로운 생각과 감정에 스스로를 노출하는 것이어야 한다. 이때 열쇠는 겸손함이다.

해외여행에 성공하려면 실수를 하고 길을 잃고 헤매는 게 끔찍한 실패가 아니라, 성장을 위한 필수적 단계인 동시에 사실 삶의 일부이기도 하다는 것을 깨달을 줄 아는 능력이 꼭 필요하다. 예기치 못한 상황에 대처하고 실수하는 것은 특별한 학습 경험이다. 새로운 사람과 장소를 몸소 경험할 때만 찾을 수 있는 방랑자적 지식이다. 나그네처럼 모든 경험을 순순히 받아들여야 한다. 내가 사람들을 감동시킬 때만이 나도 감동을 받을 수 있다. 자기가 가진 약점을 숨기거나 부정할 필요는 없다. 이게 바로 여성이 남성보다 보통 더 나은 여행자가 되는 이유 중 하나가 아닐까 싶다. 의미 있는 모든 사회적 관계는 어느 정도 신뢰를 필요로 한다. 여행에는 새로운 생각과 함께 새로운 경험을 받아들이는 마음가짐이 필요하다. 이런 새로운 경험에는 따끔거리고 울렁거리는 불안감, 위험, 불편함도 포함된다. 명백한 것 너머를 보고 자기중심적인 태도에서 벗어나는 능력이 필요하다. 나는 현지 조사에서 중요한 교훈을 얻었다. 비록 아주 잠시 동안 이루어졌다 하더라도 집중적인 현지 조사는 "아, 나 거기 가 봤어, 날 봐, 난 영웅이야" 같은 종류의 자만심을 드높이지 않는다.

대신에 자기 자신, 자기 사회에 대한 겸손한 태도를 갖게 한다. 그렇게 되면 "간디 씨는 서구 문명에 대해 어떻게 생각하십니까?"라고 묻는 어느 저널리스트에게 간디가 했던 다음과 같은 대답이 맞는 말이라는 걸 깨닫게 될 것이 틀림없다. 간디는 이렇게 답했다. "나쁘지 않다고 생각합니다"

부디 즐거운 여행이 되기를 빈다!

RRATS!
느슨한 신속 평가 기술 및 전략
Relaxed Rapid Appraisal Techniques and Strategies

대화 도중에 나뿐 아니라 상대방 현지인도 흥미를 느끼는 주제를 발견해서 그것을 좀 더 연구해 보기로 했지만 시간상 제약이 크다고 해 보자. 어떻게 해야 할까?

"간이" 방식의 출현

일부 개발 활동가들은 상황에 맞게 응용할 수 있는 "간이(Quick and Dirty)" 연구 기법을 내놓았다. 조사에 기반을 둔 전통적인 사회학 연구 방법이 가진 결함에 실망했던 게 이런 기법들이 탄생한 동기였다. 이제까지의 사회학 연구 방법들은 돈과 시간이 많이 들 뿐 아니라 터무니없이 부정확할 때가 많았던 것이다. 자기들이 한 시도가 실패로 돌아갔을 때 많은 개발 활동가들이 느꼈던 환멸감이 기존의 방법론에 대한 혐오감을 더욱 부채

질했다. 그들은 이런 실패가 현지 문화에 대한 이해가 충분하지 못했고, 개발의 수혜자여야 하는 현지인들의 참여나 개입이 부족했던 탓은 아닐까 염려했다. 남아메리카의 파울루 프레이리(Paulo Freire)와 해방 신학과 연계한 적극적인 참여적 사회 프로그램들에서 나온 아이디어들도 이런 새로운 패러다임을 만들어 내는 데 보탬이 되었다. 개발을 재평가하려는 이런 운동을 주도한 핵심 인물은 로버트 체임버스였다. 그가 개발 관광에 대해 했던 비판은 2장에서 이미 언급한 바 있다.

그렇게 해서 주로 농촌 문제를 다루기 위해 고안된 수많은 전략들이 1980년대에 탄생했다. 이런 전략들은 농업 조직 연구(farming system research. FSR)와 신속한 농촌 평가(rapid rural appraisal. RRA) 같은 다양한 이름으로 알려져 있으며, 여기서 참여적 농촌 평가(participatory rural apraisal, PRA), 참여적 행동 연구(participatory action research. PAR), 참여적 영향 평가(participatory impact assessmet. PIA), 신속한 평가 절차(rapid assessment prodecures. RAP) 같은 수많은 변형된 전략이 나왔다. 이런 전략들은 농촌 문제를 이해해 보려는 시도로 처음 등장했다가 후에는 건강과 영양 문제 및 쟁점도 다룰 수 있도록 수정되었다. 이런 전략들이 가진 공통점은 여러 학문 분야 간 단체 활동과 함께 짧지만 집중적인 현지 조사를 수행한다는 것이다. 이런 전략들은 연구 대상이나 포커스 집단과 협업을 하거나 심지어 그들에게 자율권을 부여해야 한다고 주장한다. 이런 전략들이 어떤 것을 말하는 것인지 확실한 정의는 없지만 토대가 되는 어떤 원칙들에 대한 합의는 일부 존재한다. 이런 전략들은 인류학적 현지 조사의 주축이 되는 참여 관찰을 출발점으로 삼아 이를 "간이" 기법으로 변형한다. 상황에 대한 이해 측면에서 이 기법이 올린 성과가 전통적인 방법론들을 엄청나게 개선했다.

개발 연구에서는 시간 제약이 보통 가장 큰 걸림돌이다. 그래서 제1원칙은 가능한 한 빠르고 점진적으로 배우는 것이다. 그러려면 조사해야 할 문제나 쟁점을 명확히 이해해야 할 뿐 아니라, 연구가 진척되어 감에 따라 연구 초점을 바꿀 만큼 유연해야 한다. 즉 프로젝트나 문제를 의식적인 학습 개념으로 접근한다. 그러기 위해서 청사진이 된 프로그램을 그대로 따라가기만 하는 게 아니라 꾸준히 조정한다. 그래서 기법들을 융통성 있게 이용하고, 편의적 대처와 임기응변에 열린 자세를 갖고, 반복하고, 교차 점검을 한다. 이 말은 관련성과 정확성 간에 최적의 절충점을 찾아 비용 대비 효과를 높이려 노력한다는 뜻이 된다. 반드시 따라야 하는 규범 같은 것은 아무것도 없다.

참여 관찰을 토대로 한다면 사람들로부터, 또 사람들과 함께 배우기 위해 힘써야 한다. 즉 서로 얼굴을 맞대고, 현장에서, 가능하면 실제로 참여를 해야 한다. 또한 신중한 자기 성찰을 통해, 그리고 다양한 관점과 의견을 구해서 편견을 상쇄하려고 의식적으로 노력해야 한다. 그런 상호 작용에는 시간이 많이 들 수 있고 철저한 경청이 필요하다. 그러므로 다음 주제로 넘어가기보다는 철저히 파고들어서 더 가난하거나 다른 눈에 띄지 않는 사람들을 찬찬히 찾아내야 한다. 이런 전략들은 "외부인(outsider)"이 다양한 각도에서 상황을 살펴보고, 상황에 대해 알아내는 데 도움이 되도록 구성되어 있다. 북반구 도시인들은 남반구 시골 상황에 대해 놀라울 정도로 아는 게 별로 없다. 더욱이 이런 도시인들이 가진 편견은 각자 개인적으로 또 직업적으로 우선시하는 사항 및 사용하는 언어와 연관이 있다. 편견은 불가피한 것이지만 편견을 의식하고 다른 관점과 다른 종류의 이해관계에 대한 체계적 고려를 통해 극복하려고 노력할 수는 있다. 이때 해결하기 어려운 문제 중 하나가 다른 이익 집단들을 인식하는 것이다.

느슨한 신속 평가 기술 및 전략(Relaxed Rapid Appraisal Techniques and Strategies. RRATS) 접근법은 의사소통 및 학습 도구들을 조합해서 사용한다. 이런 도구들은 외부인이 간결하지만 체계적인 방식으로 상황을 관찰하는 데 도움이 된다. 또 이런 접근법을 쓰면 현지인들, 특히 문맹인 사람들이 자기가 가진 지식, 관심사, 우선시하는 것을 외부인들에게 알려주는 게 가능해진다. 다양한 도구와 기법을 조합하면 더 구체적인 그림을 만들어 낼 수 있고, 그러면 서로 다른 관점들을 비교하고 대조해 볼 수 있다. 다양한 출처로부터 다양한 사람들에 의해 다양한 방식으로 수집한 정보에 대한 체계적인 교차 점검도 정확도와 이해력을 향상시킨다. RRATS는 반복적이다. 즉 알아낸 것을 현장에서 끊임없이 검토하고 분석한다. 보통 이런 작업은 일정한 간격을 두고 갖는 워크숍이나 좌담회나 업무 보고 회의 때 이루어져서 연구 초점, 사용 기법, 인터뷰했던 사람들에 대해 꾸준히 평가한다.

연구 기간이 짧다는 점을 고려할 때 데이터 유효성 검증이 특히 중요하다. 이때 "삼각 측량(triangulation)"이 필수적이다. 즉 다수의 다양한 기법들과 자료들을 이용해서 데이터를 교차 점검하는 것으로, 다양한 출처에서 나왔거나 다양한 시기에 다양한 방식으로 수집한 정보를 대조하고 비교해서 확인하는 방법을 쓴다. 그렇게 해서 데이터를 여러 가지 관점에서 살펴보려고 노력한다.

방법론 목록

이 패러다임에서 쓰는 방법들은 종류가 다채롭고 광범위하다. 접근 방식에서 보면 설문 조사 외에는 무엇이든 추구하고 임기응변적이라는 점에서 거의 포스트모더니즘에 가깝다. 체임버스는 자신이 사용한 적이 있는 방법과 기법 일부를 목록으로 만들었다.

▶ **2차 자료** 지도, 사진, 기사, 보고서, 팸플릿 같은 것을 샅샅이 뒤진다.
▶ **직접 참여하기** 연구자가 현지인들에게 그들이 하는 일을 어떻게 하면 되는지 가르쳐 달라고 한 후 아주 평범한 일상적인 활동일지라도 직접 참여한다. 현지인들과 유대 관계를 형성할 수 있기 때문에 중요한 방법이다.

▶ **주요 정보 제공자** 현지인 전문가들을 찾아내서 조언을 구한다. 일반적으로 지역 사회 원로, 교사, 보건소 직원 등을 만나 과거에 일어난 중요한 사건과 지역 사회에 중요한 현안을 알아내는 과정을 수반한다.

▶ **반(半)구조화 인터뷰(Semistructured interviews. SSI)** 개방형 질문으로 구성된 점검표를 쓰면 예기치 못한 부분까지 철저히 조사할 수 있다. 이 방법은 점점 더 시각 자료 중심으로 가고 있다.

▶ **연속 인터뷰** 기본 점검표 하나를, 특히 성차(性差) 같은 어떤 문제의 다른 측면에 대해 아는 게 많은 여러 개인과 집단들에 반복해서 사용한다.

▶ **지역 특유의 핵심 지표들** 특정 집단에게 어떤 문제에 대한 의견을 묻는다. 예를 들어, 가난한 사람들에게 그들이 가진 행복의 기준이 무엇인지 묻는다.

▶ **핵심 정밀 조사** 곧바로 핵심 쟁점들로 이어지는 질문을 한다. 예를 들어 "모이면 무엇에 대해 이야기합니까?"라고 묻는다.

▶ **횡단 산책** 한 지역을 정보 제공자와 일정한 규칙에 따라 산책을 하면서 관찰하고, 경청하고, 묻는 과정을 수반한다. 그래서 다른 구역들을 찾아내고 자료와 알아낸 결과를 지도로 나타낸다.

▶ **집단** 다양한 종류의 집단 인터뷰 및 활동은 다른 많은 방법들의 일부가 된다.

▶ **일반인 연구 협력자** 여성, 빈민, 어린이, 교사 같은 현지인들에게 조사원 역할을 맡긴다. 돌아다니면서 다른 주민들을 관찰하고 인터뷰한 후 결과를 제출하게 한다.

▶ **참여적 지도 제작 및 모형 제작** 현지인들에게 땅이나 방바닥이나 종이에다 사회, 인구, 보건 의료, 부(富)에 대한 지도를 그리게 하거나 자기 지역을 입체 모형으로 만들게 한다. 지도나 모형은 연구에 발판이 될 수 있다. 지도는 가구들의 실제 위치를 보여 주고, 이 지도를 건강에 영향을 미치는 동인들도 포함하도록 발전시킬 수 있기 때문이다.

▶ **참여적 도표화** 사람들에게 흐름, 인과관계, 수량, 동향, 위계를 보여 주는 도표, 막대그래프, 벤 다이어그램을 직접 만들게 한다.

▶ **행복이나 부의 순위** 현지인들에게 행복이나 부나 건강 수준에 따라 분류한 마을

농가들을 1등부터 꼴등까지 순위를 매기게 한다.

▶ **차이 분석**　현지인들을 나이나 직업이나 성별이나 사회적 집단이나 부에 따라 분류하고, 각 집단 간에 어떤 차이가 있는지 말하게 한다. 한 집단에게 왜 다른 집단은 그들과 다르거나 뭔가 다른 것을 하는지 묻는 대조 및 대비 과정이 들어간다.

▶ **채점 및 순위화**　행렬을 이용하거나 씨앗이나 돌을 이용해서 다양한 식물이나 토양이나 농작물 품종들에 점수를 매기고 서로 비교한다.

▶ **참여적 항공 사진 분석**　토질, 토지 상태, 토지 소유권 같은 것을 알아낸다.

▶ **연대표**　이정표나 전환점이 되는 주요 사건들을 토대로 사건 연대기를 작성한다.

▶ **경향 분석**　시간이 흐르면서 상황이 어떻게 변해 갔는지에 대해 현지인이 한 설명을 분석한다. 이 분석에서는 변화의 원인으로 지목된 것들은 물론, 토지 이용도나 상업화나 성별이나 그 밖에 특별한 의미가 있는 것이라면 어느 것에나 역점을 둬도 좋다.

▶ **민족 일대기**(ethnobiographies)　현지 농작물이나 동물이나 식물의 병해충 역사를 수집한다.

▶ **계절별 도표화**　비가 온 날과 강우 빈도, 질병, 이동, 소득 등의 종류를 보여 주는 주요 계절이나 월별 도표를 작성한다.

▶ **생계 분석**　사람들이 생계를 꾸려 나가는 방식에 확실한 영향을 미치는 안정성, 위기, 빚, 외상 같은 것을 조사한다.

▶ **추산과 정량화**　현지 척도와 자료를 이용하고, 때로는 참여 지도 및 모형과 결합해서 수치를 알아낸다.

▶ **이야기, 인물, 사례 연구**　위기나 현지인들이 전환점으로 인식하는 일이 발생하기 전과 후에 한 사람이나 가족이나 사건의 역사를 추적한다. 이 방법은 장기적 사례 연구로 알려져 있다.

▶ **프레젠테이션과 분석**　주민들이나 팀이나 연구자들이 내놓은 지도, 모형, 도표, 조사 결과를 점검하고 교정하고 토론한다.

▶ **브레인스토밍**　현지인들만, 또는 현지인(들)과 연구자(들), 또는 연구자들로만 이루어진 다양한 조합을 만들어서 집단적으로 문제 해결에 나서게 한다.

▶ **짧고 단순한 설문 조사**   필요한 경우, 기본적인 수치가 필요하다고 판명되면 조사 과정 후반에 실시한다.

▶ **보고서 작성**   연구자들은 현지 조사를 마친 후 가능한 한 빨리, 가급적이면 현장을 떠나기 전에 보고서를 쓴다. 현장감을 유지하고 정확히 담아내고 현장에서 피드백을 얻기 위해서다. [1]

　　이런 새로운 "간이" 연구 전략들은 상황에 맞춰 골라서 이용하거나 변형해서 쓸 수 있는 수많은 도구들을 제공한다. 이 전략들이 모든 프로젝트나 질문에 적합한 것은 분명 아닐 것이다. 따라서 단순한 제안 정도로 받아들여야 한다. 하지만 특정 원칙과 기법은 특별히 주목할 필요가 있다.

인류학적 여행자 응용하기

　　RRATS를 수행하려면 맨 먼저 해야 할 일은 계획 세우기로, 이때 시간, 돈, 전문 기술 같은 이용 가능한 자원을 고려해 봐야 한다. 대체적인 계획을 세운 후에는 그것을 분류해서 현지인들과의 대화에 쓸 적합한 질문들과 사안들로 이루어진 점검표를 만든다. 이때 질문은 개방형이어서 현지인들이 해당 주제에 대한 의견을 말하게 해야 한다. 질문은 보통 2차 문헌을 검토한 후 만든다. 이런 2차 문헌으로는 면밀한 질문을 이용해서 지역 출신 현지인들과 나눈 초기 탐색용 대화는 물론, 학술 간행물과 여행안내서뿐 아니라, 지도, 항공 사진, 그 밖에 신문 스크랩, 그리고 통상 출간되지 않았거나 정식 발표되지 않은 비공식 보고서와 서한 등을 가리키는 "모호한(gray)" 자료들이 있다. 이미 활동 구역과 친숙한 지인들이 가진 현지 정보를 이용해서 가능한 주요 정보 제공자나 인터뷰 목록을 작성한다. 정보와 견해를 요청하는 데 쓸 수 있는 기법도 논의해야 한다. 되도록이면 팀들을 꾸려야 한다. 독자들 대부분은 여러 전문가들이 참여하고 예산이 많이 드는 연구 활동에 참여할 일은 없을 것이다. 기껏해야 몇몇 친구들이나 그리 많지 않은 돈을 받고 일하는 연구 보조원에게 도움을 받는 정도일 것이다. 나는 보통 혼자서 일하지만 일반적으로 내 경험상 두세 명이 한 팀을 이뤄 여러 팀이 작업하는 게 가장 좋다. 한 사람은 현지인이나 집단에 질문을 하고 대화를 나누고, 다른 사람은 기록을 한다. 대화가 끊기고 난처한 침묵만 흐를 때 그 자리에 사람이 한 명 더 있으면 아주 쉽게 대화가 다시 이어지게 할 수 있다. 인터뷰나 활동에 대해 인터뷰 직후나 저녁에 동료 팀원(들)과 사후 분석을 실시해서 진행 상황을 평가하고 필요하다면 변화를 주는 게 도움이 된다. 원칙적으로는 한 문제에 두 세 팀을 투입하고, 정기적으로, 이를테면 늦은 오후나 저녁에 같이 만나서 기록과 조사 결과를 비교해서 새로운 연구 초점이 필요한지 결정하고, 수집한 데이터가 얼마나 믿을 만한지 평가해야 한다. 잘하면 전문가들이 "워크숍"이라 부르는 이런 반복적 회의로 공동체의 계층화와 경계선, 문제에 대해 점점 더 잘 이해할 수 있고, 이미 말했듯이 수집한 데이터에 대한 신속한 검토가 가능할 것이다. 특히 사회적 지도 제작 같은 다른 기법과 결합했을 때 그렇다.

개발 활동가들은 여러 학문 분야 전문가들로 이루어진 팀이 제공하는 다양한 관점들과 꾸준한 워크숍과 팀원 간 대화를 조사 결과에 반영해서, 말하자면 돛을 조정하는 것을 중시한다. 그렇다면 단독 여행자나 연구자는 이런 연구 전략들을 무시해도 된다는 뜻일까? 절대 아니다. 모든 사회학적 현지 조사는 본질적으로 공동 작업이기 때문이다. 협력자로 일하는 현지인들은 보통 신이 나서 열심히 협조할 때가 많다. 특히 자기가 그 문제나 프로젝트에 흥미가 있을 때는 더욱 그렇다. 필요한 학문적 지식은 갖추지 못했을지 몰라도 이들이 가진 현지 정보가 그보다 훨씬 더 값질 수도 있다. 다양한 관점들에서 나온 피드백을 반영하는 것은 언제나 어려운 일이다. 그러나 바로 이런 점에서 일과를 마친 후에 일지를 통해 성찰하는 과정이 중요할 수 있다. 시간을 따로 내서 프로젝트 및 연구를 여러 관점에서 살펴보도록 한다. 자기 자신과 대화를 나눠 보자!

성공의 열쇠는 유대 관계를 확립하는 데 있다. 이때 신뢰가 중요하다. 어떻게 하면 신뢰를 형성할 수 있을까? 시간이 걸리기는 하겠지만 신뢰를 쌓는 데 도움이 되는 많은 활동들이 있다. 이중에는 자신은 어떤 사람이고 무엇을 하고 있는지 투명하게 밝히는 것도 들어간다. 개인적 처신이 아주 중요하다. 겸손함, 인내심, 존중, 관심이 비결이다. 서둘지 말고 자기비판적으로 되지 않는 게 중요하다. 현지 활동에 참여하는 것과 기꺼이 배우고 현지에서 주어진 임무를 수행하겠다는 태도를 보여 주는 것은 신뢰를 얻는 데 도움이 될 뿐 아니라, 유효하고 중요한 연구 전략이기도 하다. 그러나 이런 연구는 주로 관찰에 의해서 이루어지는 것으로, 누가, 무엇을, 어떻게, 언제같이 사실을 캐묻는 질문이 필요하다. 그래서 사안들을 SSI와 사회적 지도 작성, 횡단 산책부터 연대표, 달력, 부의 순위화와 행렬에 이르는 다양한 방법들로 더 깊이 조사한다.

가장 흔히 사용되면서 아마도 가장 중요한 기법이 반구조화 인터뷰(SSI)다. 많은 사람들이 SSI를 훌륭한 RRATS의 열쇠로 본다. SSI는 체계 잡힌 설문 조사지가 아니라, 조사하고 있는 문제와 관련이 있는 일련의 유도 질문들을 통해 현지인들을 대화에 참여하게 하려고 한다. SSI를 하는 대상은 개인들과 주요 정보 제공자들부터 성별이나 경제나 정치나 심지어 스포츠 등의 관심사에 따라 분류한 집단들에 이르기까지 다양하다. 물론 계획을 세우는 게 아주 중요하다. 논의를 위한 주제와 유도 질문 점검표를 공책이나 클립보드에 작성하거나 기록해 놓아야 한다. 질문은 개방형이어야지 단순히 "예"와 "아니오"로만 답하게 하는 것이어서는 안 된다. 인터뷰를 할 사람이나 집단은 신중하게 선별해서 지역 특유의 공간적, 성별, 경제적, 연령별 다양성을 대표할 수 있어야 한다. 그리고 방해받을 가능성이 가장 적은 인터뷰 시간과 장소를 골라야 한다. 인터뷰 대상을 존중해서, 질문을 일종의 유도 장치로 이용하기는 하지만 상대방이 제기하는 문제를 검토하고 현지인들이 중요하다고 느끼는 확실한 뭔가가 있으면 철저히 조사하는 유연성을 발휘하는 게 중요하다. 인터뷰에서 알아낸 중요한 점들을 시간, 장소, 인터뷰 대상의 신상 명세와 함께 공책에 기록하라. 인터뷰 진행자와 동행한 팀원에게 이 작업을 맡길 수 있으면 이상적이지만 말이다. 대화와 단체 업무 보고 회의 시간에 새로운 쟁점들이 대두되면 주제와 유도 질문 점검표를 거기에 맞춰 수정하라.

인터뷰는 다양한 상황들에서 다양한 사람들과 이루어진다. 각 공동체에 몇 명 정도 있는 가장 중요한 원로들은 보통 초기에 찾아내 그 지역에서 역사적으로 일어난 변화, 조사 중인 문제의 역사, 인근에 사는 사람들의 문화적, 민족지적, 정치적 배경에 대해 인터뷰한다. 내가 실시하는 인터뷰들 대부분은 청중의 활발한 참여를 이끌어 내는 경향이 있다. 실제로 이들은 포커스 집단으로 변모할 때가 많았다. 우연히든 의도적이든 그런 일이 일어나면 공동체 생활과 관련한 다양한 주제들에 대해 가볍거나 아니면 초점이 명확하고 신중하게 체계화된 집단 토론이 이루어질 수 있다. 이런 시간을 이용해서 공동체가 가진 문제와 열망을 알아낼 수도 있다.

이런 인터뷰 과정에서 또는 인터뷰를 보완하기 위해, 다양한 도구를 이용해서 연구자와 현지인들 간 소통을 촉진할 수 있다. 이런 인터뷰와 인터뷰에서 이용한 다양한 활동에서 나온 결과는 업무 보고 회의에서 피드백을 받는다. 업무 보고 회의는 현지 조사 과정 동안 반복적으로 해서 팀 전체가 계속 최신 상황을 숙지하고 있게 해야 한다. 업무 보고 회의 때는 조사 주제를 재검토하고 사용 중인 기법들을 점검한다. 그런 다음 새로 도입하거나 대체할 기법, 주제가 다룰 범위와 고려해 볼 만한 다른 부문들을 논의할 수 있다.

수집한 정보는 타당성을 검증하거나 삼각 측량을 해야 한다. 그러기 위해 보통 다른 인터뷰 팀들에게 동일한 집단과 이야기를 해 보게 한다. 이 외에도 다양한 시각화 기법들이 동일 집단의 SSI에서 싹텄을 수 있는 아이디어를 구체화하는 데 유용하다는 것이 입증되었다. 그 중에서도 내가 가장 좋아하는 기법은 주요 정보 제공자들과 규칙에 따라 산책을 하는 횡단 산책이다.

여러 "간이" 기법 애호가들이 지도와 모형 제작 같은 시각화 기법들로 큰 성공을 거뒀다고 주장했다. 이런 성공은 어느 정도 그런 시각화로 외부인이나 연구자가 문제를 장악하고 결정할 수 없기 때문에 가능하다. 이런 기법들에서는 현지인들이 주도적 역할을 해야 하고, 연구자는 단순히 과정과 토론을 용이하게 하는 역할에 그치기 때문이다. 정보는 점증적으로 누적되고 공개된다. 시각적 지도와 도표는 공동으로 구성하는 것이기 때문에 모든 사람이 한몫을 할 수 있다. 이런 기법들은 공동체 내 약자와 힘없는 사람들이 정보나 의견을 제공할 수 있게 해서 그들에게 힘을 실어 줄 수 있기도 하다. 보통 나중으로 갈수록 더 완벽한 형태의 지도가 나오곤 한다.

사회적 지도 제작을 위해서는 집과 그 밖의 사회 시설, 길과 오락 시설 같은 인프라적 지형지물을 스케치하거나 그리는 과정을 필요로 한다. 이런 지형지물은 정식 지도에는 충분히 표시되어 있지 않은 경우가 흔하며, 이를 토대로 해서 현지 활동을 계획하고 모니터링하고 평가할 수 있다. 개인이나 집단에게 현지에서 구할 수 있는 재료로 지도를 그리거나 모형을 제작하게 해서 마을의 배치 구조와 자원 분포를 나타내게 하는 것은 성공적인 결과를 가져올 가능성이 높다. 별 특징 없는 단조로운 지도를 그리는 경향이 있는 도시인인 북반구 사람들과 달리, 시골에 사는 남반구 사람들은 세부 묘사에 놀라운 재능을 보여 준다. 이런 지도는 공동 작업을 통해 점증적으로 완성된다. 개개인이 한 배치와 세부 묘사는 공동체의 관점과 비교해서 점검을 받는다.

이런 지도는 개인 및 집단과 갖는 대화에서 유용한 출발점이 되며 여러 다른 목적으로 쓰이기도 한다. 예를 들면 현지 상황, 환경 변화, 특정 현안들에 대해 이야기할 때 구체적인 사례를 알아내는 것이 있다. 이런 지도를 이용하면 기존 지도에서 얻을 수 있는 한정된 정보를 보완해서 지역 내 주요 지형지물 및 촌락 분포 같은 중요한 지역적 특색들을 더 잘 이해할 수 있다. 현지인의 도움으로 완성된 이런 지도는 연구자가 프로젝트에서 특정 집단이나 부락을 누락하지 않도록 하는 데도 도움이 된다. 지도는 주요 정보 제공자를 찾아내는 데 쓸 수 있으며 현지인에게 안내원 역할을 맡기는 횡단 산책으로 이어질 수 있다. 그런 산책은 문제를 알아내고 논의하는 결과로 이어진다. 스케치 지도는 역사적 변화나 토지 이용도나 저수지 패턴 같은 주제와 관련된 정보를 기입하는 바탕이 되기도 한다. 마찬가지로 그런 지도 제작 활동이 인터뷰와 관찰 내용을 검증하거나 삼각 측량하는 도구가 되어 교차 점검과 교정을 가능하게 한다는 것도 중요하다.

이런 기법은 연속적으로 시행하는 게 일반적이다. 예를 들어 지도 제작의 경우, 사람들은 매번 바로 앞서 그린 것보다 더 정교한 지도를 그린다. 연속 시행은 중요하다. 참가자들이 갈수록 열중하기 때문이다. 또한 연속해서 하는 가운데 삼각 측량을 통해 오류가 드러나기도 한다. 다른 활동들이 이렇게 점증적인 상호 작용을 하는 과정에서 마침내 모든 관계자들이 뭔가를 알아낼 수 있다.

가구(家口) 목록과 부나 행복의 기준에 대한 데이터를 담은 지도는 행렬 순위화와 격차 해소의 중요성에 대한 포커스 집단 논의 같은 다른 활동들을 위한 발판이 되기도 한다. 순위화는 인류학자들이 많이 사용하는 전략이다. 행렬 순위화는 절대적 기준보다는 상대적 기준에 기초한다. 전자를 알려 달라고 요구했다가는 의심을 살 때가 많다. 일반적으로 현지 조사자들은 집단이나 개인과 플래시 카드를 이용해서 연구 대상에게 다양한 주제에 대해 상대적 순위를 매겨 달라고 한다. 가장 유명한 것으로는 부에 대한 상대적 순위 평가가 있다. 즉 누가 부유한 사람인가? 누가 가난한 사람인가? 왜 그런가? 조사 결과는 도표로 나타내서 생계와 취약성, 대응 전략에 대한 논의로 이어질 수 있다. 서로 얽혀 있는 다양한 이해관계를 잘 보여 주는 순위화는 주요 정보 제공자나 현지인들로 이루어진 집단과 할 수 있다. 현지 자료를 이용하고 다른 변수들에 점수를 매겨서 다양한 행렬들을 구성할 수 있다. 예를 들어 특정 농업 전략을 위한 토양이나 용수 보존 방법이나 관목 침식지 대처 방법이나 노동 투입량 같은 변수를 도표로 작성할 수도 있다. 이것을 변형한 한 가지 기법이 쌍별 서열화(pairwise ranking. 모든 요소 각각을 다른 요소 하나와 한 쌍씩 묶어 둘 중에 순위를 매기게 하는 방법 – 역자)다. 이렇게 하면 사람들에게 문제, 필요, 행동에 대한 우선순위를 정하게 하는 데 도움이 될 수 있다. 성별로 실시해서 남성인지 여성인지에 따라 다르게 나타나는 선호도를 알아낼 수도 있다. 단순한 문제들은 현지인들에게 반구조화된 인터뷰를 하는 중에 순위를 매기게 해도 좋다. 복잡한 쟁점들의 경우에는 현지인들의 선호도를 밝혀내기 위해 쌍별 서열화를 이용하면 된다. 비교가 집계보다 낫다. 비교는 성찰과 평가를 수반해서 현재 동향에 대한 정보를 제공하기 때문이다. 내 경험으로 보면 정량화는 믿을 수 없는 경우가 많다.

도표화나 토론은 건강이나 인구나 곡물 수확량이나 강우량처럼 시간이 흐르면서 변하는 단일 쟁점에 초점을 맞출 수도 있다. 예를 들어 계절별 일정은 어떤 경우에 결정적인 변수로 작용한다. 외부인이 사회 구성원들에게 일반적인 한 해가 어떻게 흘러가는지 설명해 달라고 하면 영양 섭취 문제, 노동 투입량, 비용 지출 같은 다양한 제약이 1년 주기 중 어느 시점에 존재하는지 알아낼 수 있다. 예를 들면 아프리카 일부 열대 지방에서는 수확을 시작하기 전에 오는 늦장마를 "궁기(窮期. hungry season)"라 부른다. 식량이 부족하고, 말라리아 같은 질병이 만연하고, 농장에 할 일이 많은 때다. 중요한 계절적 변수들과 그게 각각 미치는 영향을 도표로 나타낼 수 있다. 시기별 일람표 즉 계절별 일정표는 특정 장소에서 연중 나타나는 패턴과 동향을 알아내는 방법이다. 강우 분포, 식량 공급 능력, 농업 생산, 수입 및 지출, 건강 문제 등을 알아내는 용도로 쓸 수 있다. 이런 시기별 일람표는 지역 내 다양한 활동들에서 사람들 각자가 하는 역할뿐만 아니라, 자기 시간을 어떻게 할당하는지에 대한 정보를 모으는 데도 쓸 수 있다.

시기별 일람표나 계절별 일정표는 이원 행렬을 그린 후, 한 축에는 달이나 해 같은 시기를 적어 넣고, 다른 축에는 다양한 현지 활동들을 적어 넣어 준비한다. 사람들에게 행렬 칸에 표시를 하거나 돌이나 다른 물체를 올려놓는 방법으로 일람표나 일정표를 채우게 한다. 시기별 일람표 즉 계절별 일정표는 땅 위나 큰 종이나 칠판에 그리면 된다. 사회적 지도 제작과 집단 인터뷰에서 그랬듯이, 이번에도 계획한 활동을 중단이나 방해 없이 끝마칠 수 있는 시간과 장소를 골라야 한다. 또한 이 일에 기꺼이 참여해 줄 만한 사람들과 아는 게 많아서 참여할 능력이 있는 사람들을 많이 불러야 한다. 되도록 성별, 부유함, 거주지 면에서 대표적인 인물일수록 좋다. 목적과 예상되는 결과를 설명하라. 현지인들을 참여하게 해서 연간 활동들을 쓰게 한 후에, 이원 행렬을 그려서 한 축에는 1년 열두 달을 쓰고, 다른 축에는 그달에 하는 활동들을 적게 한다. 참가자들에게 행렬 칸에 각 활동을 그해 어느 달에 하는지 나타내게 한 후, 서로 논의해서 정보를 더 면밀히 검토하고 교차 점검하도록 한다. 작업을 끝마칠 때는 공책에 적기 전에 참가자들과 조사 결과를 간략하게 논의하고 일람표를 분석한다.

이와 결합해서 실시하면 유용한 다른 도표 작업으로는 동향/변화 분석 및 일별 시간 사용 분석에 초점을 맞춘 연대표 작성이 있다. 공동체 구성원들에게 현지 재료를 이용해서 모래에 도표를 그려, 대략의 날짜와 함께 기억나는 주요 사건들의 역사를 표시하게 하면 된다. 그때 어떤 변화들이 일어났는지를 함께 이야기하게 하면 서먹한 분위기를 깨는 데도 좋아서 다른 활동들도 원활히 이루어질 수 있다.

일별 시간 사용 분석에서는 일반적인 일과와 고충, 특정한 일을 하는 시기, 가정이나 공동체에서 어느 구성원이, 즉 남자, 여자, 어린이, 젊은이, 노인 중 누가 특정한 일을 맡아 하는지가 관심의 초점이 된다.

시간이 허락한다면 사례와 이야기를 수집하라. 예를 들면 개인이나 집단에게 가정의 역사와 특징, 또는 위기 대처나 특정 갈등이 해소된 방식을 묘사하게 한다.

기록과 보고서 작성 역시 현지 조사 직후에 해야 한다. 조금만 지체해도 귀중한 정보와 통찰을 잃어버릴지 모르니까 말이다. 누구나 잘 알듯이 기억이란 참으로 믿지 못할 것이니 말이다.

인류학자처럼 여행하라!
여행과 삶에 대한
새로운 눈을 갖게 될 것이다!

아무리 경제적 불황이라도 현재 한국은 해외여행객 연간 1400만 명 시대다. 해외여행만이 아니라 제주도 올레길 여행 붐을 비롯한 국내 하이킹과 근래의 캠핑 유행까지 바야흐로 여행 전성기다.

초창기 주된 여행 방식이던 패키지여행을 지나, 90년대부터 배낭여행 바람이 분 이후 다양한 기술적 발전이 여행을 새롭게 변모시키고 있다. 특히 디지털카메라와 스마트폰 대중화에 이은 SNS 발달로 사람들이 여행 글과 사진을 쉽게 또 종종 실시간으로 공유할 수 있게 되었다는 점이 변화의 주된 요소 중 하나이다. 자연히 여행기도 자기 삶의 방식과 감상과 정서를 표현하고 때론 과시하는 장이 되고 있다. 여행을 준비하는 이들은 전통적인 전문 여행안내서 외에도 웹 정보나 이런 일반인들의 여행기에 많이 의존하게 되었다. 근래는 여행기 전문 작가나 기타 직업인이 쓴 에세이 형식으로 된 여행기도 유행이다.

그러나 전통적인 여행안내서는 여전히 정형화된 이미지를 시각적으로 전달하는 데 치중하고 있으며, 책을 통해 전하는 여행지의 문화와 현지인들에 대한 이해가 대단히 피상적이거나 우월주의에 젖어 있다. 아마추어들이 디지털 장비로 올리는 여행기나 에세이식 여행기도 크게 다르지 않다. 개인적 감상 위주로 피상적이고 개인화되어 있거나 전통적인 여행안내서처럼 기존의 정형화된 이미지나 관념을 계속 답습하는 수준에서 벗어나지 못하고 있다.

이제는 정형화된 정보 제공이나 개인 감상 위주의 여행서나 여행기에서 벗어날 필요가 있다. 여행의 형식이 다양해진 만큼 수요도 존재한다. 2014년 6월 28일 자 경향신문 칼럼에서 정원식 기자는 한국출판마케팅 연구소가 발행하는 《기획회의》에 실린 '새로운' 여행서를 모색하는 특집을 언급한다. 그중 장동석 출판 평론가의 기고문 중 일부를 다음처럼 인용한다. "여행지에 대한 정보는 물론 그 사회적, 역사적 의미를 오롯하게 전할 때라야 그 의미가 드러난다. 감각적인 여행 감상이나 정보만 장황하게 늘어놓을 것이 아니라 왜 그곳에 가야만 하는지를 다양한 관점에서 조명할 수 있어야 한다." 그러면서 기자는 "필력이 검증되고 특정 분야의 내공이 쌓인 이들이 여행서 필자로 적합하지 않을까"라고 말하고, "새로운 여행서 트렌드의 열쇠어는 '깊이'"가 될 것이라고 지적한다.

그런 면에서 '여행을 업'으로 하는 '인류학자들'이야말로 여행서 집필의 새로운 강자로 등극할 1순위 직업군이다. 인류학자만큼 참신하면서 깊이 있는 여행 방법론을 제시하고 새로운 방식의 여행안내서와 여행기를 쓰기에 적합한 사람이 또 있을까 싶다. 인류학이란 학문의 본질 때문에 인류학자들은 현지 조사와 참여 관찰을 통해 '현지인의 관점'을 파악해서 방문한 곳과 사람들을 피상적인 정형화된 이미지에서 벗어나 이해하려고 한다.

《인류학자처럼 여행하기》는 바로 이 같은 인류학적 관점에 바탕을 둔 여행법을 알려주는 책이다. 인류학자이기도 한 저자 로버트 고든은 인류학의 기본인 현지 조사와 참여 관찰을 해외여행에 다양하게 응용하는 방법을 구체적으로 알려준다. 본격적인 인류학자가 아닌 평범한 사람들도 이런 인류학적 개념들을 활용해 현재 해외여행에서 나타나는 부정적인 측면들을 상쇄하거나 교정할 수 있게 해 주고 있다. 즉 권력 불평등 상황을 고착 내지 강화하고, 현지 사회와 문화를 폄하하거나 여행자가 속한 사회의 우월감을 확인하고, 타문화와 타민족을 자기중심적으로 이해하는 소비중심적인 여행에서 벗어나게 해 준다.

무엇보다 이 책의 장점은 첨단 기술 발전, 특히 디지털 기기와 각종 미디어 발달에 따라 즉각적 소통이 가능해진 SNS 시대의 바람직한 여행법을 제시하고 있다는 것이다. 디지털 문명이 여행 양식 및 문화에 미치는 영향을 설명하고 인류학적 여행을 이런 시대에 유익한 대안적 여행으로 제시한다. 저자는 직접적이고 집중적인 대면과 소통을 통해 현지인의 관점을 이해하는 것을 특히 강조한다. 이런 면은 직접 경험과 대면이 오히려 어려워진 현 상황과 대조를 이루기 때문에 의미가 있다. 현대인들은 점점 더 직접 경험을 하기가 어려워지고 있다. 해외여행은 경험이라기보다 일종의 '전달'이 되었으며, "경험을 경험"하는 시대가 되었다는 저자의 지적은 많은 시사점을 갖는다. 이런 상황에서는 여행도 타자에 대해 새로운 시각과 경험을 가능하게 하는 게 아니라 기존에 가진 시각의 연장과 자기표현의 일환이 되기 십상이다. 상대방과 즉각적으로 끊임없이 소통하는 것 같지만 계속 자기 자신만 들여다보고 있는 것이 여행의 현재 모습이다.

저자는 디지털 전자 기기들로 소통에 골몰하고 자기 경험을 웹에 올리느라 분주한 여행자들의 모습을 시니컬하게 묘사한다. 정작 자기가 여행하는 지역과 거기서 직접 만나는 사람들에 대한 관심과 이해, 또 자기 성찰에는 어느 때보다 무관심해지고 있다는 것이다. 정보의 바다가 펼쳐지고 있는 이 시대에는 원하는 건 얼마든지 검색이 가능하고 접할 수 있는 것 같지만 직접 나서고 부대끼며 찾을 때와는 달리 우연한 발견과 타인과의 만남으로 인한 새로운 자극과 변화 가능성은 줄어들고 있다. 어디서나 최적화된 최단거리 경로만을 찾을 뿐이다. 타임라인을 구성하듯이 자기 입맛에 맞는 원하는 것만 골라 담고 돌아선다.

여행에서도 그렇다. 여행지 선정에서부터 보고 듣고 느끼는 것까지 미디어와 타인에게 전해들은 정보에 너무 크게 의존하고 있다. 그런 관습화된 정보들에 암암리에 형향을 받아 자기가 가진 기존 세계관과 가정에서 벗어나지 못하고 오히려 선입견을 강화하고 기존 체제를 공고히 할 뿐이다. 디지털카메라나 영상 기기도 직접 자기 감각을 이용해서 새로운 경험과 자극에 스스로를 노출시키지 못하게 가로막는 장벽과 필터가 된다. 한 예로 디지털카메라나 동영상 촬영기를 갖춘 사람들은 박물관에서 그렇듯이 여행지에서도 점점 대상을 주시하고 음미하지 않는다. 그런 기기로 재빨리 기록하고 빨리 빨리 다른 곳으로 발걸음을 옮길 뿐이라고 저자는 우려한다.

저자는 SNS로 별다른 성찰 없이 빨리 써서 올리는 여행기들의 문제점도 지적한다. 진지하고 깊이 있는 사고보다는 단편적이고 두서없는 사고를 부추기기 때문이다. 특히 '나(me)' 세대의 등장은 여행에서 인류학적 접근법의 중요성과 필요성을 더 절감하게 한다. 모든 게 자기중심적이고 자기 과시를 중시하는 세대인 이들은 한편으론 대면 접촉에 서툴거나 그런 만남을 회피하는 세대기도 하다. 하다못해 전화 통화도 힘들어하거나 낯설어한다. 훨씬 시간이 걸리는 직접 통화나 만남보다는 문자나 SNS로 소통을 해결하는 이들에게 직접 경험의 기회는 더더욱 줄어들고 있다. 진정 깊이 있는 이해를 위한 소통을 하려면 말뿐 아니라 신체 언어 등 여러 가지 방식을 통해 다양한 뉘앙스와 맥락을 파악하는 게 중요한데도 말이다. 간접적인 전달과 소통으론 그런 면을 포착하는 게 불가능하다.

어찌 보면 즉각적 의사소통이 가능해지면서 우리는 한시도 쉴 새 없이 의사소통을 하고 있지만 자기 할 말만 하고 자기를 표현하고 과시하는 것에만 치중하고 있다. 상대방과의 직접적인 상호 교류라는 것은 없다. 직접적인 소통의 부재는 기성 권력의 시각에 의해 설계되고 융단폭격 되다시피하는 이미지의 힘에 사람들을 기만당하고 매몰되게 하는 원인 중의 하나다. 맥락을 읽는 힘과 기회가 사라지고 있기 때문에 기존의 정치, 경제, 사회, 문화적 권력 불평등 상황을 간과하고 넘어가게 된다. 때론 동조하기까지 한다.

이런 영향이 여행에서도 그대로 드러나고 있다. 인류학적 현지 조사와 참여 관찰적 접근법은 이런 문제를 타개하는 데 큰 도움이 될 수 있다는 것이 저자의 시각이다. 인류학자처럼 여행한다는 것은 상대방의 관점을 이해하기 위해 노력한다는 것이다. 대화와 뉘앙스 및 맥락에 대한 감식안을 기르고 대면과 참여, 경청을 중시하는 인류학적 접근 방식은 이 시대에 꼭 필요한 여행 태도이다.

이 책의 또 한 가지 뛰어난 장점은 인류학에 기반을 둔 여러 가지 주체적인 여행 방법을 제시하고 있다는 것이다. 진정한 자유로운 여행이라고 착각하고 무턱대고 아무 계획 없이 떠돌이처럼 돌아다니며 뭐든 얻어걸리기만 바라는 또 다른 의미의 수동적인 여행을 경계하고 있다. 저자는 엄밀한 인류학적 방법론에 기초해서 진정한 자기와 타인에 대한 이해, 의미 있는 경험을 할 수 있도록 하기 위해 꼼꼼한 계획부터 세우라고 강조한다. 무엇을 보고 느껴야 할지에 대한 체계적인 접근을 위한 사전 계획의 중요성, 현지의 다양한 상황에서 응용 가능한 인류학적 방법들, 개발 또는 자원봉사 여행에서 특히 유용하게 쓰일 만한 인류학의 최신 '간이 현지 조사' 기법들까지 소개하고 있다.

무엇보다 이 책이 가진 특장점이라면 어느 여행안내서나 여행기에서도 의아하리만치 간과하고 있는 건강과 신변 안전 문제를 중시한다는 것이다. 우선 안전 문제를 보자. 한국인들은 현재 해외여행에서 범죄 조직의 타깃이 되고 있다. 외교부가 2014년 4월 10일에 한 발표에 따르면 "2009년 3517건이던 재외 국민 범죄 피해 건수는 2013년 4967건으로 늘어났다. 지난해 재외 국민을 대상으로 한 범죄 중 강력 범죄인 살인은 30건, 납치·감금은 82건이나 된다. 폭행·상해는 252건, 행방불명된 경우도 320건"(세계일보 2014년 4월 11일 자 보도)이라고 한다.

이런 심각한 상황에서도 여행객들, 특히 배낭여행객들의 안전 불감증은 여전한 상태다. 특히 제3세계 국가들에서 우월감이 섞인 동정 어린 시선으로 현지인들을 무조건 이상화하는 것은 위험하다. 그들을 선량하고 순종적인, 또 가난하고 불쌍한 사람들로 보면서 그들의 생활과 사회를 직접 체험하고 도움을 주겠다며 일종의 낭만적 태도로 최소한의 안전 대책 없이 접근하는 경우가 많아 우려를 사고 있다. 저자는 이런 안전 문제에 대해 한 장을 할애하기도 하지만 책 전반에서 끊임없이 이 부문에 대한 조언을 아끼지 않고 있다. 저자는 오랜 해외 경험과 동료 학자와 지인들에게서 직접 취득한 정보를 통해 옷차림부터 실용적인 안전 수칙, 위기 대처법에 대해 실질적으로 도움이 되는 정보를 알려준다.

건강 문제도 저자에겐 중요한 관심사다. 특히 위생 문제를 중시한다. 그중에서도 누구든 외국에 나가면 일반적으로 가장 중요하고 난처한 문제로 대두되지만 여행안내서에서 전혀 언급조차 되지 않는 배변 문제를 집중적으로 다루고 있다. 이 책의 차별화된 특징 중의 하나다. 여행지에서의 배변 문제는 저자가 중시하는 인류학적 여행의 본질, 즉 배려하고 책임지는 여행이란 맥락에서도 중요하다. 즉 환경과 현지에 어떤 해도 미치지 않는 여행을 위해서 말이다.

저자는 환경에 해를 덜 미치고 더 깊이 있고 대등한 만남이 이뤄지는 도보 여행의 중요성을 강조하기도 한다. 또한 의식 있는 여행자들 사이에서 관심을 모으고 있는 여행 양식인 공정 여행과 환경 친화적 여행에 대한 더 깊은 이해를 돕고 있다. 이 모든 여행 양식을 포괄할 수 있는 더 큰 범주가 인류학적 여행이란 것도 이 책을 보면 알 수 있다. 무엇보다 어째서 그런 공정 여행과 환경 친화적 여행, 도보 여행이 필요한지 본질적인 차원의 이해가 가능할 것이다.

《인류학자처럼 여행하기》는 이처럼 다양한 종류의 여행자와 체류자들에게 도움이 되고 응용이 가능하다. 학문적인 엄밀성과 실용성 및 폭넓은 적용 가능성 모두를 놓치지 않고 있기 때문이다. 더 깊이 있는 해외 관광을 하고 싶은 사람들, 인류학에 관심이 많은 학생이나 연구자, 해외 봉사나 국제 · 외교 분야에 관심 있는 사람들, 개발 봉사에 나서고 있는 실제 활동가들, 또는 글로벌 기업에 취직하길 원하는 사람이나 그런 곳에서 일하는 직장인 등 누구나 응용 가능하다. 또한 어떤 공동체나 문화에 접근하고 실체를 파악하는 방법을 구체적으로 제시하고 있으므로 국내에서 다문화 정책을 입안하는 사람들이나 사회 활동가들에게도 도움이 될 거라 보인다.

마지막으로 《인류학자처럼 여행하기》는 글쓰기를 통한 적극적 성찰을 강조하고 그렇게 하는 구체적인 방법도 알려주고 있다. 이런 점은 앞서 말했던 감상적이고 사적인 여행기에서 벗어나 깊이 있는 여행기를 쓰는 데 유용하다. 자신의 여행 경험을 책으로 펴내고 싶은 사람들, 예를 들면 기성 여행 작가나 여행 작가를 꿈꾸는 사람들에게도 유용한 길잡이가 될 수 있을 거라 보인다. 지금은 콘텐츠가 힘인 시대다. 이런 콘텐츠의 기본은 스토리텔링이다. 이 책은 자신의 경험을 전하려 할 때 사용할 수 있는 좋은 스토리텔링의 기초를 가르쳐 주고 있다. 인류학적 관점이나 현지 조사와 참여 관찰 방법은 글 쓰는 사람들의 자료 조사에 유용하기도 하다. 특히 인류학적 방법론을 통해 이런 글쓰기에 필수적인 요소이자 출발점인 현실을 통찰력 있게 바라보는 시각도 연마할 수 있을 것이다.

본격적인 다문화 사회로 가고 있는 한국의 현실에서 타문화와 타자에 대한 이해를 높이는 것은 사회의 통합과 안정을 위해 중요한 과제이다. 또한 소위 지구촌 시대에 외부와 완전히 무관하게 독립적으로 기능하는 국가나 민족은 존재할 수 없는 현실을 감안하면 다양한 타문화에 대한 이해는 앞으로 더더욱 필수적인 덕목이 될 것이다. 초심자들에게 타자에 대한 이해와 문화적 상대주의 개념을 습득하는 데 인류학보다 유용한 학문 분야는 없다. 그런 점에서 이 책은 기초적인 인류학적 훈련 안내서로도 적합하다.

꼭 이렇게 해외여행이나 직업적으로 활용하려는 목적이 아니더라도 이 책은 인생 자체를 일종의 여행으로 보고, 일상적인 평범한 생활을 좀 더 창조적이고 풍요롭게 만드는 데도 기여할 수 있으리라 보인다. 그 자체가 인류학이라고 할 수 있는 여행은 새로운 시각과 실천으로 자기가 참여하는 공간을 깊이 있고 참신하게 이해하게 해 준다. 따라서 이 책에서 일러 주는 인류학적 여행법을 응용해서 일상 자체를 새롭게 바라보고, 매일의 경험을 새롭게 해석해서 자기 삶 속에서 새로운 의미를 발견하고 창조하는 기회로 삼을 수 있을 것이다.

즉 지금 이 책을 읽으려는 사람이 꼭 해외여행에 나서는 사람이 아니어도 좋다는 것이다. 저자도 말하듯이 자기가 사는 곳에서도 얼마든지 이런 여행은 가능하다. 이 책에서 안내하는 인류학적 시각과 자세를 훈련하면 매일 보는 풍경과 매일 겪는 일도 새롭게 다가올 수 있고, 자기를 성장시키고 풍요롭게 하는 경험이 될 수 있다. 일단 자기가 사는 곳을 걸어 다녀 보자. 그리고 차차 범위를 넓혀가 보자. 모든 게 빠르게 바뀌고 정신없이 흘러가는 일상 속에서 그런 느린 행보로 이 책에서 배운 방법들을 가지고 익숙한 것도 새로운 눈으로 바라보자. 주변 환경을 자기 몸으로 감각하고 자기 머리로 사고해 보자.

이 책을 읽으면서도 자연히 깨닫게 되겠지만 소비지상주의에 물든 자본주의 사회에서 그런 걷기와 걷기가 출발점이 되는 인류학적 접근법은 그 자체로 작지만 충분한 혁명이 될 수 있다. 《인류학자처럼 여행하기》를 통해 해외여행에서뿐만 아니라 자기 삶의 모든 순간을 새로운 방식의 여행으로, 또 그런 여행을 창조적인 혁명적 순간으로 바꿔 보길 바란다.

이제까지 어디서도 볼 수 없었던 방식으로 해외여행을 인류학적으로 접근하고 있는 이 독특한 책을 읽는 경험은 그 자체로 재밌고 흥미진진한 참신한 여정이 될 거란 말도 덧붙이고 싶다.

2014년 6월
유지연

인류학자처럼 여행을 시작하며
– 인류학적 관점이 어떻게 해외여행의 질을 높이는 데 도움이 될 수 있는가

1   Deborah Gewertz and Fred Errington, "Tourism and Anthropology in a Post-Modern World," *Oceania* 61 (1989): 37-54는 인류학자와 관광객이 비슷한 점과 다른 점에 대해 탁월한 논의를 하고 있다.

2   Claude Lévi-Strauss, *Tristes Tropiques*, trans. John and Doreen Weightman (London: Jonathan Cape, 1973), 17.

3   Jonas Larsen, John Urry, and Kay Ahausen, "Networks and Tourism: Mobile Social Life," *Annals of Tourism* 34 (2007): 247.

4   Alain de Botton, *The Art of Travel* (New York: Penguin, 2002), 56.

5   *Notes and Queries on Anthropology*, 6th ed. (London: Routledge and Kegan Paul, 1951), 29.

1. 인류학적 관점이라 불리는 괴물

1   Wendy Doniger, "Female Bandits? What Next!" *London Review of Books* 26, no.

14 (July 22, 2004): 19,21. My italics.

2   Francis Galton, *Narrative of an Explorer in Tropical South Africa* (London: Ward, Lock, 1889); Galton, *The Art of Travel, or Shifts and Contrivances Available in Wild Countries*, 5th ed. (1872; repr. London: Phoenix Press, 2000), 1.

3   Galton, *Narrative of an Explorer*, 70, 131; Judith Adler, "Travel as Performed Art," *American Journal of Sociology* 94 (1989): 1382-1383.

4   Josiah Tucker and George Putnam, quoted in Harvey Levenstein, *Seductive Journey: American Tourists in France from Jefferson to the Jazz Age* (Chicago: University of Chicago Press, 1998), 4.

5   Judith Adler, "Youth on the Road: Reflection on the History of Tramping," *Annals of Tourism Research* 12 (1985): 335–354.

2. 우리는 왜 해외로 나가는가

1   "the grammar of motives" in Stanford Lyman and Marvin Scott, *A Sociology of the Absurd* (Lanham, MD: Rowman-Altamira, 1986)에 나오는 유서 깊은 논의를 볼 것.

2   일찌감치 1976년에 데니슨 내쉬(Dennison Nash)는 다음과 같이 주장했다. 1년간 해외 유학을 한 2학년생들은 귀국해서 자신에게 어떤 변화가 있었다고 주장했지만, 나중에 평가해 본 결과 충분한 데이터를 이용하지 않은 것은 인정한다 해도, 해외 경험으로 생긴 성격 변화는 대부분 오래 지속되지 않았다는 것이다. Dennison Nash, "The Personal Consequences of a Year of Study Abroad," *Journal of Higher Education* 57, no. 2 (1976): 191,203. 30년 이상이 흐른 후에 에드 브루너(Ed Bruner)는 자아 변화를 다룬 유명한 논문에서 변화를 겪은 건 관광객이 아니라 현지 주민들이었다고 주장했다. 브루너가 한 말에 따르면 방문객들이 가진 고정 관념은 오히려 강화되었다고 한다. Ed Bruner, "Transformation of Self in Tourism," *Annals of Tourism Research* 18 (1991): 238-250. 벤 파인버그(Ben Feinberg)와 조지 멜치(George Gmelch)가 최근에 제시한 관찰 소견이 이런 입장을 뒷받침한다. "What Students Don't Learn Abroad," *Chronicle of Higher Education* 48, no. 34(May 3, 2002): B20; George Gmelch, "Let's Go Europe: What Student Tourists Really Learn," in *Tourists and Tourism: A Reader*, ed. Sharon B. Gmelch (Long Grove,

IL: Waveland Press, 2004).

3 가장 유명한 것으로는 Robert Chambers, *Rural Development: Putting the Last First* (London: Longman, 1983); and Chambers, *Rural Appraisal: Rapid, Relaxed and Participatory* (Brighton, UK: Institute of Development Studies, 1992)가 있다.

4 Zygmunt Bauman, *Globalization: The Human Consequences* (New York: Columbia University Press, 1998), 18.

5 Ibid., 78.

6 Marni Finkelstein, *With No Direction Home: Homeless Youth, on the Road and in the Streets* (Belmont, CA: Thomson/Wadsworth, 2005). 핑켈스타인의 훌륭한 소규모 민족지학에 대한 두 가지 논평: 첫째, 핑켈스타인은 홈리스 청소년 중에 소수 민족 출신이 왜 그렇게 적은지에 대해서 충분히 논하지 않는다. 혈족 관계와 관련이 있을지도 모른다는 추측만 있을 뿐이다. 두 번째, 여름철에만 현지 조사를 했기 때문에 이런 청소년들이 겨울은 어떻게 견디는지에 대한 의문을 갖게 만든다. 체임버스가 "개발 관광"이라 부른 것의 전형적인 예다.

7 Erik Cohen, "Towards a Sociology of International Tourism," *Social Research* 39 (1972): 164-182. "배낭여행(Backpacking)"은 1970년대에 처음 세간에 알려진 "방랑자(drifter)" 관광에서 발전해 나왔다. "방랑자"는 대체로 무한 경쟁 사회에서 이탈한 히피였다. 배낭여행객은 일반적으로 학교 교육을 마치고 직장을 구하기 전이거나, 이혼이나 결혼을 해서 법률상 지위에서 변화를 겪고 있는 과도기에 있는 여행자다.

8 빅터 터너(Victor Turner)의 선구적 논문부터 에릭 코언(Erik Cohen)을 거쳐 Ellen Badone and Sharon Roseman, eds. *Intersecting Journeys: The Anthropology of Pilgrimage and Tourism* (Urbana: University of Illinois Press, 2004) 같은 더 최근에 나온 선집에 이르기까지, 순례 여행의 인류학에 대한 연구 문헌은 점점 늘어나고 있다.

3. 스스로를 본다는 것

1 Jason Sumich, "Looking for the 'Other': Tourism, Power and Identity in Zanzibar," *Anthropology Southern Africa* 25, nos. 1-2 (2002): 39-45.

2 Glenn Bowman, "Fucking Tourists," *Critique of Anthropology* 9, no. 2 (1989): 77-93.

3 James C. Scott, *Domination and the Arts of Resistance* (New Haven: Yale University Press, 1990), 45.

4 Benedict Carey, "April Fool!: The Purpose of Pranks," *New York Times* (April 1, 2008).

4. 여행 의례와 개인적 변화

1 "현실적 충격(life shock)" 개념의 출처는 Philip Bock, ed., *Culture Shock* (New York: Knopf, 1970), x. This critique is based largely on the work of Petri Hottola, "Culture Confusion: Intercultural Adaptation in Tourism," *Annals of Tourism Research* 31 (2004): 447-466이다.

2 Georg Simmel, "The Stranger," in *The Sociology of Georg Simmel*, trans., ed., and with an introduction by Kurt H. Wolff (New York: Free Press, 1950), 402.

3 Ibid.

4 Georg Simmel, "The Adventure," in *Simmel on Culture*, ed. and trans. David Frisby and Mike Featherstone (London: Sage, 1983), 223.

5 Ibid.

6 Georg Simmel, "The Secret and the Secret Society," in *The Sociology of Georg Simmel*, 307-375.

7 Albert Camus, *Carnets*, 1935-37 (Paris: NRF/Gallimard, 1962), 26.

8 Simmel, "The Adventure," 223.

9 Georg Simmel, "Flirting," in *On Women, Sexuality and Love*, trans. Guy Oakes (New Haven: Yale University Press, 1984).

10 Nelson Graburn, "Tourism: The Sacred Journey," in *Hosts and Guests: The Anthropology of Tourism*, ed. Valene Smith, 2nd ed. (Philadelphia: University of Pennsylvania Press, 1989), 27. 터너의 연구는 Victor Turner, *The Ritual Process: Structure and Anti-Structure* (New York: Aldine, 1969); Victor Turner, *Dramas, Fields, and Metaphors: Symbolic Action in Human Society* (Ithaca, NY: Cornell University Press, 1974); Victor Turner and Edith Turner, *Image and Pilgrimage in Christian Culture* (New York: Columbia University Press, 1978)에 잘 나와 있다. 터너는 "리미노이드(liminoid)"라는 신조어로 문턱적인 경험의 특징을 갖고 있지만 선

택적이고 개인적 위기의 해결과 관련이 없는 경험을 지칭한다. 산업 사회에서 문턱성은 줄어들고 있으며 점점 더 리미노이드적 경험이 문턱적 경험을 대체하고 있다. 예를 들어 결혼식과 록 콘서트를 비교해 보라. 문턱적인 것은 사회의 일부이지만 리미노이드적인 것은 사회에서 일시적으로 이탈하는 것이며 놀이의 일부이다.

11 Graburn, "Tourism," 27.

12 Michael Ignatieff, *Warrior's Honor* (New York: Henry Holt, 1997).

5. 여행안내 책자를 해석하는 법

1 이 부분은 이 주제를 다룬 다음과 같은 상당히 방대한 연구 문헌들에 근거를 두고 있다. Gary Bowden, "Reconstructing Colonialism: Graphic Layout and Design and the Construction of Ideology," *Canadian Review of Sociology and Anthropology* 41, no. 2 (2004): 217-240; Charlotte Echtner and Pushkala Prasad, "The Content of Third World Tourism Marketing," *Annals of Tourism Research* 30, no. 3 (2003): 660-682; and Arturo Molina and Agueda Esteban, "Tourism Brochures: Usefulness and Image," *Annals of Tourism Research* 33 (2006): 1036-1056.

2 Erving Goffman, *Gender Advertisements* (New York: Harper, 1979), 89.

3 Catherine Lutz and Jane Collins, *Reading* National Geographic (Chicago: University of Chicago Press, 1993)를 볼 것. 내가 효과적으로 이용했던 프로젝트는 무작위로 캠퍼스 건물 하나를 골라서 학생들에게 팀별로 그 건물에 대한 여행안내 소책자를 디자인하게 하는 것이었다. 그런 다음 학생들이 디자인한 여행안내 소책자들을 수업 시간에 비평하게 했다. 이 방법은 해외로 나갈 의향이 있는 사람 누구에게나 효과적일 수 있다. 이 방법은 외국의 이미지가 어떻게 만들어지는지 올바로 이해하게 한다.

4 Echtner and Prasad, "The Content of Third World Tourism Marketing," 675.

5 Christine Buzinde, Carla Santos, and Stephen Smith, "Ethnic Representations, Destination Imagery," *Annals of Tourism Research* 33 (2006): 707-728.

6 Kellee Caton and Carla Santos, "Closing the Hermeneutic Circle? Photographic Encounters with the Other," *Annals of Tourism Research* 35 (2007): 19.

7 Ibid., 17, 23.

6. 여행을 준비할 때 고려할 문제들

1　'현지 언어'를 배우는 방법을 다룬 책은 여러 가지가 있다. Robbins Burling, *Learning a Field Language*, 2nd ed. (Prospect Heights, IL: Waveland Press, 2000)은 이 문제와 관련해서 계속해서 찾게 되는 책이다. Barry Farber's *How to Learn Any Language* (New York: MJF Books, 1991)는 양식을 갖추고 열정적으로 쓰여진 입문서이다.

2　마지막으로 놀라울 만큼 자주 간과하는 기기들이 있다. 튼튼한 방수 시계는 필수다. 기차와 비행기 시간에 맞춰야 해서가 아니라 방향을 알기 위한 도구로 말이다. 내 시계는 알람과 스톱워치 기능도 있다. 소형 손전등이나 헤드램프도 유용하다. 언제 정전이 일어날지 알 수 없기 때문에 꼭 필요하다. 끝으로 스위스 아미 나이프나 레더맨 (Leatherman. 스위스 아미 나이프처럼 여러 가지 종류의 날들을 접어 넣었다 빼서 쓸 수 있는 소형 칼 브랜드-역자)을 수하물에 넣어 공항 검색대를 통과하거나 외국에서 산다.

3　구글에서 다운로드한 Colette, *Paris from My Window* (1944), 철학자들은 걷기의 미덕에 대해서라면 할 말이 아주 많다. 실제로 고대 그리스에는 소요학파라는 철학 유파도 있었다. 랠프 월도 에머슨(Ralph Waldo Emerson)은 이런 말을 했다. "구두가 닳아 해어지면 구두 가죽의 기운이 온몸에 스며든다. 나는 닳아 해지게 만든 구두와 모자와 옷의 개수로 건강을 평가한다. 제화공에게 가장 많은 빚을 진 사람이 가장 부유한 사람이다." (뉴햄프셔 주 재프리에 있는 모내드녹 주립 공원 관광안내소에 있는 현판에서 인용)

4　내가 학생들과 성공적으로 마친 프로젝트는 학생들에게 스스로 자기 동네에 온 이방인이나 스파이라고 가정하고 동네를 산책한 후에 특히 맡았던 냄새, 두려웠던 것, 들은 것, 맛본 것에 주의를 기울여서 자기가 본 것에 대한 에세이를 쓰게 하는 훈련이었다. 또 학생들에게 사람들 이 어떻게 모이는지, 사람들을 얼마나 많은 집단들로 분류할 수 있는지, 현재 어떤 일이 벌어지고 있는지를 사람들이 어떻게 아는지, 즉 광고판, 신문, 라디오, 소문 중에 어떤 것을 이용하는지에 주목하게 했다. 이 프로젝트의 목적은 학생들이 주의력과 유용한 질문을 하는 능력을 연마하게 하는 것이다. 때로는 학생들에게 자기가 본 것에 대해 이야기를 만들게 하기도 한다. 잘되면 이런 방법으로 학생들의 호기심을 자극할 수 있다. 나중에 해외로 나간 학생들은 이게 가장 도움이 되는 훈련이었다고 평가했다.

7. 짐을 가볍게 하고 여행하기

1 "Our Nomadic Future," *Economist*, April 10, 2008.

2 Michelle Higgins, "Practical Traveler: Sharing Photographs Online," *New York Times*, June 10, 2007에서 인용.

3 Clive Thompson, "Clive Thompson on the Age of Microcelebrity: Why Everyone's a Little Brad Pitt," Wired, November 27, 2007, http://www.wired.com/techbiz/people/magazine/15-12/st_thompson

4 요새는 장난감조차 어린이들이 상상력을 발휘할 기회를 없애는 게 목표인 것 같다. 수십 년 전만 해도, 예를 들어 아이가 갖고 노는 말은 빗자루에 불과했고 상상력이 나머지를 채웠다. 지금은 말을 그대로 본뜬 모형을 갖고 놀다 보니 상상력을 발휘할 여지가 거의 없다.

5 블로그계는 침체기에 들어선 것으로 보인다. 새로운 블로그 수가 늘어나고 있기는 하지만 활발하게 활동하는 블로그 수는 정체 상태다. 블로그는 점점 더 전문화되고 영리 목적으로 운영되고 있다. 블로그 침체는 온라인에서 자기표현을 할 수 있는 대안이 증가하고 있기 때문일지도 모른다. 예를 들어 플리커, 유튜브, 참여형 뉴스, 또 현재는 마이크로블로깅(올릴 수 있는 글의 분량에 제한이 있는 단문형 블로그-역자)처럼 말이다. 트위터와 자이쿠 같은 마이크로블로깅 사이트는 글상자에 200자만 쓸 수 있다(한국 트위터는 140자-역자). 이런 변화는 우리의 문화적 주의 지속 시간, 즉 정보를 만들어 내고 소비하는 데 얼마나 많은 시간을 쓰고 싶어 하는지에 대해 많은 것을 알려 준다.

6 Colin Fletcher, *The Complete Walker III* (New York: Knopf, 1987), 465.

7 Susan Sontag, *On Photography* (New York: Anchor, 1979), 4.

8 Ed Bruner, "Of Cannibals, Tourists and Ethnographers," *Cultural Anthropology* 4 (1989): 439.

8. 현지인과 수다 떨기

1 Ed Buryn, *Vagabonding in Europe and North Africa* (New York: Knopf, 1980), 174.

2 친구들에게서 들은 몇 가지 다른 조언들: 레스토랑과 호텔에서 미지근한 상태로 나오

거나 뷔페에 나온 고기는 피하라. 마찬가지로 확신이 없는 한 근처에서 잡은 게 아닌 생선은 피하라. 신선도를 보장할 수 없기 때문이다.

3 이 짧은 부분이 토대로 삼은 식사 문제에 대한 탁월한 논의는 Eugene Anderson, *Everybody Eats: Understanding Food and Culture* (New York: New York University Press, 2005)에 나온다.

4 몬터레이 국제문제연구소(Monterey Institute of International Studies) 통번역학과 전(前) 학과장 다이앤 디테라(Diane DeTerra)가 해 준 열정적 조언에 매우 감사한다. Riall Nolan, *Communicating and Adapting Across Cultures* (Westport, CT: Bergin & Garvey, 1999), 161-167도 볼 것.

5 Tomas Sundnes Drø nen, "Anthropological Historical Research in Africa: How Do We Ask?" *History in Africa* 33, no. 1 (2006): 147-148.

6 내가 광범위하게 이용했던 Margaret Shepherd, *The Art of Civilized Conversation* (New York: Broadway, 2005)은 이 점에 있어서 아이디어와 조언의 원천이었다.

7 Bruce Parry, Sam Wollaston, "The Tribe," *Guardian*, September 17, 2007에서 인용됨.

9. 건강과 안전 문제

1 "Sanitation Takes Off-Along with the Latrines-in Madagascar," *Developments: One World a Million Stories*, www.developments.org.uk/articles/sanitationtakes-off-along-with-the-latrines-in-madagascar.

2 A. N. Wilson, "So Painful," *Times Literary Supplement*, May 23, 2008, 7-8에서 인용됨.

3 Dominique Laporte, *History of Shit* (Cambridge: MIT Press, 1993).

4 Mary Douglas, *Purity and Danger* (London: Routledge and Kegan Paul, 1966).

5 지퍼락 백은 여성 위생 용품을 넣고 다니는 것처럼 다양한 용도로 쓰기에 좋다.

10. 좋은 여행 이야기 쓰는 능력을 높이는 방법

1 여행자가 해외여행으로 학점을 따고 싶어 하는 경우, 학점의 일부를 일지의 질을 기

준으로 받게 한다면 좋은 동기 부여가 될 것이다.

2 Howard Becker's *Writing for Social Scientists* (Chicago: University of Chicago Press, 1986)를 볼 것. 현지 조사와 현지 조사 데이터 작성에 대한 서적 출간이 거의 폭발적으로 늘어났다. 전통적인 민족지학적 현지 조사나 참여 관찰의 기초 대부분을 다루고 있는 유용한 글로 Kathleen Dewalt and Billie Dewalt, *Participant Observation: A Guide for Fieldworkers* (Lanham, MD: Altamira, 2002)가 있다.

3 웹 사이트 Thinkexist.com, http://thinkexist.com/quotes/george_orwell/ 에서 그대로 인용.

4 Becker, *Writing for Social Scientists*.

5 봉사 학습에 대한 성찰을 다룬 유용한 입문서는 Doris Hamner's *Building Bridges: The Allyn and Bacon Student Guide to Service-Learning* (Boston: Allyn and Bacon, 2002)이다. 여기 나오는 제안들 중 다수가 이 부분에 수록되어 있다.

6 Marc Auge and Jean-Paul Colleyn, *The World of the Anthropologist* (New York: Berg, 2006), 89에서 인용.

7 Clifford Geerz, *After the Fact* (Cambridge, MA: Harvard University Press, 1996), 19-20.

8 일관성을 만들어 내는 또 다른 방법은 친구에게 말로 이야기를 들려주고 그렇게 이야기하는 것을 녹음한 다음, 녹음한 것을 들어 보는 것이다. 이야기가 얼마나 조리 있는지 놀라게 될 것이다.

9 Paul Durrenberger and Suzan Erem, *Anthropology Unbound* (Boulder, CO: Paradigm Press, 2006), 208.

여행을 끝내며
- 인간은 우주 속 티끌 같은 존재

1 이런 현상이 루이스 비반코(Luis Vivanco)와 내가 제작한 선집에 《타잔은 생태 관광객이었다(Tarzan Was an Eco-tourist)》라는 제목을 붙인 이유였다. 타잔은 요즘의 많은 여행자들을 대표하는 전형적 사례다. 즉 타잔은 자연과 조화를 이루며 살아가려 애썼고, 적절한 기술을 이용했으며, "원주민들"은 너무 어리석어서 자기들 문제를 해결하지 못하기 때문에 타잔에게 개입을 요청했다. 어떤 사람은 이를 "배려하는 또는 동정적인 식민주의(Caring or Compassionate Colonialism)"라 부를지도 모르겠다.

Luis Vivanco and Robert J. Gordon, eds., *Tarzan Was an Eco-tourist* (New York: Berghahn, 2006).

2 Francis Galton, *Heredity Genius* (London: Macmillan, 1914), 334.

3 Michael Nerlich, *Ideology of Adventure: Studies in Modern Consciousness*, 1100–1750, 2 vols., trans. Ruth Crowley (Minneapolis: University of Minnesota Press, 1987), xxi.

4 Gary Hamilton, "The Structural Sources of Adventurism: The Case of the California Gold Rush," *American Journal of Sociology* 83, no. 6 (1978): 1467.

5 Max Weber, *The Protestant Ethic and the Spirit of Capitalism* (New York: Charles Scribner, 1959), 58.

6 Johannes Fabian, *Out of Our Minds: Reason and Madness in the Exploration of Central Africa* (Berkeley and Los Angeles: University of California Press, 2000).

부록
- RRATS! 느슨한 신속 평가 기술 및 전략

1 Robert Chambers, *Rural Appraisal: Rapid, Relaxed and Participatory* (Brighton, UK: Institute of Development Studies, 1992), 15-19. 체임버스의 뛰어난 연구 외에도 더 상세히 알고 싶을 때 이용할 수 있는 개론서들이 많이 있다. 나는 Philip Townsley, *Rapid Rural Appraisal, Participatory Rural Appraisal and Aquaculture* (Rome: Food and Agriculture Organization [FAO], 1996)를 광범위하게 이용했다. 더 최근에 나온 개론서로는 Andrew Catley, John Burns, Davit Abebe, and Omeno Suj, *Participatory Impact Assessment-A Guide for Practitioners* (Medford, MA: Feinstein International Center, Tufts University, 2008)가 있다.

인류학자처럼 여행하기

2014년 7월 18일 초판 1쇄 찍음
2014년 7월 21일 초판 1쇄 펴냄

지은이 로버트 고든
옮긴이 유지연
펴낸이 박종일

교정 임현옥
디자인 박세나
제작 창영프로세스(주)

펴낸곳 도서출판 펜타그램
출판등록 2004년 11월 10일(제313-2004-0000259호)
주소 서울시 마포구 성산2동 199-3번지 202호
전화 02-322-4124
팩스 02-3143-2854
이메일 penta322@chol.com
블로그 http://blog.naver.com/pentapub

ISBN 978-89-97975-05-1 13980
한국어판ⓒ도서출판 펜타그램, 2014